KB148655

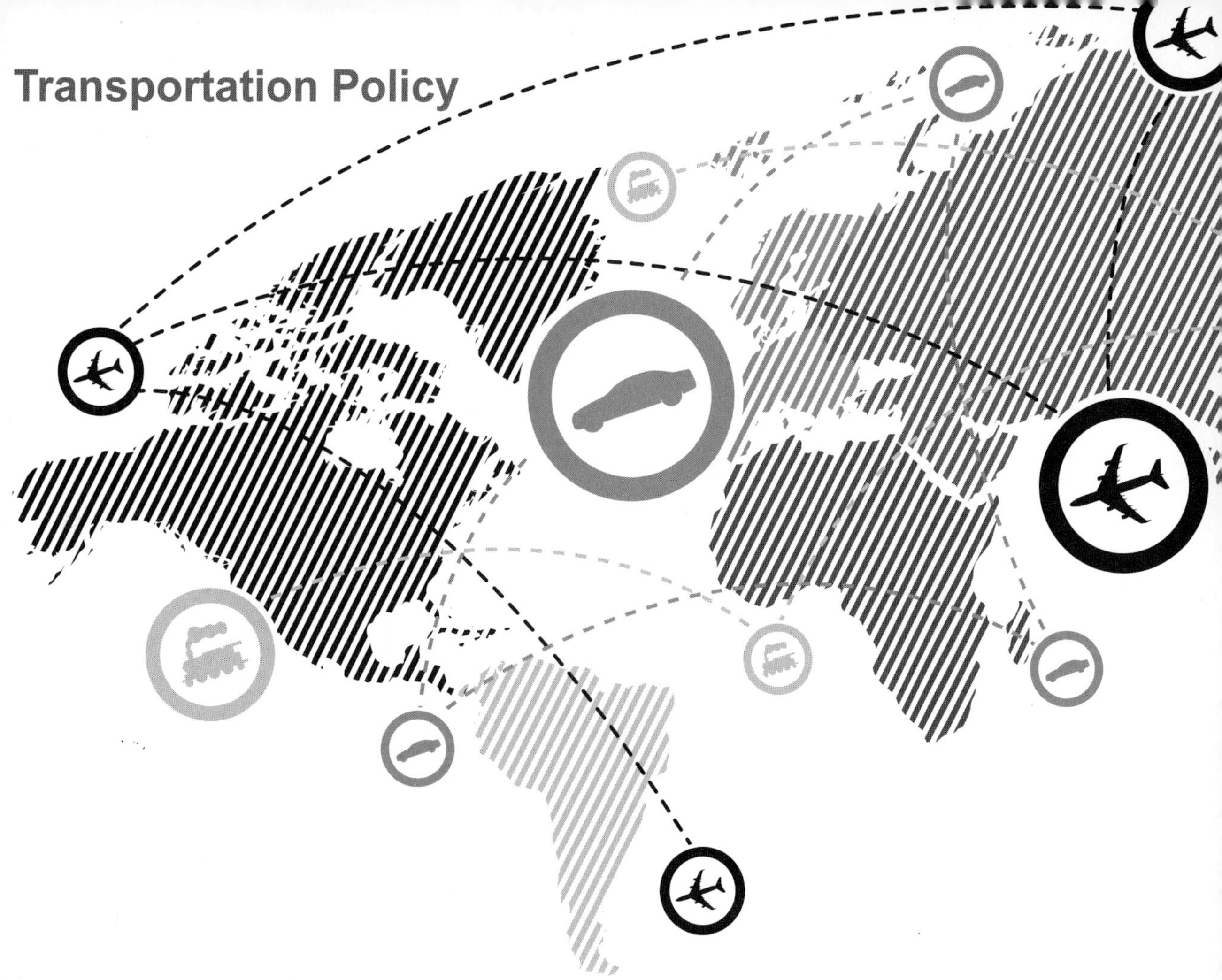

최신 교통정책론

정일영, 정희돈, 장경욱, 조준한, 박웅원 지음

감수 : 김기혁 교수

청문각

머리말

새 천년에 접어들면서 교통부문은 각국 정부의 중요 정책분야로 부상하고 있다. 21세기는 정치 · 경제 · 사회 변혁과 함께 수송수요의 지속적인 증가가 전망됨에 따라 교통인프라, 교통수단, 수요관리, 환경오염(배출가스) 등 실효성 있는 정책 확보가 한 국가의 경쟁력을 좌우할 뿐만 아니라 국민 경제의 성장과 고용에도 긍정적인 효과를 파생한다. 또한 교통부문은 인적 · 문화적 교류의 출발점으로서 지역사회 발전에도 영향을 미치고, 환경오염과도 직결되는 산업으로서, 인류 삶의 질을 높이는데 중요한 역할을 한다.

미래 교통체계는 과거 경제성장을 위한 단순한 운송수단의 기능을 벗어나 국민에게 쾌적하고, 안전한 이동권을 제공할 수 있는 사회기반시설로써 역할을 수행하여야 할 것이다. 이는 교통체계의 양적 공급보다 지역사회의 지속가능한 발전을 위해 필요한 국민복지와 환경을 중시하는 교통서비스가 중요함에 따라 미래지향적인 교통정책의 패러다임 변화가 수반되어야 할 것이다. 이러한 교통체계를 구축하기 위하여 장래 사회여건 변화에 적극적으로 대응하고, 교통체계의 역할과 위상을 재정립할 수 있는 교통정책 수립이 필요하다.

미래사회의 특징은 고령화, 도시화, 에너지 및 환경문제의 심화, 소비자 의식변화, IT기술의 진보로 요약할 수 있다. 이러한 특징을 갖는 미래사회에서 교통정책은 교통약자의 이동권 보장, 안전한 첨단교통체계 구축, 지속가능한 교통수단 개발 등 '인간중심 · 안전지향 · 친환경' 미래전략이 요구될 것이다.

『최신 교통정책론』은 지금까지의 교통정책의 변천을 짚어보고, 미래사회의 교통여건 변화와 '인간중심 · 안전지향 · 친환경 교통체계 구축'을 위한 미래 교통정책의 추진방향을 도로 · 철도 · 항공부문으로 나누어 제시하였다.

『최신 교통정책론』을 발간하게 된 이유는 국내에 교통공학, 교통계획, 교통안전 등과 같은 전공서적은 있으나, 교통정책과 관련된 서적은 아직까지 없어서 교통전문가, 공무원, 학생들에게 도로, 철도, 항공분야의 미래 교통정책 비전과 추진방향을 함께 공유하고자 집필하였다.

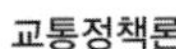

『최신 교통정책론』은 '과거－현재－미래'의 교통여건변화와 정책 추진방향을 크게 4편으로 구성하였다. 제1편은 교통분야의 전반적인 시설과 정책변화를 다루었다. 제2편은 도로, 철도, 항공교통의 사회·경제적 여건변화와 시설투자, 기술개발, 안전 등 미래 전망에 대해 기술하였다. 제3편은 환경중심의 첨단도로체계, 사람중심의 복지교통, 친환경 온실가스 감축, 성장중심의 교통물류 등에 대해 선진국 동향과 국내 도로교통정책의 추진방향을 제시하였다. 제4편은 철도교통정책을 시설, 운영, 차량기술 및 안전, 환경, 복합운송 및 물류 등으로 분류하여 선진국 동향과 국내 추진방향을 기술하였다. 제5편은 항공시장, 항공기술, 녹색공항, 안전 및 보안 등에 대해 항공교통정책의 선진국 동향과 국내 추진방향을 제시하였다.

이 책은 교통공학을 공부하는 학부 및 대학원 학생뿐만 아니라 교통정책을 수립·집행하는 실무자에게 유용한 참고서적이 될 것으로 판단된다. 이 책을 한 학기 강의교재로 채택할 경우 강의과목과 강의자 전공에 따라 도로교통(1장, 3장, 6~10장), 철도교통(2장, 4장, 11~14장), 항공교통(2장, 5장, 15~19장)을 적절히 선택하여 사용할 수 있다. 끝으로 이 책의 출판을 위해 아낌없이 지원해주신 청문각 류원식 사장님께 고마운 마음을 전하고자 한다.

2015년 02월

저자 일동

차 례

제1편 교통정책의 변천사

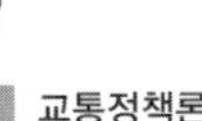

제2편 교통분야의 여건변화

03 도로교통의 여건변화

04 철도교통의 여건변화

05 항공교통의 여건변화

제3편 미래 도로교통정책 추진방향

06 도로교통정책 추진방향

07 환경중심 첨단도로정책

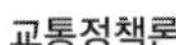

09 친환경 온실가스 감축정책

10 성장중심 교통물류정책

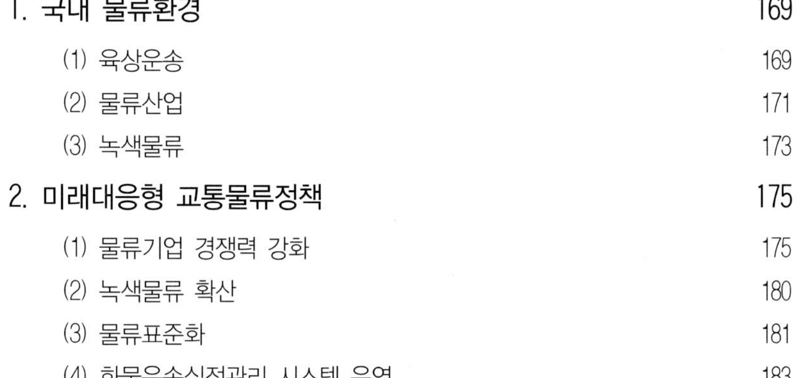

제4편 미래 철도교통정책 추진방향

11 철도교통정책 추진방향

14 효율적인 철도교통정책

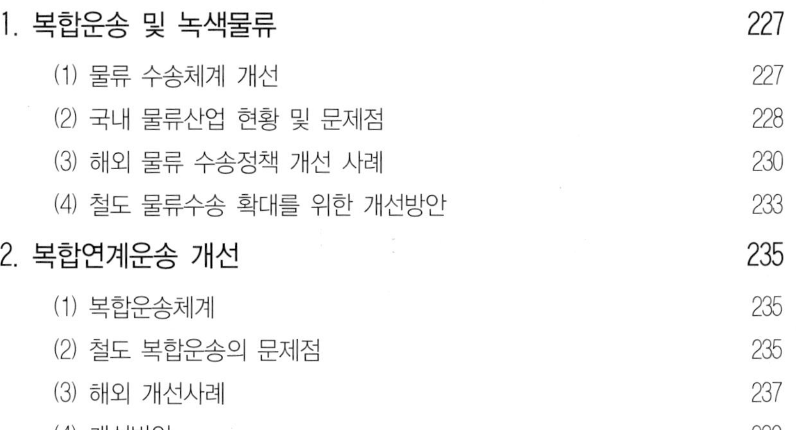

제5편 미래 항공교통정책 추진방향

15 항공 교통정책 추진방향

19 항공안전 및 보안

PART

01

교통정책의 변천사

CONTENTS

제1장 도로교통정책의 변천

우리나라 도로의 시작은 고려시대에 전국적으로 조성된 역로(驛路)가 조선시대로 이어져 6대 간선도로가 서울을 중심으로 전국을 방사상으로 연결하면서 발달하게 되었다. 이 도로들은 본래 통치의 목적으로 닦은 것이었으나, 산업이 발달하면서 중부와 남부 지방의 도로들은 점차 민간교역로 역할을 하게 되었고, 북부지방의 도로는 변방의 경비나 사신이 왕래하는 등 군사 및 외교적 기능을 담당하게 되었다.

1904년 을사늑약이 체결되면서 도로관리를 담당하는 치도국(治道局, 1906년)이 설치되었다. 1907년부터 주요 간선도로의 신설 및 개선 사업이 시작되었으며, 이때의 도로를 신작로(新作路)라 부르기도 했다.

해방 무렵 도로의 대부분은 비포장 자갈길이었고, 도로 시설 또한 매우 열악하였으며, 한국전쟁이 발발하면서 도로 사정은 더욱 악화되었다.

1960년대 경제개발사업이 시작되면서 도로의 개선과 확장 및 포장이 대대적으로 이루어졌다. 그 결과 30년 후인 1990년대 후반 전국 일반국도의 포장률이 98%, 지방도는 77%로 획기적인 개선이 이루어졌다.

20세기 후반에는 도로의 양적인 확장과 더불어 포장률이 증가하였고, 새로운 도로 형태인 고속도로가 건설되기 시작하였다. 이때 신도로와 산업기지가 건설되면서 새로운 교통의 중심점이 생겨나기 시작하였다.

이후 도로의 발달은 국민 생활에 많은 영향을 미쳐 전 국토가 1일 생활권이 되면서 공업을 지방으로 분산시키고, 관광산업과 농업 발달에 크게 이바지하였다. 그러나 도로의 발달로 인해 인구의 대도시 집중현상이 심화되고, 농어촌 지역의 경제활동이 침체되기 시작하였으며, 자동차가 급격히 보급되면서 교통사고와 환경공해가 사회적 문제로 대두되기 시작하였다.

사회・경제적 환경 변화 및 국민 삶의 질적 향상, 안전, 환경문제에 대응하기 위하여 도로시설 부문의 정책 기조가 변화되었으며, 교통시설 효율화, 물류경쟁력 강화, 서비스 수준 개선을 위한 도로시설 투자가 이루어지기 시작하였다.

최근, 첨단 정보통신기술과 자동차 기술을 도로 기술에 접목하여 도로의 지능화 및 첨단화를 추진하고 있으며, 사람 중심의 도로환경 조성을 위해 보행시설 정비 및 경관 도로건설과 친환경 에너지를 활용하는 도로 시설물 구축에 노력하고 있다.[1)]

1 도로의 발달

(1) 도로의 역사

가. 고대 도로의 형성

인류는 청동기시대부터 농업이 발달하고, 교역이 활발해지면서 더욱 편리하게 이동하는 방법을 찾기 시작하였고, 이로 인해 자연스럽게 도로가 생겨났다.

현재까지 알려진 가장 오래된 장거리 교역로는 BC3,500 ~ AD300년에 걸쳐 이용되었던 페르시아 왕도였으며, 유럽의 고대 도로는 BC1,900 ~ 300년경 북유럽에서 생산한 호박과 주석을 지중해 연안으로 수송하기 위해 이용되었던 호박로(琥珀路)가 있다.

고대 중국은 3,200 km에 달하는 도로망을 갖추었고, 인도와 소아시아에 이르는 대표적인 무역로인 비단길은 기원전부터 시작해 2,000여 년간 존속되었으나, 전쟁과 몽골족 등 유목민들의 침입으로 인해 그 기능을 제대로 수행한 기간은 길지 않았다.

로마는 넓은 식민 영토를 통치하고 수많은 전쟁을 치르기 위해 가장 조직적이고 과학적인 방식으로 도로를 건설하였으며, 가장 유명한 아피아 가도의 도로건설 규격은 향후 2,000년간 유럽 도로건설의 표준이 되었다.

나. 근대 도로의 발달

18세기 후반 프랑스와 영국을 중심으로 토목기술이 발달하면서 근대적인 도로가 건설되기 시작하였는데, 프랑스의 트레사게와 영국의 매캐덤이 개발한 하층토에 돌을 깔고 그 위에 흙을 덮는 새로운 도로포장법은 근대도로 발달의 시초가 되었다.

이후 유명한 토목기술자들에 의해 많은 유료도로가 건설되었으며, 1820년경 영국에서는 200,000 km에 달하는 도로망을 구축하게 되었다. 이 중 32,000 km가 사설 유료 도

1) 국토교통부, 도로업무편람

로였다는 것이 매우 흥미롭다.

유럽에서는 오랫동안 도로의 건설이나 보수작업을 전적으로 지방정부가 담당해왔으나, 20세기에 들어서면서 중앙정부에 도로담당 부서가 설치되면서 중앙정부가 고속도로의 신설·보수를 관리하는 체제로 바뀌어갔다.

다. 현대 도로의 발달

철도교통의 발달로 도로건설은 한동안 정체기를 맞이하였으나, 20세기 자동차의 보급으로 다시 활기를 띠게 되었다. 자동차와 화물의 무게를 지탱하기 위해 도로의 강도는 강화되었으며, 매우 빠른 속도로 이동이 가능해져 도로의 구조와 부속설비 등도 보다 높은 안전성을 요구받게 되었다.

(2) 우리나라 도로의 역사

가. 조선시대

고려시대의 역도(驛道)가 조선시대로 이어지면서 더욱 발전되었는데, 의주로(서울－평양－의주)·경흥로(서울－함흥－경흥)·평해로(서울－삼척－평해)·동래로(서울－충주－동래)·제주로(서울－해남－제주)·강화로(서울－김포－강화) 등 6대 간선도로가 서울을 중심으로 전국을 방사선으로 연결하고 있었다.

도로는 중요도에 따라 대로·중로·소로 등 3개로 구분하고, 도로 폭은 대로 12보, 중로 9보, 소로 6보로 정했다. 도로 표지는 일정한 거리마다 돌무지와 장승을 세워 거리와 지명을 표기했고, 얇은 돌판이나 돌, 모래 등으로 포장을 했다.

약 30리(12km)마다 관리들을 위한 관(館)·원(院) 등 숙박시설을 설치했고, 민간여행자와 상인들은 점(店)·주막·객주(客主) 등을 이용했다. 이러한 휴식시설 인근에는 길을 따라 가촌(街村) 형태의 마을이 발달되었는데, 이는 현재의 교통 요충지와 같은 개념이다.

이후 일본에 의해 치도국(治道局)이 신설되고 주요 간선도로의 신설·개선 사업이 시작되었다. 이는 대륙진출 및 경제수탈 등의 목적으로 건설했으며, 그 결과 전국적으로 국도 5,263 km, 지방도 9,997 km, 시군도 8,771 km 등 총연장 24,031 km의 도로망이 갖추어졌다.

나. 대한민국 정부수립 이후

해방 당시의 도로는 대부분 비포장 도로였으며, 한국전쟁을 거치면서 도로 사정은 더욱 악화되었다. 1960년대부터 정부의 경제개발 사업을 통해 도로의 개선과 확장·포장 사업이 대대적으로 이루어졌다.

그 결과 40년 후인 2001년 91,396 km로서, 1960년대 초 27,000 km에 비해 크게 늘었고, 포장률도 5%에 불과하던 수준에서 일반국도 포장률이 98%, 지방도와 시도·군도의 포장률은 77%, 78%, 46%로 개선되었다.

고속국도는 도로망의 개선뿐만 아니라 사람들의 생활패턴을 바꾸었으며, 제2·3차 경제개발 5개년 기간 중 주요 노선들이 건설되었고, 한국도로공사가 관리·운영하는 고속국도와 민간투자 고속도로들이 생겨나면서 전국을 1일 생활권으로 연결해 가고 있다.

이처럼 도로의 발달은 국민생활에 많은 변화를 가져왔다. 통행시간이 획기적으로 줄어 전국이 1일 생활권이 되었을 뿐만 아니라 공업단지의 지방 분산과 관광 및 농업 발달에 기여하였다. 그러나 인구가 대도시로 집중되면서 주택난, 지가 상승, 교통체증, 공해 등 많은 도시문제가 야기되었고, 농어촌 지역의 경제활동이 위축되는 역기능도 생기게 되었다.

(3) 자동차의 역사

20세기 최고의 발명품인 자동차는 인류 문명을 한단계 진화시킨 혁신적인 사건이었다. 내연기관의 등장으로 인류는 본격적인 자동차 시대로 접어들게 되었다. 공식적으로 칼 벤츠(메르세데스 벤츠, Mercedes Benz)가 1886년에 만든 3륜 특허차를 내연기관 자동차의 시초로 본다.

우리나라에 언제 최초로 자동차가 들어왔는지는 명확하지 않다. 1903년이라는 설이 가장 유력하나 명확한 근거나 출처는 없다. 가장 유력한 설은 1911년 왕실과 총독 관용(官用)으로 자동차 2대가 수입된 것으로 알려져 있다. 비슷한 시기에 일본에는 1907년 기준 총 16대의 자동차(자가용 승용차 14대, 화물자동차 2대)가 동경에 있었다고 한다.[2)]

1952년 10월 기아산업(現기아자동차의 전신)이 설립되었고, 정부가 '자동차공업종합육성계획'을 발표(1964.8.20)하면서 아시아자동차(1965.7월), 현대자동차(1967.12월)가 설립되었다.

2) 자료 : 서울특별시(2000), 서울교통사

표 1-1 자동차 등록대수 증가 추이 (단위 : 만대, 천대, %)

연도	'00	'01	'02	'03	'04	'05	'06	'07	'08	'09	'10	'11	'12	'13
대수	1,206	1,291	1,395	1,459	1,493	1,540	1,590	1,643	1,679	1,733	1,794	1,844	1,887	1,940
증가	896	855	1,035	637	347	463	499	533	366	531	616	496	443	530
증가율	8.0	7.1	8.0	4.6	2.4	3.1	3.2	3.4	2.2	3.2	3.6	2.8	2.3	2.8

자료 : 국토해양부 자동차정책과

자동차 산업이 급속도로 발달하면서 1992년 10월 10일 자동차 보유대수 500만 대를 돌파하였다. 1991년에는 우리나라에서 경차가 생산되기 시작하였고, 1997년 7월 전국 자동차 등록대수가 최초로 1,000만 대를 돌파하였다. 2013년 현재 자동차 등록대수는 2,000만 대에 육박하고 있다.

2 우리나라 도로시설과 정책의 변화

(1) 도로시설의 변화

가. 해방 이후의 도로시설

해방 이전의 교통정책은 일본이 만주를 전략 요충지로 삼아 우리나라를 군사 전진기지화할 목적으로 수립하여, 우리 국민의 생활과 발전은 고려하지 않은 기형적인 교통과 국토개발이 이루어졌다. 해방 이후 대한민국 정부수립 초기 미국의 마셜계획(Marshall Plan)에 따른 원조를 받아 도로와 교량 건설이 이루어져 어느 정도 도로체계를 갖추게 되었다.

하지만 도로 제반시설들이 한국전쟁 기간에 대부분 파괴되었다. 1944년 1,066 km에 달하던 포장도로 연장이 1951년에는 절반 정도인 580 km로 감소하였다. 전시에 육군은 미군과 함께 보급로 확보를 위해 4대 간선도로 1,309 km를 확장・개선하였고, 전략도로도 확장하였다.

전후 빈곤한 재정과 기술 및 인력 부족으로 새로운 도로의 건설은 거의 불가능한 상태였고, 폐허가 된 도로의 복구조차 어려운 실정이었다. 1953년 우리나라 도로는 미개선 구간과 자갈길을 포함하여 26,000 km 수준으로 포장률이 3% 미만이었다. 정부는 미국 국제협력처(ICA)와 국제개발처(AID) 등으로부터 1954년에서 1962년까지 약 1,508만 달러의 무상원조를 받아 도로와 교량복구를 위한 강재, 시멘트, 철근 등을 확보하였다.

이러한 과정을 통해 정부는 전문기술자 양성의 필요성을 절감하고, 원조 자금의 일부를 활용하여 미국과 독일에 인력을 파견하여 도로기술훈련을 받도록 하였다. 전문기술자 양성 정책의 시행은 도로기술 발전에 큰 기여를 하였고, 도로시공 품질관리에 대한 중요성을 인식하게 되어 각종 토목시험기기를 도입하게 되었다.

나. 경제개발계획 시기

1950년대까지 지역간 통행의 주요 교통수단은 철도였으나, 1960년에 등장한 제2공화국 시절 국토종합개발의 청사진을 구상하였고, 1961년 집권한 군사정부가 이를 토대로 국토건설계획을 검토하면서부터 도로 확충사업이 중요한 사안으로 부각되었다.

제1차 경제개발 5개년 계획의 성공에 따른 경제 규모의 확대와 생산의 급속한 증가에 수송수단이 따르지 못해 1965년부터 극심한 수송의 어려움을 겪었고, 이를 타개하기 위한 대책이 필요하였다. 이에 1967년 대통령 선거 공약으로 대국토건설계획의 주요 사업으로 고속도로 건설이 포함되었다.

한편 우리나라 국토종합개발계획의 필요성은 1950년대 후반부터 논의되어 1960년대에 본격화되었다. 1960년 국토건설본부가 설립되었고, 1961년 정부는 국토개발 문제를 초정치적 차원에서 우선적 과제로 삼았다. 1963년 7월 「국토계획기본구상」을 수립한 후 같은 해 10월 14일 「국토건설종합계획법」을 제정·공포하였다. 이로써 국토종합개발을 위한 제도적인 기틀을 갖추게 되었다.

1967년 「국토계획기본구상」이 수정·보완되어 「대국토건설계획서(안)」가 되었다. 이 계획서에 서울-인천 간 6차선 그리고 서울-수원 간 4차선 고속도로 건설계획이 포함되어 고속도로 건설이 최초로 정부 문서에 명문화되었다. 이 계획은 1967~1976년까지 10년간 총사업비 599억 3,000만 원을 투입, 서울-인천선, 서울-부산선, 대전-목포선, 서울-강릉선 등 주요 간선과 10개의 준 간선 또는 지선을 건설하는 것이었다. 특히 서울-부산선 476 km에 189억 5,500만 원의 사업비가 책정되었다.

1968년 향후 20년을 향한 「국토계획기본구상」이 확정되었고, 1971년 「국토종합개발계획」(1972~1981)이 공표되었다. 이 계획에는 1972~1976년에 6

그림 1-1 고속도로 10개년계획(1970)
출처 : 국가기록물기록원

개 노선 1,000 km, 1977~1981년에 8개 노선 944 km 등 총 2,000 km의 고속도로를 건설할 예정이었다.

제1차 경제개발계획 기간 중 전체 교통투자 중 철도가 60%, 도로가 17% 수준이었으나, 제2차 경제개발계획이 시작된 1967년 이후에는 도로건설에 자원이 집중 투자되었다. 이때부터 1971년까지 교통투자 중 철도의 비중은 29%로 낮아지고, 도로는 52%로 높아지게 되었다.

다. 고속도로의 등장

정부가 고속도로에 관심을 갖게 된 것은 1950년대 중반 도로기술 공무원들이 미국의 도로 및 도로공사를 연수・시찰하면서부터이다. 고속도로 건설에 대한 본격적인 논의는 제1차 경제개발 5개년 계획의 성공 이후부터 이루어졌다.

이 계획의 성공으로 물동량이 급증하였고, 그로 인해 수송난이 심각해지자 대안으로 고속도로 건설이 현안으로 등장한 것이다. 기존 철도 중심의 물류 수송은 화주의 요구에 대응하는데 한계에 직면하였고, 고속으로 성장하는 경제발전을 뒷받침할 수 있는 수송체계의 근본적인 변화가 필요했다.

고속도로라는 이름이 국민 앞에 등장한 것은 1967년 4월 29일 박정희 대통령의 선거유세였다. 이 유세에서 고속도로 건설을 비롯한 「대국토건설계획」이 일반 국민에게 알려졌다. 박대통령은 고속도로, 철도, 항만 등의 건설과 우리나라의 4대강 유역의 종합개발을 발표했다.

같은 해 11월 7일 서울-부산간 고속도로를 우선적으로 건설한다는 방침이 결정되었다. 1967년 12월 국가기간고속도로 건설추진위원회가 발족되고, 그 소속하에 계획조사단이 편성되었다. 이후 1968년 2월 1일 서울-부산간 고속도로 건설공사사무소가 설치되면서 실질적인 업무는 건설부 도로국이 맡게 되었다.

경부고속도로의 기공(착공)과 준공은 각기 달랐다. 당시 토목기술의 한계로 난공사 구간이 상당히 존재하였기 때문이다. 공사구간은 4개 구간으로 나누어 착공・준공되었다.[3] 특히 터널과 교량공사는 당시

그림 1-2 서울-부산간 고속도로 건설계획(1968)

출처 : 국가기록물기록원

3) 제1차 착공은 서울-수원-오산 구간, 제2차로 1968년 4월 3일 오산-천안-대전구간, 제3차로 대구-경주-부산간 기공식이 1968년 9월 11일에 열렸으며, 가장 난공사 구간이었던 대전-대구 구간은 1969년 1월 4일 기공식이 이루어졌다.

우리나라의 기술력으로 매우 어려운 작업이었다[4]. 이후 경부고속도로는 국토를 새롭게 재구성하고 경제발전의 핵심 역할을 수행하게 되었다.

(2) 도로정책의 변화

해방 이후 60년간 우리나라의 도로시설 부문의 정책 방향은 다음과 같이 변화하였다.

가. 1950 ~ 60년대

1950년대에는 전후 도로복구 및 재건을 목표로 하여 기존 도로시설의 복구 위주로 투자가 이루어졌으며, 기계화된 시공기술이 도입되기 시작하였다. 1960년대에는 「경제개발 5개년 계획」과 함께 물자수송을 위한 기반시설 건설을 확대하였다.

고속도로 건설에 착수하고 고속도로건설 10개년 계획(1967년)이 수립되었으며, 전국적인 도로망 정비를 추진하였다. 도로수송의 비중이 높아지기 시작한 시기이나, 아직까지 철도에 더 많은 예산이 투입되었다. 1968년에는 '도로정비촉진법'과 '도로정비사업특별회계법'이 제정되면서 도로투자 재원이 마련되었고, 이를 기점으로 도로정책에 혁신이 시작되었다.

나. 1970 ~ 80년대

1970년대에는 고도의 경제성장을 위한 기반시설 조성을 목표로 거점 중심의 고속도로망 확충과 국도포장사업이 본격화되었다. 경부고속도로가 완공되어 도로 수송률이 크게 증가하였고, 국도 포장률이 대폭 높아졌다.

1980년대부터는 인구 분산과 생활환경 개선을 목표로 수도권 집중억제와 권역개발이 추진됨에 따라 이를 뒷받침하는 도로시설 확충이 이루어졌다. 도로의 상호연계성을 확보하는 방향으로 도로시설을 확충하였으며, 도로 포장률을 높이고 유지보수를 강화하였다. 이 시기에 중부고속도로가 자동차 고속교통에 대한 사회적 수요를 충족시키고, 지역균형발전을 촉진시키기 위한 목적으로 건설되었다.

다. 1990년대 이후

1990년대에는 이전 시기에 이루어진 고도성장이 유발한 문제들을 해결하기 위하여 병

---

4) 터널과 교량은 각각 12개, 305개였으며, 이 가운데 대전-대구 간 공사가 가장 어려운 작업이었다.

목지점 개선과 국가 균형발전을 중심으로 도로시설투자가 이루어졌다. '9×7 격자형 간선도로망' 구축 계획이 시작되었고, 도로망 확충과 더불어 도로의 기능향상을 추구하였다. 서해안 산업지대와 지방도시 육성을 통한 지방분산형 국토개발을 뒷받침하기 위하여 서해안 고속도로가 건설되었으며, 국도 확장 및 병목지점개선 등이 많이 이루어졌다.

2000년대에 들어서며 국민 삶의 질 향상과 세계화 시대에 대한 대응이 도로시설 부문의 정책기조가 되어, 교통시설 효율화, 물류경쟁력 강화, 서비스 수준 개선을 위한 도로시설 투자가 이루어지고 있다. 도로망의 효율성 제고를 위해 주요 국도의 간선화, 입체화를 추진하고 도시부를 중심으로 간선도로에 투자가 확충되었다.

라. 국가기간교통망계획

교통시설 투자의 근간이 되는 최상위 계획은 「국가기간교통망계획」이다. 이 계획에서는 도로정책의 방향을 시설의 양적 확충에서 탈피하여 효율성 및 연계성 증진, 친환경성 확보에 초점을 두도록 제시하고 있다. 초기 계획(1999년)은 전국을 포괄하는 격자형 간선도로망 구축을 통해 이동성 및 접근성 향상을 꾀하고, 남북 및 대륙연계 교통망 구축, 첨단교통기술의 개발·활용 등을 주요 추진 과제로 설정하였다.

1차 수정계획(2007년)은 교통시설투자의 재원 부족과 효율성 저하 문제를 타계하기 위해 효율적인 종합교통체계 구축을 목표로 하여, 간선도로망과 국제도로 연계망 위주의 도로망 구축을 추진하고 있다. 또한 타수단과의 연계성과 더불어 친환경성 및 안전성 증진, 교통서비스의 사회적 형평성 강화 등을 통한 질적 향상을 추진 전략에 포함하였다.

2차 수정계획(2010년)에서는 도로시설 투자방향을 다음과 같이 제시하고 있다. 첫째, 현재 진행 중인 사업의 완공 및 지정체·혼잡 구간 개선에 집중하고, 둘째, '공급하는 도로'에서 '활용하는 도로'로 패러다임 전환을 추진하며, 셋째, 도로건설 타당성 미검증 사업에 대한 재검증을 추진한다. 마지막으로 도시부 혼잡 해소를 위한 수요관리를 병행할 것을 제시하였다.

마. 도로정비기본계획

국가 차원의 도로시설 투자 관련 중기계획인 「도로정비기본계획」도 네트워크 효율성 및 연계성 강화에 초점을 두어 도로정비의 방향을 바꾸었다. 도로 투자를 지방부에서 도시부의 혼잡구간 개선으로 전환하고, 신규 노선 건설보다는 기존 도로의 용량 증대에 높은 우선순위를 두는 등 도로효율성 극대화를 추진 중이다.

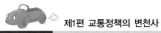

또한 첨단 정보통신기술을 활용하여 도로의 지능화 및 첨단화를 추진하고 있다. 도로기술 선진화를 위한 도로관련 연구개발, 친환경 포장공법 도입, 친환경 에너지 활용 도로시설물 구축, 폐기물 재활용 및 자원화 기술을 이용한 도로망 정비, 자전거도로 구축 등 도로의 친환경성 확보를 위한 도로시설 계획과 보행시설 정비, 경관도로 조성 등을 추진 중이다.

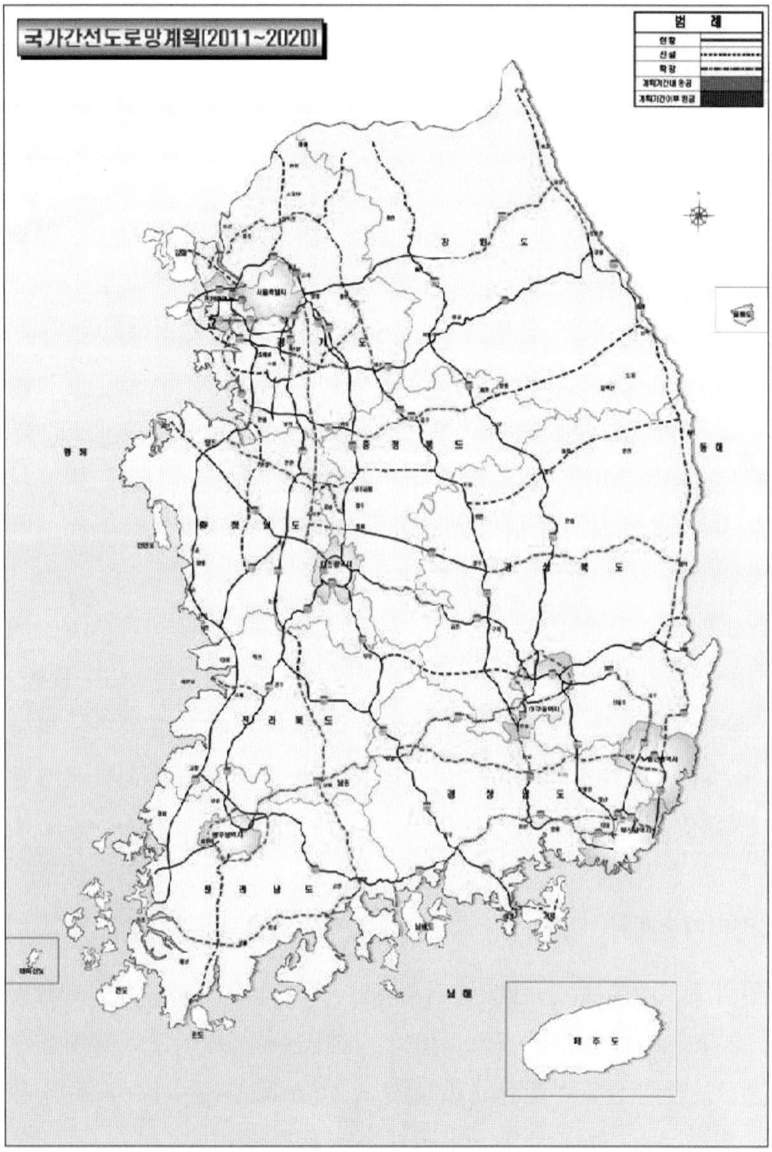

그림 1-3 국가기간교통망 제2차 수정계획 간선도로망 구축계획

제2장 철도 · 항공정책의 변천

1 철도 시설과 정책의 변화

(1) 철도 시설의 변화

가. 철도의 역사

철도의 역사는 1500년대 영국, 프랑스 등 유럽 지역에서 시작되었던 것으로 전해진다. 나무로 된 선로를 길바닥에 깔아 말 1마리로 수레 2 ~ 3개를 끌게 한 것이 그 시초라고 할 수 있다.

기차를 동력으로 움직이게 된 것은 증기기관의 발명으로 시작되었다. 제임스 와트(James Watt, 1736 ~ 1819년)가 만든 증기기관을 기차의 바퀴에 단순히 연결하기만 한다고 기차가 움직일 수 있는 것은 아니었다. 영국인 리처드 트레비식(Richard Trevithick, 1771 ~ 1833년)은 '트레비식 고압 증기기관'을 제작해 증기기관차를 처음으로 시험 운전하는 데 성공했고, 본격적인 '철도의 시대'를 연 사람은 조지 스티븐슨(George Stephenson, 1781 ~ 1848년)이었다.

증기기관차의 발전은 일상생활에 많은 변화를 가져왔다. 사람과 물자의 이동 시간은 매우 빨라졌다. 기차는 우편 마차보다 2배나 빨랐고, 요금도 마차의 3분의 2에 불과했다.

기차의 빠른 속도는 국가 경제에도 영향을 미쳤다. 공장에서 생산된 물건들의 이동거리와 속도가 향상되어 물류시스템에 혁신을 가져왔다. 이로 인해 많은 공장이 수공업에서 기계화로 상품 생산 방식이 변해갔다. 유럽 대륙에서는 철도가 발달하면서 수출이 증대되었고, 경제의 규모가 전체적으로 커지기 시작하였다.

19세기 말부터 디젤기관차 등 증기기관차보다 편리한 기술이 나타나면서 증기기관차의 입지는 점점 좁아졌다. 증기기관에 비해 훨씬 조용하고 날씨 변화에 의한 지장도 거

의 없었고, 시동과 정지도 훨씬 쉬웠다.

외부로부터 급전을 받아 운행하는 전기기관차는 독일에서 최초로 개발되었다. 이후 도시 지역의 노면전차 등 궤도를 대체하는 용도로 사용되어 오다가, 대출력의 전동기를 제작, 제어할 수 있게 되면서 일반 철도에도 적용되게 되었다.

특히 1970년대 오일쇼크로 연료비 문제가 심각해지고, 이후의 환경문제, 선로 과밀 문제에 부응할 필요가 늘어남에 따라 전기기관차의 입지는 점차 확대되고 있으며, 철도 고속화의 절대적인 위치를 점하고 있는 핵심 철도기술로 현재 최고속도 516 km/h(상업 최고속도 300 km/h)의 고속철도 시대를 맞이하였다.

나. 우리나라 철도의 역사

우리나라 철도의 역사는 1899년 9월 18일 경인선(노량진 – 인천 구간) 철도가 첫 개통되면서 시작되었다. 최초의 기차는 미국 브룩스사에서 제작한 '모가형 증기기관차'로 최고속도는 60 km/h였다.

1945년 12월 27일 우리 기술로 제작한 '해방자호'가 운행을 시작하였으며, 1946년 5월 조선철도주식회사의 충북선(조치원 – 충주), 경동선(인천 – 여주), 안성선(천안 – 안성), 경남철도주식회사의 충남선(천안 – 장항벌교), 경기선(천안 – 장호원), 경춘철도회사의 경춘선(성동 – 춘천), 삼척철도주식회사의 삼척선(북평 – 삼척), 철암선(묵호항 – 철암)을 국유화하여 운수부에 흡수시켰다.

정부 수립 당시 운수부를 교통부로 개편하고, 분단으로 인한 심각한 자원부족을 해결하고, 산업발전을 위해 산업철도인 영암선, 함백선, 문경선을 착공하였다.

한국전쟁 당시 미군이 군수물자 수송을 위해 운행하던 디젤기관차 중 4량을 1955년에 기증하면서 디젤기관차 시대가 열렸다. 증기기관차보다 빠르고 산악지형에 적합한 디젤기관차의 수요는 지속적으로 증가하게 되었다.

경인선 개통 당시 귀빈선 　　 1988년 최초의 기차(모가형 증기기관차)

그림 2-1 우리나라 철도 개통 당시 기관차

자료 : 국가기록물 기록원

그림 2-2 영암선 개통

그림 2-3 영암선 철교

그림 2-4 함백선 증기기관차

그림 2-5 문경선 철도(1955)

1950년대는 전쟁의 피해 속에서도 산업철도를 지속적으로 건설하여 우암선, 울산선, 김포선, 장생포선, 옥구선, 사천선, 가은선, 영동선, 삼척발전소선, 태백선, 강경선, 충북선, 오류동선, 주인선이 차례로 개통하였다.

그 후 1960-70년대 경제개발 5개년 계획이 추진되면서 황지선, 경북선, 정선선, 동해북부선, 능의선(현 교외선), 경전선, 진삼선, 경인복선, 광주선, 북평선, 문경선, 전주공업단지선, 광주공업단지선, 여천선, 포항종합제철선, 충북복선, 호남복선, 광주제철선 등을 건설하기 시작하였다. 또한 물동량의 급격한 증가에 대응하기 위하여 중앙선, 영동선을 전기철도로 개량하였다.

전기기관차는 선로 위에 전차선을 설치하고, 이 전차선으로부터 전력을 공급받아 운행하는 기관차이다. 1972년 6월 9일 전기기관차가 도입되어 운행되었으며, 1973년 청량리-제천, 1974년 구로-수원, 서울-인천 수도권 전철이 개통되면서 본격적인 전기철도의 시대가 시작되었다. 1979년 1월에는 우리 기술로 전기기관차 제작을 시작하였다.

표 2-1 철도건설 예정 노선에 건설된 도로건설 현황

구 분	철도 건설 예정노선	도로건설
대삼선	대전－삼천포(212 km)	대전－통영 고속도로(현)
동해선	삼척－포항(178.9 km)	국도 35호선
동해선	양양－북평(93.6 km)	지방도 466호선

자료 : 선교회(1986), 조선교통사, p.6(이용상외 공저(2011) 한국철도의 역사와 발전 Ⅰ, p.45 재인용)

전기철도는 우리나라와 같이 산이 많은 나라에서 가장 각광받는 철도의 수송방식이다. 또한 전기철도는 철도고속화의 절대적인 핵심 기술로 그 지위를 점유하고 있으며, 현재는 최고속도 516 km/h(상업 최고속도 300 km/h)의 고속철도 시대를 우리 기술로 열고 있다.

(2) 철도정책의 변화

해방 이후 우리나라의 교통정책은 철도보다는 국도와 지방도로를 중심으로 한 도로교통정책이 수립되었다. 철도건설이 예정되었던 노선으로 대삼선(대전－삼천포, 212 km), 동해선(삼척－포항, 178.9 km), 동해선(양양－북평, 93.6 km) 세 개 노선에 대전－통영 고속도로, 국도 35호선, 지방도 466호선이 건설된 것이 대표적인 예이다.

도로 중심의 수송시스템은 높은 물류비용과 환경문제를 발생시켰다. 이러한 문제를 해결하기 위하여 철도 중심 간선수송체계 활성화 계획을 수립하여 1980년대 후반 경부고속철도 건설계획을 수립하였으며, 2020년까지 국가기간교통망계획을 확정하였다.

철도는 도시교통체계에도 큰 변혁을 일으켰다. 특히 우리나라 수도권의 교통 혼잡을 완화하는 데 중추적인 역할을 수행하고 있다.[1)]

서울시내 교통체계에 있어 일대 혁신적인 사건은 전차의 등장이었다. 1899년 서대문－종로－동대문－청량리간을 잇는 8 km의 단선으로 시작된 전차는 보행 위주의 교통체계를 급속도로 변화시켰다.

한국전쟁 이후 원조에 의해 국가 기간도로망은 복구되었으나, 도시교통체계는 전근대적인 형태에 머물렀고, 증가하는 인구에 대응하지 못해 각종 도시문제가 발생하였다. 특히 교통문제는 시민의 가장 큰 애로사항 중 하나였고, 전차만으로는 도시교통문제를 해결할 수 없었다.

1953년 서울시 인구가 100만 명을 넘어서며, 교통문제 해결을 위해 시내버스가 투입

1) 서울특별시(2000), 서울교통사

표 2-2 서울시 교통 수송분담률(1965년)

버 스	합 승	택 시	전 차
54.4%	13.9%	11.5%	19.4%

자료 : 서울특별시(2000), 서울교통사 p.27, 558

되었고, 도시교통의 한 축으로 택시가 등장하였다.

급격한 인구 증가에 따른 교통난 해소를 위해 1960년 교통종합시책을 수립했는데, 주로 버스와 택시 등 대중교통수단의 확충 및 버스노선 연장에 초점이 맞추어졌다.

1970년대 서울시 도시교통 측면에서 가장 혁신적인 변화는 지하철의 등장이었다. 1974년 초기 지하철의 수송분담률은 6.2%에 불과했고, 1980년대까지는 여전히 버스 가우세했다. 하지만 1990년대 후반에는 지하철의 수송분담률이 30%가 넘어 서울시 대중교통은 버스와 지하철의 양자 구도로 정착되었다.

1980년대 정부의 주택 200만호 공급정책에 따라 분당, 일산, 평촌, 중동, 산본 등에 신도시가 건설되어 수도권은 광역화되기 시작했다. 신도시 개발로 서울의 비대화, 초만원 수도권이라는 사회적 비난과 광역교통시설을 비롯한 인프라 확충 요구가 높아졌다. 특히 1980년대 폭발적으로 늘어나는 인구와 무분별한 도시개발사업으로 인한 도시교통 문제의 해결은 가장 시급한 정책과제였다.

당시 수퍼블록(Super Block)과 광로(廣路) 위주의 강남 개발은 서울을 자동차 위주의 도시로 만드는데 결정적인 역할을 하였고, 강남과 도심의 주요 교량 등 연결지점은 교통체증이 심화되었다.

신도시의 인프라 구축 정책과 강남의 교통체증을 해결하기 위해 1984년 지하철 2호선(1984년)과 3, 4호선(1985년)이 추가 개통되었다. 한편 지하철 1~4호선으로 대변되는

표 2-3 서울시 교통 수송분담률 추이

연 도	버스(%)	지하철(%)	택시(%)	승용차+기타(%)
1971	74.2	–	21.0	4.8
1974	72.8	6.2	15.5	5.5
1980	65.9	6.8	19.0	8.3
1985	52.8	15.6	18.4	13.2
1990	43.3	18.8	12.8	25.1
1995	36.7	29.8	10.7	22.8
1997	29.4	30.8	10.1	29.7

자료 : 서울특별시(2000), 서울교통사 p.29

1기 지하철로는 1980년대 중반 이후 지속적인 개발로 급격하게 늘어나는 교통수요를 감당하기가 매우 부족하여, 2기 지하철이 건설되었다. 2기 지하철의 개통으로 1997년에 지하철의 수송분담률은 30.8%로 버스를 앞지르기 시작하였으나, 이후 답보 상태에 이르렀다. 그 이유는 노선 간 환승 불편, 버스와의 환승교통체계 미흡 등이 지적되고 있다.

1990년대 들어 대중교통 경영악화와 수요 감소 및 경쟁력 약화로 인한 운영적자의 악순환을 끊고, 대중교통의 경쟁력을 강화하여 이용자의 편의를 향상시키고자 경전철과 같은 신교통수단 도입이 검토되기 시작하였다.

하지만 경전철 도입은 수요예측 및 노선의 적절성 문제로 인해 답보 상태에 있다. 현재 김해 경전철이 운영 중이나, 당초 예상수요에 크게 미치지 못한다. 용인경전철 사업은 총체적인 부실 문제가 제기되었음에도 불구하고 현재 운영 중에 있으며, 단일요금제에서 통합환승요금제 도입을 검토하고 있다.

최근에는 수도권의 높은 지가와 기존 개발사업과의 충돌을 피하기 위하여 지하 50 m 이하로 건설되는 대심도철도(GTX) 계획이 구체화되고 있다.

1990년대부터 현재까지 국민소득이 증가하고 시간가치의 중요성이 대두되면서 철도의 고속화가 촉진되었다. 1970년대 초부터 경부축 수송구간은 포화상태에 이르렀으며, 경부고속도로는 전체 구간의 38%가 수송애로구간이 되었다. 그러나 기존 철도도 용량한계에 도달하여 증차가 불가능한 실정이다. 이에 수송애로 해소를 위해 경부축에 새로운 철도를 건설할 필요성이 대두되었다.

경부고속철도 건설은 1992년에 착공하여 1단계(서울~동대구) 구간이 2004년 4월 개통되었다. 2단계 사업 구간(동대구~부산)은 2002년에 착공, 2010년 10월에 개통하였다.

고속철도는 국민의 삶을 획기적으로 변화시켰을 뿐만 아니라, 여러 가지 가치와 효용을 창출하고 있다.

첫째, 친환경 교통수단으로 에너지 절감 효과가 뛰어나다. 이산화탄소(CO_2) 등 대기오염물질 배출량이 승용차와 항공기의 16~18% 수준에 불과하다. 매년 약 770억 원의 에너지 비용 절감효과와 약 20만 톤의 이산화탄소 감축 효과를 거두고 있다. 이는 탄소세 가격을 적용할 경우 연간 약 60억 원에 해당하는 감축량이다.

둘째, 토지이용 효율성이 높다. 단위 수송능력당 소요부지가 4차선 고속도로의 29%에 불과하여 토지를 효과적으로 사용할 수 있다. 총건설비는 4차선 고속도로나 재래식 복선철도보다 2배 비싸지만 단위건설비는 2~3배 싸다.

셋째, 다른 교통수단보다 정시성과 안전성이 높고 저렴하다. 같은 거리를 갈 경우 통행비용은 승용차보다 약 64% 싸고, 통행시간은 45%를 줄일 수 있다.

넷째, 운영자 측면에서 기존 철도보다 경제적이다. 운영비용은 매년 약 497억 원이

절감되고, 운송수입은 매년 약 5,332억 원이 증가하였다. 고속철도 도입 이후 철도 이용 수요는 148% 증가한 반면, 승용차는 23%, 고속버스는 16% 감소하였다. 특히 대구, 부산의 항공 수요는 60%가 줄었다.

다섯째, 철도 및 관련 기술 분야의 파급 효과가 크다. 고속철도 기술이전으로 약 7조 5,600억 원의 수입대체효과와 8,400억 원의 예산 절감효과를 보았다. 또한 사업관리(PM)기법 도입, 토목 · 궤도 · 시스템 등 철도연관 기술력 향상과 해외 철도사업 진출의 기반이 마련되었다.

이 밖에도 철도역사 신설과 상가 유치 등으로 생산유발효과와 고용효과가 나타나고 있으며, 역세권 지가 상승, 비즈니스 및 관광 · 레저 활동 증가, 수도권 인구 집중 현상 완화에도 기여하고 있는 것으로 평가되고 있다.

하지만 반대급부로 전국이 반나절 생활권이 되면서 지방 상권이 고속철도 개통 이전에 비해 약화되고, 비즈니스 출장이나 관광 · 레저 활동의 경우 최소 이틀 일정으로 계획하던 것이 당일로 변화하면서 지역경제 매출이 감소하는 역기능도 지적되면서 KTX 경제권 구상 및 확대 방안에 대한 전략적인 접근이 이루어지고 있다.

2 항공시설과 정책의 변화

(1) 항공기의 발달

새처럼 날개를 만들어 하늘로 날아올랐으나 태양에 너무 가까워져 날개를 붙인 촛농이 녹아 추락하였다는 그리스 신화의 이카루스(Icarus)처럼, 인간은 새처럼 하늘을 날고자 하는 욕망을 끊임없이 품어왔다. 하지만 비행에 관한 과학적이고 기초적인 이론과 형태를 최초로 제시한 사람은 레오나르도 다빈치(Leonardo da vinci, 1452~1519)이다. 실제 제작하고 실험했다는 기록은 없지만, 이는 인류의 비행 역사에 매우 중요한 계기로 작용하였다.

18세기 말, 프랑스의 몽골피에 형제가 열(熱)기구를 발명하였으며, 이것이 세계 최초의 유인 비행이다. 이후 라이트 형제(Orville and Wilbur Wright)가 인류 최초로 동력에 의한 비행에 성공하였다.

1차 세계대전은 항공기 개발에 큰 변혁을 가져왔으며, 항공기 역사에서 가장 큰 변혁의 사건은 2차 세계대전을 전후한 제트(jet) 엔진의 발명이다. 이후 런던–요하네스버그

민항노선에 정기항공기로 취항하였다.

현재 선진국들은 제트수송기의 연료 및 수송 효율 극대화를 위한 연구·개발과 미래형 항공기 개발에 집중하고 있다. B747-400은 운항 안전도의 극대화, 조종의 간편화, 항속거리 및 탑재 능력의 획기적인 증대 등 대대적인 개량이 이루어졌다.

사회경제 환경이 급변하고 소득 수준과 시간 가치가 증가하여 비행에 대한 소비자의 욕구도 점차 증가하고 있다. 이에 맞추어 항공기 제작사들과 항공사들은 안전과 서비스 품질을 높이기 위해 맞춤형 항공기를 도입하고 있다. 최근에는 하늘의 호텔로 불리는 A-380이 도입되어 운행 중이다.

(2) 공항의 발달

공항의 개념이 도입되기 시작한 것은 비행기가 상업화 시대에 접어들면서부터이다. 초기 공항은 비행기 이착륙과 계류를 위한 넓고 평평한 공간만 확보하였다. 전원식 활주로와 주차장, 목조사무실과 식당만을 갖춘 가건물 형태의 소규모 여객 청사를 두었다.

그러나 점차 새로운 항공기가 개발되고, 장거리 수송, 대량 수송, 신속한 수송체계가 가능해지자 이용객들이 늘어나면서 공항 시설도 개선되기 시작했다. 특히 1950년대 말부터 B-707과 같은 제트항공기가 도입되면서 1960년대 이후의 공항은 크게 변화되었다. 활주로가 3,000 m 수준으로 장대화되고, 초대형 항공기가 주기할 수 있는 계류장도 설치되었다.

여객 청사도 갖추어져 여행객들이 대기시간 동안 사용할 식당, 판매점, 면세점 등 각종 편의시설이 설치되었다. 지상을 거치지 않고 항공기에 직접 탑승하는 **탑승교**(搭乘橋)가 보편화되었으며, 신속한 업무 처리를 위해 청사의 설계도 변화하였다.

항공기가 새로운 교통수단으로 각광을 받으며 산업 발전에 기여하자 각국은 공항 시설 현대화 사업을 적극적으로 지원하였다.

1970년대 이후 항공 여행객 및 화물의 증가, 항공기의 대형화 및 고속화로 기존 공항의 기능과 역할에는 큰 변화가 찾아왔다. 여행 목적이 다양해지고 이용객들의 서비스 욕구도 과거 대중적이고 공통적인 것에서, 개별적이고 높은 수준으로 변화하면서 공항은 거대한 종합 서비스 센터로서의 역할까지도 담당하게 되었다.

최근에 세계 주요 공항은 규모가 더욱 커지고 항공기가 안전하게 이착륙할 수 있도록 각종 첨단장비가 설치되어 있다. 여객 입출국 시스템, 수하물 처리 시스템 등이 전산화, 자동화되어 공항 내에서의 모든 절차가 신속하게 이루어지도록 고도화되고 있다. 또한 여객과 화물 운송을 더욱 원활하게 하기 위해서 공항에 신속하게 접근하기 위한 도로,

철도, 지하철 등 연계교통망이 발달하게 되었다. 공항은 백화점 수준의 상가와 면세점, 식당, 비즈니스센터, 호텔, 영화관, 박물관, 미술관 등 복합 비즈니스 문화 시설로 탈바꿈하고 있다.

(3) 항공정책의 변화

1951년 10월 국영항공사였던 대한항공공사의 전세기가 서울-동경간 첫 국제선 운항을 시작한 이래, 우리나라의 항공운송산업은 비약적인 발전을 하였다. 인천국제공항의 누적이용여객 1억 명, 항공 화물량 1천만 톤, 세계 최고서비스공항 선정, 국적항공사의 항공화물 운송실적 세계 1위 등의 성과가 우리 항공산업의 발전을 대변한다.

정부는 항공환경 변화에 따른 미래지향적인 항공정책의 목표와 비전을 제시하기 위해 2014년까지 향후 5년간 항공분야 정책방향과 실천전략을 담은 제1차 '항공정책기본계획'을 2009년 말에 수립하였다.

여기에는 항공운송의 다양화 및 글로벌 경쟁력 강화를 위해 국제 항공운송은 전통적인 영공주권주의에서 벗어나 항공강국 위상 제고와 국민들의 편리한 여행을 위해 취항도시 및 국제항공노선을 확충하고, 전통적인 대형항공운송 사업자뿐만 아니라 저비용항공사(LCC)에 대한 정책 비중도 높이고 있다.

우리나라의 관문이기도 한 인천국제공항은 3단계 시설 확충과 다기능 복합도시(Air-City) 개발을 추진하여 동북아 허브공항의 위치를 확고히 하고, 공항 주변 지역에 컨벤션, 호텔, 패션 등 상업시설과 복합비즈니스 시설을 구축하는 다기능 복합도시사업도 추진하고 있다.

이와 더불어 국내공항은 거점 공항 중심으로 항공네트워크를 강화하고, 각 공항의 특성에 맞도록 공항 기능을 재조정한다. 또한 대형공항 건설 위주의 정책에서 벗어나 오지 주민들이 항공교통을 편리하게 이용할 수 있도록 공항 · 경비행장 · 수상비행장 등 지역생활 중심의 공항 인프라를 구축할 계획이다.

PART

02

교통분야의 여건변화

CONTENTS

제3장 도로교통의 여건변화

1 사회 · 경제적 여건변화

(1) 사회 · 문화적 여건변화

가. 기후변화와 환경문제 대두

미래사회는 기후변화와 지구온난화가 가속화되고, 에너지와 자원 확보에 위기가 올 것으로 전망되어 사회 전반에 걸쳐 대응책이 요구된다. 20세기 동안 지표면의 평균 온도는 0.6℃ 높아졌고, 해수면은 10∼20 cm 상승하였다. 2100년 지구의 평균기온은 1990년에 비해 1.4∼5.8℃ 상승하고, 해수면은 8∼88 cm 상승하는 등 지구온난화가 가속화될 것으로 전망된다.[1)]

재생 가능 에너지의 생산에도 불구하고 화석연료 소비가 계속 증가할 것이다. 특히 중국은 급속한 경제성장으로 이산화탄소 배출이 가장 많이 증가하는 국가가 되었고, 향후에도 이 추세가 지속될 것으로 예상된다.

우리나라는 세계 10위권의 온실가스 배출국이다. 경제 규모와 1인당 소득수준에 비해 배출량이 많은 수준이며, 선진국 대열에 합류함에 따라 온실가스 감축 의무를 이행하도록 요구받을 전망이다. 그러나 에너지의 대부분을 화석 에너지와 해외에 의존하는 우리나라는 기후변화와 지구온난화에 취약하여 더 많은 노력이 필요하다.

나. 인구증가와 인구구조 변화

세계적으로는 지속적인 인구 증가와 고령인구의 증가가 예상되며, 우리나라는 인구증가 둔화와 고령화 등 인구구조의 변화가 예상된다. 2010년 현재 세계 총인구는 69억

---

1) 기후변화에 관한 정부간 패널(IPCC, Inter-governmental Panel on Climate Change)

870만 명으로 2009년(68억 2,940만 명)에 비해 7,930만 명 증가하였다.[2] UN의 세계 인구 전망(World Population Prospect)에서는 출산율, 평균수명 등의 추세를 고려하여 세계 인구는 2050년에 93억 명, 2100년에 101억 명으로 증가할 것으로 전망하였다.

2010년 우리나라 인구는 4,850만 명이나 인구증가율이 둔화되는 추세로서, 2018년부터 인구가 감소 추세로 전환될 것으로 전망된다. 이에 따라 2050년에는 4,200만 명 수준으로 감소할 것이다. 세계 인구 중 65세 이상 비율은 2010년 7.6%에서 2050년에 16.2%로 증가할 것으로 전망되며, 한국은 2010년 11.0%에서 2050년 38.0%로 증가하여 선진국 수준을 상회할 것으로 전망되었다.

다. 사이버 공간을 매개로 한 사회

미래사회는 IT기술의 발달로 사이버 공간을 매개로 한 사회가 도래할 것이다. 사이버 공간을 매개로 한 새로운 집합행동이 확산되어 사이버 공간이 다양한 여론을 공론화하는 장으로서 비중 있는 역할을 하게 된다. 또한 시민들의 적극적인 의견 수렴이 용이해져 참여 기회 증대, 정부의 책임과 의무, 운영의 투명성, 시민반응 등에 대한 대응성이 제공될 것이다.

사이버 공간을 기반으로 한 사회에서 사람들은 이합집산을 반복하는 유동적인 행위자로서 쉽게 연결되지만, 단단한 결속력을 향유하지 않는 특성을 보일 것이다. 인간중심의 가치관이 확립되어 인권의 존중과 사회적 약자에 대한 배려가 중요시될 것이다. 이에 따라 사회 전 부문에 걸쳐 장애인, 노약자 등 취약계층을 위한 정책 수립과 시설 확대 및 서비스 제공이 요구될 것이다.

라. 삶의 질 향상 및 지구촌화 심화

소득 수준이 향상됨에 따라 행복추구와 삶의 질 향상에 대한 요구가 증가하였다. 진정한 의미의 삶의 가치에 대한 자각이 확산되면서 노동시간은 줄고, 여가활동 비중이 상대적으로 증가할 것이다. 또한 생활패턴이 고급화・선진화하여 고급서비스에 대한 수요가 증가한다.

또한 지구촌화가 촉진되고 사회적 가치관이 다양화된다. 개개인의 다양한 생활패턴과 사고방식을 존중하면서 조화로운 삶을 영위하려는 요구가 증대될 것이다. 또한 온・오프라인을 통해 지구촌 네트워크에 연결되며, 개인 맞춤형 서비스의 요구가 증가할 것이다.

2) 유엔인구기금(UNFPA), '2010 세계인구 현황보고서'

(2) 정치 · 경제적 여건변화

가. 네트워크 국가와 글로벌화

미래사회는 영토국가 시스템에서 네트워크국가 시스템으로 전환되고, 글로벌 사회로 변화할 것으로 전망된다. 권력 자원으로서 기술, 정보, 지식 등의 중요성이 강조되며, 국제기구, 국가, 지역정부, NGO, 기업, 소비자 등 다양한 세력 간의 상호관계가 더욱 중요해진다. 특히 자연재해, 사회문제 등 범지구적 문제를 해결하기 위해 지구적 대응이 요구되며, 강제력을 지닌 지구촌 차원의 정책이 수반될 것이다. 인터넷, 전자메일 등 정보화 도구의 발달이 범지구적 시민사회 구축에 기여할 것으로 전망된다.

나. 자유시장경제체제의 확대

자유시장경제체제가 확대되고 경제권역화가 가속화될 것이다. 이미 미국, 유럽 등 경제선진국을 중심으로 한 세계 경제체제는 점차 자유무역을 강화하는 방향으로 확대 · 재편되면서 지역 블록화하고 있다. 세계화의 진전은 세계경제의 불안정성을 증대시키고 금융의 국제적인 동조현상을 심화시켜 세계화에 대한 적응 정도에 따라 국가는 물론 기업의 성장과 존폐를 좌우하게 된다.

이에 따라 지역 블록화와 양자간 자유무역협정 등을 통해 시장 개방과 경쟁, 협력과 상생이 동시에 나타날 것이다. 도태되지 않으려면 국가간 경제협력 강화와 글로벌 스탠더드에 부합하는 유연한 경제체제 구축이 더욱 절실해질 것이다.

다. 지식중심 디지털 경제의 발전

지식중심 산업구조, 디지털 경제시대로의 변화가 예상된다. IT 혁명은 범용제품을 생산하는 전통 제조업 및 서비스업 중심의 산업구조를 첨단기술에 바탕을 둔 지식정보형 신제조업 및 신서비스 산업 구조로 변환시키고 있다. 지식의 창출 및 활용 능력이 새로운 경제체제하에서 성공 여부를 결정하는 핵심요소가 되고 있다.

디지털 경제시대에는 자유와 자율, 다양성과 창의성, 신축성과 적응성이 중시된다. 경제의 디지털화는 거래비용의 절감을 통해 생산능력을 확충시키고, 자원 배분의 효율성을 제고시킨다. 이러한 시대적 흐름에서 정부 업무의 자동화, 효율화, 간편화에 따라 정부의 역할이 축소될 것으로 전망된다.

(3) 과학기술 부문 여건변화

정보통신기술(IT)의 발달로 유비쿼터스 사회가 도래할 것이다. 유비쿼터스 사회는 시공간의 제약이 없어지고, 언제, 어디서나 물질의 흐름과 정보의 흐름이 가능한 새로운 형태의 사회를 지칭한다. IT 발달과 더불어 개인적인 속성과 직결된 혈연, 지연, 학연 중심의 연고성이 약화되고, 컴퓨터를 매개로 한 접속 중심 사회로 전환될 것이다. 또한 사이버 커뮤니티의 인간관계가 강한 영향을 미치며, 원격업무가 가능해짐에 따라 노동력의 국가간 경계가 약화될 전망이다.

자동화・전자화된 고도정보사회에 진입하며, 환경・에너지 부문의 기술이 집약적으로 발전하고, 과학기술의 융・복합화가 가속되어 과학기술 표준・지적재산권 강화가 이루어질 것이다.

2 도로교통 여건변화 및 전망

(1) 도로교통시설 현황

2010년 말 우리나라의 도로연장은 약 106,000 km이다. 이 중 3,859 km가 고속국도이며, 13,812 km가 일반국도이다. 포장된 도로는 84,000 km로 포장률은 79.8% 수준이다.

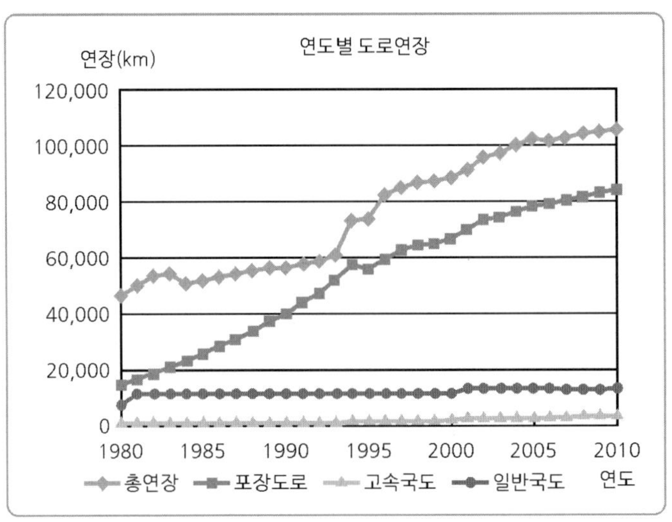

그림 3-1 연도별 도로시설 연장
출처 : 도로업무편람(2011)

연도별 도로시설 설치 추이를 살펴보면 불과 30년 만에 시설이 크게 확충되었다[3]. 그러나 주요 선진국과 도로시설 규모 관련 통계를 비교해 보면 우리나라는 경제 규모에 비해 아직까지 도로시설의 공급수준이 낮은 편이다. OECD 국가들과 km당 자동차대수를 비교해 보면 170대로서, 246대인 포르투갈에 이어 두 번째로 많다. 또한 인구당 도로연장도 2.12로서, 미국(21.09), 프랑스(16.38), 일본(9.56) 등 주요 선진국에 비해 도로보급률도 극히 낮은 수준이다.

표 3-1 OECD 국가별 km당 자동차대수 비교

구 분	총 도로연장 (km)	자동차대수 (천대)	km당 자동차 대수(대)	순 위
스 웨 덴 (2010)	578,274	4,874	8	1
에스토니아 (2010)	58,412	43.56	11	2
헝 가 리 (2010)	199,567	3,453	17	3
아이슬란드 (2010)	12,862	237	18	4
호 주 (2010)	825,500	15,496	19	5
캐 나 다 (2010)	1,042,300	20,490	20	6
아 일 랜 드 (2008)	96,424	2,283	24	7
슬로베니아 (2010)	39,026	1,161	30	8
노 르 웨 이 (2010)	93,509	2,856	31	9
터 키 (2010)	367,263	11,266	31	10
뉴 질 랜 드 (2010)	94,277	3,108	33	11
덴 마 크 (2010)	74,054	2,663	36	12
프 랑 스 (2010)	1,028,446	37,745	37	13
미 국 (2010)	6,545,326	246,664	38	14
체 코 (2010)	130,671	5,103	39	15
벨 기 에 (2010)	154,012	6,095	40	16
칠 레 (2010)	77,764	3,155	41	17
스 페 인 (2007)	667,064	27,314	41	18
핀 란 드 (2010)	78,161	3,282	42	19
오스트리아 (2009)	110,206	4,847	44	20
슬로바키아 (2010)	43,916	1,975	45	21
폴 란 드 (2010)	406,122	20,512	51	22
그 리 스 (2010)	116,960	7,062	60	23

3) 참고문헌(도로업무편람, 2011)

구 분	총 도로연장 (km)	자동차대수 (천대)	km당 자동차 대수(대)	순 위
스 위 스 (2010)	71,456	4,430	62	24
일 본 (2010)	1,209,800	75,299	62	25
네 덜 란 드 (2010)	137,347	8,751	64	26
룩셈부르크 (2004)	5,225	375	72	27
독 일 (2010)	643,782	46,811	73	28
영 국 (2010)	419,628	32,270	77	29
멕 시 코 (2010)	371,936	31,182	84	30
이 탈 리 아 (2005)	487,700	41,093	84	31
이 스 라 엘 (2010)	18,470	2,453	133	32
한 국 (2010)	105,565	17,941	170	33
포 르 투 갈 (2010)	21,912	5,383	246	34

출처 : 도로연장, 자동차대수 : IRF(World road statistic 2012, 외국 '05～'10자료)

우리나라 도로 총연장은 지난 20년간 약 86% 증가하였다. 그러나 1990년대에는 4.6%에 달하던 연평균 증가율이 2000년대에 들어서 크게 둔화되었으며, 최근 5년간 연평균 증가율은 0.6%에 불과하다.

도로 포장률은 1980년 33.2% 수준에서 비약적으로 높아지면서 1990년 71.5% 수준이었으나, 최근에는 증가율이 다소 완만해졌다. 이는 교통부문 예산 중 가장 많았던 도로부문의 투자비중이 점차 감소한 결과이다.

표 3-2 주요 국가 도로보급률 비교

국가명	국토면적 (천㎢)	인구 (천명)	도로연장 (km)	국토면적당 도로연장 (km/㎢)	인구당 도로연장 (km/천명)	국토계수당 도로밀도 (km/√면적 * 인구)
한 국 (2010)	100.21	49,773	105,565	1.05	2.12	1.49(1.0)
영 국 (2010)	243.61	62,036	419,628	1.72	6.76	3.41(2.3)
독 일 (2010)	357.12	82,302	643,782	1.80	7.82	3.76(2.5)
이탈리아 (2005)	301.34	60,551	487,700	1.62	8.05	3.61(2.4)
일 본 (2010)	377.95	126,536	1,209,800	3.20	9.56	5.53(3.7)
프 랑 스 (2010)	549.19	62,787	1,028,446	1.87	16.38	5.54(3.7)
미 국 (2010)	9,831.51	310,384	6,545,326	0.67	21.09	3.75(2.5)

출처 : 도로연장, 자동차대수 : IRF(World road statistic 2012, 외국 '05－'10자료), 인구수, 국토면적 : 통계청(국제통계연감 2012)

표 3-3 도로시설 확충 및 도로부문 예산 추이

연 도	도로연장 (km)				도로부문 예산
	총연장	포장도로	고속국도	일반국도	(억 원)
1980	46,951	15,599	1,225	8,232	1,247
1985	52,264	26,072	1,415	12,241	4,572
1990	56,715	40,545	1,551	12,161	12,967
1995	74,237	56,387	1,825	12,053	33,715
2000	88,775	67,266	2,131	12,413	75,331
2005	102,293	78,587	2,968	14,224	76,614
2010	105,565	84,196	3,859	13,812	77,817

현재 도로는 여객과 화물운송 수송실적에서 가장 큰 비중을 차지하는 주요 수송수단이다. 2011년 도로의 여객수송분담률은 수송인 기준 약 74%, 수송거리 기준으로 약 61%를 차지한다. 그러나 최근 장거리 통행의 열차수송이 확대됨에 따라 수송거리 측면에서 도로 비중이 감소 추세를 보이고 있다. 화물수송 부문은 도로가 약 80%의 수송분담을 보이고 있으며, 비중이 더욱 늘어나는 추세이다.

2011년 고속국도의 일평균 교통량은 44,276대로 일반국도 11,499대, 지방도 5,580대 수준이다. 수송거리(VKT) 기준, 고속국도가 전체 수송량의 44.5%를 차지하였으며, 그 비중은 최근 6년간 지속적으로 증가하였다.

표 3-4 여객수송실적-수송인원 기준 (단위 : 백만 인, %)

연 도	도 로	철 도	해 운	항 공	합 계
2006	9,109 (74.7)	3,049 (25.0)	12 (0.1)	17 (0.1)	12,187 (100.0)
2007	9,519 (75.4)	3,080 (24.4)	13 (0.1)	17 (0.1)	12,628 (100.0)
2008	9,798 (75.4)	3,161 (24.3)	14 (0.1)	17 (0.1)	12,990 (100.0)
2009	9,588 (74.8)	3,203 (25.0)	15 (0.1)	18 (0.1)	12,824 (100.0)
2010	9,646 (74.1)	3,334 (25.6)	14 (0.1)	20 (0.2)	13,015 (100.0)
2011	9,907 (73.8)	1,355 (25.9)	14 (0.1)	21 (0.2)	13,420 (100.0)

출처 : 국토해양부, 국토해양통계연보, 2012

표 3-5 여객수송실적-수송거리 기준 (단위 : 백만 인-km, %)

연 도	도 로	철 도	해 운	항 공	합 계
2006	97,854 (60.7)	6,067 (34.8)	709 (0.4)	6,651 (4.1)	161,281 (100.0)
2007	119,569 (65.5)	55,762 (30.5)	765 (0.4)	6,526 (3.6)	182,622 (100.0)
2008	104,152 (61.8)	56,799 (33.7)	873 (0.5)	6,643 (3.9)	168,467 (100.0)
2009	100,617 (61.4)	55,489 (33.8)	867 (0.5)	7,015 (4.3)	163,988 (100.0)
2010	79,440 (54.1)	58,381 (39.8)	883 (0.6)	8,011 (5.5)	146,715 (100.0)
2011	112,910 (60.9)	63,044 (34.0)	981 (0.5)	8,395 (4.5)	185,330 (100.0)

출처 : 국토해양부, 국토해양통계연보, 2012

표 3-6 국내 화물수송실적-수송량 기준 (단위 : 천 톤, %)

연 도	도 로	철 도	해 운	항 공	합 계
2006	529,278 (76.6)	43,341 (6.3)	117,805 (17.1)	355 (0.1)	690,778 (100.0)
2007	550,264 (76.9)	44,562 (6.2)	120,079 (16.8)	316 (0.1)	715,222 (100.0)
2008	555,801 (76.2)	46,779 (6.2)	120,079 (17.4)	254 (0.0)	722,913 (100.0)
2009	607,480 (79.2)	38,898 (5.1)	120,032 (15.7)	269 (0.0)	766,679 (100.0)
2010	619,530 (79.6)	39,217 (5.0)	119,022 (15.3)	262 (0.0)	778,031 (100.0)
2011	633,927 (80.5)	40,012 (5.2)	110,135 (14.3)	281 (0.0)	784,355 (100.0)

출처 : 국토해양부, 국토해양통계연보, 2012

(2) 도로교통시설 정책 변화

1950년대 경제개발을 목적으로 추진되기 시작한 도로시설 부문 정책은 최근에는 도로의 효율성 향상에 정책의 주안점을 두고 추진되고 있다. 도로시설 정책의 변화를 연대별로 살펴보면 다음과 같다.

가. 1950 ~ 60년대

1950년대는 전후 도로복구 및 재건을 목표로 기존 도로시설의 복구 위주로 투자가 이루어졌으며, 기계화 시공기술이 도입되기 시작하였다. 1960년대는 경제개발 5개년 계획과 함께 물자수송을 위한 기반시설 건설을 확대하였다. 고속도로 건설이 시작되고, 고속도로건설 10개년 계획(1967년)이 수립되었으며, 전국 도로망 정비를 추진하였다. 이 시기에 도로수송의 비중이 높아지기 시작했으나 아직까지는 철도에 더 많은 예산이 투입되던 시기였다. 하지만 1968년에 도로정비촉진법과 도로정비사업특별회계법이 제정되면서 도로투자 재원이 마련되었고, 이를 기점으로 도로정책에 혁신이 시작되었다.

나. 1970 ~ 80년대

1970년대는 경제성장을 위한 기반시설 조성을 목표로 거점 중심의 고속도로망이 확충되고 국도포장사업이 본격화되었다. 경부선이 완공되어 도로수송률이 크게 늘어나고 국도포장률이 대폭 높아졌다.

1980년대부터는 인구분산과 생활환경 개선을 목표로 수도권 집중억제와 권역개발이 추진되면서 도로시설이 확충되었다. 도로의 상호연계성을 확보하는 방향으로 도로시설을 확충하였으며, 도로 포장률을 높이고, 유지보수를 강화하였다. 이 시기에 완공된 중부고속도로는 자동차 고속 교통에 대한 사회적 수요를 충족시키고, 지역 균형 발전을 촉진시키기 위한 목적으로 건설되었다.

다. 1990년대

1990년대는 고도성장에 따른 문제들을 해결하기 위하여 병목지점 개선과 국가 균형 발전 차원에서 도로시설 투자가 이루어졌다. 9×7 격자형 간선도로망 구축 계획이 수립되기 시작하였으며, 도로망의 확충과 도로의 기능향상을 추구하였다. 서해안 산업지대와 지방도시 육성을 통한 지방분산형 국토개발을 위해 서해안 고속도로가 건설되었으며, 국도 확장 및 병목지점 개선 등 도로시설 정비가 동시에 이루어졌다.

라. 2000년대 이후

2000년대에 접어들면서 국민의 삶의 질 향상과 세계화에 대한 대응이 도로시설 부문의 정책기조가 되어 교통시설 효율화, 물류경쟁력 강화, 서비스 수준 개선을 위한 도로시설 투자가 이루어졌다. 도로망의 효율성 제고를 위해 주요 국도의 간선도로화 및 입체화를 추진하였으며, 도시부를 중심으로는 간선도로에 집중 투자하였다.

표 3-7 도로등급별 교통이용 현황

구 분		① 연장(km)	② 일평균 교통량 (대/일)	③ 주야율(%)	④ VKT (천대·km)	⑤ VKT비율 (%)	⑥ 도로 1km당 VKT(천대)
2006	고속국도	3,103	44,661	69.5	136,265	38.0	43.9
	일반국도	13,853	11,171	75.0	146,880	40.9	10.6
	지 방 도	14,069	5,567	74.9	75,608	21.1	5.4
2007	고속국도	3,368	43,060	70.9	144,675	38.8	43.0
	일반국도	13,467	11,592	75.0	147,287	39.4	10.9
	지 방 도	14,652	5,771	74.6	81,484	21.8	5.6
2008	고속국도	3,447	41,745	69.9	143,905	39.1	41.7
	일반국도	13,550	11,146	75.1	142,043	38.5	10.5
	지 방 도	14,753	5,809	74.1	82,435	22.4	5.6
2009	고속국도	3,732	41,241	70.0	153,912	40.5	41.2
	일반국도	12,788	11,728	75.2	149,970	39.5	11.7
	지 방 도	14,135	5,339	75.4	75,452	20.0	5.3
2010	고속국도	3,859	43,475	71.0	167,779	42.7	43.5
	일반국도	12,791	11,594	75.4	148,279	37.7	11.6
	지 방 도	14,239	5,426	76.1	77,260	19.6	5.4
2011	고속국도	4,044	44,276	72.1	176,682	44.5	43.7
	일반국도	12,634	11,499	76.5	141,203	35.5	11.2
	지 방 도	14,296	5,580	77.5	78,876	20.0	5.5

① 도로별 연장 : 도로현황조서의 각 연도말 연장(미개설, 미포장 제외)
② 일평균 교통량 : 매년도 도로교통량 통계연도
③ 주야율 : 주간(오전 7시~오후 7시) 이용 교통량의 비율, 매년도 도로교통량 통계연도
④ VKT(Vehicle Kilometer Travel) : 「도로교통량 통계연보」에서 산출한 주행거리는 자동차 등의 교통수단이 움직인 거리를 모두 합한 수치
⑤ VKT 비율 : 도로별 VKT의 합계에 대한 구성비율
⑥ 도로 1 km당 VKT : 당해 도로등급의 VKT / 당해 도로등급의 연장
출처 : 2012 도로교통량 통계연보, 2013, 국토해양부

마. 국가교통기간망 계획

우리나라 교통시설 투자의 최상위 계획은 「국가기간교통망계획」이다. 1999년 계획수립 이후 2007년과 2010년 두 차례에 걸쳐 수정계획이 발효되었다. 초기 계획은 전국을 포괄하는 격자형 간선도로망을 구축하여 이동성 및 접근성 향상, 남북 및 대륙연계 교통망 구축, 첨단교통기술의 개발 및 활용 등을 중점 추진하였다.

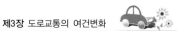

이에 비해 수정계획은 교통시설투자의 재원부족과 도로의 효율성 저하 문제를 해결하기 위해서 효율적인 종합교통체계 구축을 목표로 간선도로망과 국제도로 연계망 중심으로 도로망을 구축하고 있다. 또한 철도 등 타수단과의 연계 강화, 친환경성 및 안전성 증진, 교통서비스의 사회적 형평성 강화 등을 통한 질적 향상을 추진 전략에 포함하고 있다.

2차 수정계획에서 제시한 도로시설 투자방향은 다음과 같다.

① 현재 진행 중인 사업의 완공 및 지정체·혼잡 구간 개선에 집중
② '공급하는 도로'에서 '활용하는 도로'로 패러다임 전환
③ 타당성 미검증 사업에 대한 재검증 추진
④ 도시부 혼잡해소를 위한 수요관리 병행

이 계획에서는 간선도로망의 효율적인 투자를 위해 7×9 국토간선도로망과 7×4+3R의 수도권고속도로망을 통합한 교통축 정립을 위한 투자계획을 수립하였다. 광역경제권, 행복도시, 혁신도시, 기업도시 등의 접근과 연계를 원활히 하고, 도로의 위계별 연결성 및 서비스 수준 재정립을 통해 균형 있는 도로망을 구축하고자 하였다. 또한 고속도로의 보강, 광역권의 고속도로망 확충, 지하도로 등 입체도로 건설 확대 등을 통해 이동성과 연계성, 친환경성을 강화한 도로망 구축을 계획하였다. 향후 국가기간교통망계획상의 장기적인 도로망 구축 계획은 그림 3-2와 같다.

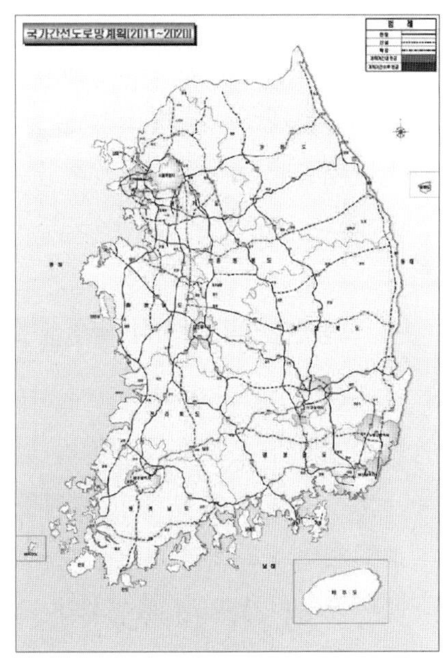

그림 3-2 국가기간교통망 제2차 수정계획상의 간선도로망 구축계획
출처 : 국가기간교통망계획 제2차 수정계획 2011-2020, 2010, 국토해양부

바. 도로정비기본계획

국가 차원의 도로시설 투자 관련 중기계획인 「도로정비기본계획」도 네트워크 효율성과 연계성 강화에 초점을 두어 도로정비의 방향을 변경하였다. 도로 투자를 지방부에서 도시부의 혼잡구간 개선으로 전환하고, 신규노선 건설보다 기존도로 용량 증대에 우선순위를 두어 도로의 효율성 극대화를 도모하였다.

첨단 정보통신기술을 활용하여 도로의 지능화 및 첨단화를 추진하고 있으며, 도로기

술 선진화를 위해 도로 관련 연구개발을 장려하고 있다. 또한 인간·환경친화적 도로건설을 위한 친환경 포장공법 도입, 친환경 에너지를 활용한 도로시설물 구축, 폐기물 재활용 및 자원화 기술을 이용한 도로망 정비, 자전거도로 구축 등 도로시설 계획과 보행시설 정비, 경관도로 조성 등을 추진하고 있다.

2010년 기준 1.2%에 머문 자전거 수송분담률을 2013년까지 5%로 높이는 것을 목표로 자전거도로와 자전거 주차장 등 관련시설 구축에 대한 투자를 늘렸다. 생활밀착형 자전거도로 구축을 위해 2010년부터 4년간 2,800억 원을 들여 전국 국도에 400 km의 생활형 자전거도로를 조성하였다. 이를 위해 2010년과 2011년에는 30 km의 국도상 자전거도로 구축을 위해 연간 도로부문 예산 중 140억 원을 투입하였다.[4)]

(2) 도로교통 여건 및 전망

가. 친환경성 제고에 대한 요구

저탄소 교통수단 활성화를 위해 투자 방향이 변화할 것이므로, 환경 부하가 큰 도로부문의 시설확충은 감소하고, 효율성 제고 위주로 투자될 전망이다.

에너지 절약형 교통체계 구축을 위해 연료효율 개선, 대중교통 이용 활성화 등을 추구하고, 그 일환으로 대중교통 중심 압축도시 구축, 도심 재생, 도로 다이어트 등을 통해 저탄소 배출형 도시구조로 전환을 유도하고 있다. 녹색교통계정 구축, 녹색세 부과, 에코패스(Eco-pass) 도입 등 탄소기반 교통재정체제 구축 등이 추진되고 있다.

나. 교통안전 및 사회적 형평성에 대한 기대 증가

인간중심의 가치가 확산됨에 따라 교통안전에 대한 기대가 증가하여, 교통이용자의 안전성 제고가 효율성, 신속성을 넘어 최우선 과제가 되고 있다. OECD 최하위권인 교통안전 수준을 높여 안전한 사회를 만들고 국민의 행복추구권을 더욱 보장해야 한다.

교통 측면의 사회적 형평성 요구의 증대로 고령화 사회에 대응하고, 인간중심의 패러다임에 부응하기 위해 보행자와 교통 약자를 위한 교통시설의 공급을 강화하고 있다. 또한 대중교통 이용 편의성 향상을 위해 교통서비스의 고급화 및 다양화를 추구하고 있다.

4) 도로업무편람, 2011, 국토해양부

다. 교통수단의 고급화

신속하고 쾌적하면서 편리한 고급 교통수단에 대한 선호가 지속적으로 증가하면서 사회활동, 레저, 쇼핑 등 개인활동을 위한 교통수요가 증가하고 있다. 사회적 이동수요 및 신뢰성에 대한 기대 증가가 고속형 교통체계로의 전환을 유도하고 있다.

인터모달리즘(Intermodalism)의 확대로 효율성 극대화를 위한 종합교통망을 구축하여 교통수단간 연계를 강화하여 이용자의 편리성을 향상시키고 있다.

라. 첨단 교통정보에 대한 기대 증가

유비쿼터스(Ubiquitous) 기반 교통체계의 필요성이 대두되어 이용자 중심의 맞춤형 서비스 지향, 혼잡 예방 등을 위한 시공간의 제약 없는 교통정보 제공, ITS 등 첨단교통정보체계 활성화를 지속적으로 추진하고 있다.

마. 다양한 교통서비스 요구 증대

세계시장 통합에 따른 단일 교통시장의 형성이 가시화되며 국제 표준에 부합하는 교통정책 및 시설 공급정책이 요구되고 있다. 또한 동북아 교통수요 증가 및 교통물류허브 경쟁이 심화되는 환경변화에 대응하여 동북아 물류 중심국가로의 입지 향상에 노력해야 한다. 경제 규모가 확대되고, 정보화가 빠르게 진행되면서 물류 부분도 성장하고 있다. 물류 운송과정의 자동화, 무인화 시스템 구축, 물류정보 수집 및 활용을 통한 효율성, 편의성, 신뢰성 향상이 필요하다. 신속 · 정확하고 경제적인 운송서비스 제공, 예측가능성이 높은 보관 · 하역 시스템 구축, 물류환경 및 보안강화, 국제 물류환경 변화에 대한 신속한 대처가 요구되고 있다.

고밀 도시개발에 따른 수직과 수평이동을 병행하는 교통시설이 더 많이 필요하고, 지하공간을 활용한 초고속 대용량 교통수단의 도입도 검토할 시점이다. 광역경제권간 90분대, 광역경제권 내 30분대 통행권 형성 등 국토 공간구조 다변화에 대응한 교통시설 확충과 장기적으로 남북교류 확대에 대비한 교통시설 공급정책도 모색해야 한다.

3 도로교통 안전정책

(1) 교통안전 현황

가. 도로교통사고 발생현황 총괄

「제7차 국가교통안전기본계획(2012)」에 따르면 2006~2010년까지 5년간 전체 교통수단에서 1,105,296건의 사고가 발생하여 31,232명이 사망하고, 1,731,153명이 부상을 당했다. 이 중 도로부문의 사고건수가 1,100,097건으로 전체 교통사고의 99.5%, 사망자(29,706명)와 부상자(1,729,430명)의 각각 95.1%, 99.9%를 차지한다.

지난 10년간(2003~2012년) 도로교통사고는 총 2,221,222건이 발생하여 60,478명이 사망하고, 3,481,111명이 부상을 당했다. 같은 기간 발생건수는 연평균 0.74% 감소 추세이고 사망자와 부상자도 각각 연평균 2.87%, 0.88% 감소하였다. 2011년 기준 자동차 1

표 3-8 OECD 교통안전수준 비교

구 분	2006	2007	2008	2009	2010	2011
• 사망자수(명)	6,327	6,166	5,870	5,838	5,505	5,229
– 전년대비	−49	−161	−296	−32	−333	−76
(%)	−0.8%	−2.5%	−4.8%	−0.5%	−5.7%	−5.0%
• 자동차(만대)	1,945	2,002	2,039	2,083	2,145	2,191
• 자동차 1만 대당 사망자	3.25	3.08	2.86	2.79	2.57	2.40
(OECD 기준 적용※)	3.34	3.17	2.93	2.86	2.64	2.43
– OECD 중 우리나라 순위	27위	26위	27위	29위	30위	30위
– OECD 평균	1.53	1.50	1.33	1.25	1.12	–
• 인구 10만 명당 사망자	13.1	12.7	12.1	12.0	11.3	10.5
– OECD중 우리나라 순위	26위	25위	27위	27위	31위	30위
– OECD 평균	9.72	9.82	8.55	8.10	7.31	–
• 자동차 10억 주행km당 사망자	19.3	–	17.9	20	18.66	17.6
– OECD 중 우리나라 순위	18위	–	–	–	–	–
– OECD 평균	–	–	–	–	–	–

자료 : IRTAD, OECD, 2012. 3월 기준
주1) OECD 적용기준(2011년 2.43명) : 사망자수는 2011년도 자료(5,229명)를 사용하나, 자동차 대수는 2010년말 자료(2,145만 대)를 사용
주2) 자동차와 인구기준은 총 32개국, 주행거리기준은 총 23개국
주3) 자동차 1만 대당 사망자수는 자동차 대수에 국제기준을 적용한 건설기계와 농기계를 포함하여 산정

표 3-9 도로교통사고 발생 추이

구 분	발 생			사 망			부 상		
	발생(건)	인구 10만 명당	자동차 1만 대당	사망자(명)	인구 10만 명당	자동차 1만 대당	부상자(명)	인구 10만 명당	자동차 1만 대당
2003	240,832	503	148	7,212	15.0	4.4	376,503	786	224
2004	220,755	458	133	6,563	13.6	3.9	346,987	720	208
2005	214,171	443	113	6,376	13.2	3.4	342,235	709	181
2006	213,745	440	110	6,327	13.0	3.2	340,229	702	175
2007	211,662	437	106	6,166	12.7	3.1	335,906	693	168
2008	215,822	444	106	5,870	12.1	2.9	338,962	697	166
2009	231,990	476	111	5,838	12.0	2.8	361,875	742	174
2010	226,878	464	106	5,505	11.3	2.6	352,458	721	164
2011	221,711	453	101	5,229	10.7	2.4	341,391	697	156
2012	223,656	447	99	5,392	10.8	2.4	344,565	689	153
합 계	2,221,222	4,565	1,133	60,478	124	31	3,481,111	7,156	1,769
10년 평균 증가율	−0.74%	−1.17%	−3.94%	−2.87%	−3.23%	−5.88%	−0.88%	−1.31%	−3.74%

자료 : 도로교통공단, 교통사고통계분석, 2013

만 대당 사망자수는 2.43명으로 OECD 국가 32개국 중 30위로 최하위권 수준이다.

2012년 발생한 교통사고(경찰에 신고되어 처리・집계된 교통사고)는 223,656건으로 5,392명이 사망하고, 344,565명의 부상자가 발생하였다. 하루 평균 613건이 발생하여 14명 이상 사망한 셈이다. 이는 2011년과 비교해 발생건수는 1,945건(0.9%), 사망자는 163명(3.1%), 부상자는 3,174건(0.9%) 증가하였다.

우리나라는 보행 중 교통사고를 당해 사망하는 사람의 비중이 OECD 선진국에 비해 월등히 높다. 2012년 보행 중 교통사고 사망자는 2,027명으로, 전체 교통사고 사망자 중

표 3-10 2012년 교통사고 발생 현황 (단위 : 건, 명, %)

구 분	발생(건)	사망(명)	부상(명)
2012	223,656	5,392	344,565
2011	221,711	5,229	341,391
증감수	1,945	163	3,174
증감률(%)	0.9	3.1	0.9

자료 : 도로교통공단, 교통사고통계분석, 2013

표 3-11 2012년 전체 교통사고 중 보행자 교통사고 발생 현황 (단위 : 건, 명, %)

구 분	발생(건)	사망(명)	전체 사고 사망자 대비 점유율
2012	51,044	2,027	37.6
2011	50,710	2,044	39.1
증감수	334	−17	−
증감률(%)	0.7	−0.8	−

자료 : 도로교통공단, 교통사고통계분석, 2013

37.6%를 차지한다. 이 중 65세 이상 고령자가 47%를 차지하고 있고, 고령화 사회에 접어들어 고령 보행자 교통안전 대책 마련이 시급하다.

한편 고령 보행자뿐만 아니라 운전자에 대한 안전대책도 필요하다. 2012년 고령자 교통사고 사망자는 총 1,864명으로 전년보다 8.1% 증가했다. 특히 최근 10년간(2003~2012년) 간 65세 이상 고령 운전자가 일으킨 교통사고는 연평균 12.8%, 사망자는 8.9%로 증가 추세이다.

음주운전 교통사고와 어린이 교통사고 사망자도 증가하고 있다. 2012년에 815명이 음주운전 교통사고로 사망하였다. 이는 전년에 비해 11.2% 증가한 것이다. 또한 13세 미만 어린이 교통사고 사망자도 83명으로 전년도에 비해 3.8% 증가하였다.

한편 2012년도 도로교통 사고비용은 약 23조 5,900억 원으로 추정된다. 추계된 도로교통 사고비용의 구성을 보면 인적 피해가 약 58.0%, 물적 피해가 약 36.8%, 사회기관비용은 약 5.2%를 차지하고 있다. 이러한 도로교통 사고비용은 2013년에 발표된 우리나라의 2012년도 경상국내총생산(GDP)은 1,272조 4,594억 원이나 국민총소득(GNI) 1,279조 5,465억 원의 약 1.9% 정도이며, 운수 및 보관업부문 GDP 41조 8,839억 원의 약 56.3%이지만, 추계된 교통사고비용에 여러 가지 제약으로 포함되지 않는 부분(예를 들

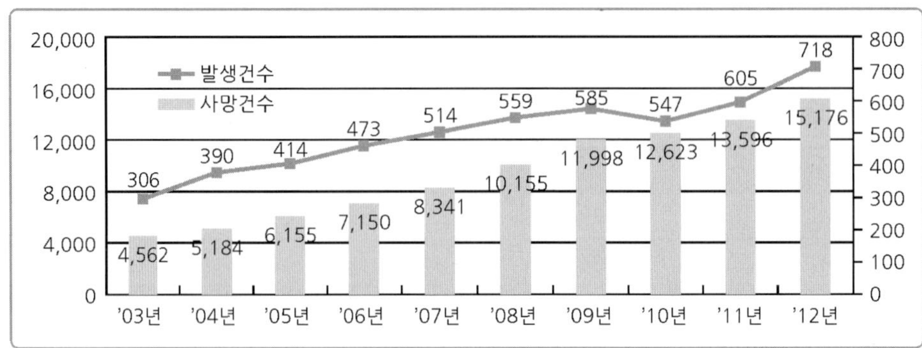

그림 3-3 최근 10년간(2003~2012) 노인 운전자 교통사고 추세
출처 : 도로 교통 공단(http://taas.koroad.or.kr/reportSearch.sv?s_flag=02)

면, 의무경찰예산, 추계되지 않는 제3자의 손실 등)을 고려한다면 실제 국내총생산(GDP)의 2%가 넘는 수준일 것으로 추정된다.

이러한 실정은 넓은 의미의 국민경제의 생산현장인 도로에서 자동차에 의한 교통 활동이 국민경제에 막중한 역할을 담당하면서도 교통사고로 인해 국내총생산의 약 1.9% 수준의 사회적 비용이 발생하고 있다. 이는 2012년도 산업재해로 인한 경제적 손실액의 1.2배, 화재피해액의 92배이며, 국가예산 약 223조 원의 10.6%, 교통경찰 예산 약 9,682억 원의 24배에 이르는 규모이다.[5)]

나. 주요 도로교통사고 유형별 안전대책

도로교통사고의 원인은 매우 다양하다. 따라서 효과적인 사고감소 대책을 수립하기 위해서는 교통사고 현황에 대한 면밀한 분석을 통해 원인과 문제점을 도출해야 한다. 우리나라에서 주로 발생하는 교통사고의 유형과 대책을 살펴보면 다음과 같다.

1) 보행자 교통사고

과거 5년간(2006~2010년) 발생한 교통사고는 차대차 사고가 74.1%로 가장 많았다. 이어 차대사람 사고가 21.5%, 차량단독사고가 4.4%를 차지하였다. 이 중 차대사람 사고에 의한 사망자가 매해 전체 사망자수의 35% 이상을 차지한다. 특히 보행자 교통사고가 매우 많은데 인구 10만 명당 보행사망자수가 4.0명으로 OECD 평균 1.6명(2008년)보다 약 2.8배 높다.

보행자 교통사고가 많은 주원인은 차량통행 위주의 교통정책으로 보행자의 특성을 고려하지 않은 도로・교통시설이 많기 때문이다. 보행자 친화적인 인간중심의 도로설계와 교통시설 설치가 필요하다.

2) 법규위반별 교통사고

과거 5년간(2006~2010년) 법규위반별 교통사고 유형을 분석하면 신호위반이 11.4%로 가장 많았고, 안전거리미확보(10.2%), 교차로통행방법위반(7.1%) 등의 순이었다. 운전자의 준법정신 및 안전의식 미흡과 더불어 불합리한 신호체계, 통행우선권에 대한 국민의 인식 및 홍보 미흡 등이 주원인으로 꼽힌다.

5) 2012 도로교통 사고비용의 추계와 평가, 도로교통공단, 2013

3) 고령자 교통사고

고령인구와 고령운전자의 증가로 고령자 교통사고 사상자가 지속적인 증가 추세이다. 2010년 기준 전체 교통사고 사망자의 30% 이상이 65세 이상 고령자였다. 국가간 고령층 10만 명당 사망자수를 비교했을 때 우리나라는 34.6명으로, 일본(10.5명), 영국(5.0명), 미국(14.2명), 프랑스(7.9명) 등에 비해 매우 높은 수준이다.

고령자 교통사고가 늘고 있는 원인은 고령인구가 증가하고 있을 뿐만 아니라 고령자를 고려한 도로·교통안전시설이 미비하기 때문이다. 고령화 사회에 접어 들면서 고령인구를 배려한 도로설계 및 안전시설 확충이 시급하다.

4) 교차로 내 교통사고 등

교차로 내 교통사고는 발생건수와 사망자수 모두 지속적으로 증가하고 있다. 터널 안 및 횡단보도상 사고발생도 증가 추세이다. 이는 신호위반, 과속, 안전거리 미확보 등 법규 위반이 주원인이며, 이를 개선하기 위해 안전운전의식 함양을 위한 적극적인 교육과 홍보, 단속이 필요하다.

기상상태별로는 안개가 낀 날의 사고발생이 최근 5년간 연평균 1.4%씩 증가하고 있고, 치사율도 다른 날에 비해 약 3배가 높다. 안개일 사고발생과 사고심각도를 줄이기 위해서는 실시간으로 전방 상황을 안내해 주는 도로전광표지나 차내 안내시스템, 기상상황에 맞게 안전속도를 지정해 주는 가변속도제어 등 ITS 기술의 도입이 필요하다.

(2) 교통안전 추진전략

「제7차 국가교통안전기본계획(2012～2016)」에서는 교통사고의 원인과 개선방향을 표 3-12와 같이 제시하고, 2016년까지 교통사고 사망자수를 40% 감소시킬 것을 목표로 설정하였다.

도로교통안전을 도모하기 위하여 이용자의 행태 개선은 매우 중요한 사안이다. 이용자 행태 개선을 위한 전략으로는 교육 및 홍보와 단속 및 규제, 시설 및 환경 개선으로 정의할 수 있다.

교차로에서 발생하는 교통사고는 신호위반 시에 발생할 가능성이 매우 높다. 따라서 신호위반 단속시스템을 확대 설치하고, 음주운전 시 면허취소 기준을 하향 조정하여 처벌기준을 강화하였고 과속 등 중대법규 위반자 처벌을 강화하였다. 특히 어린이 보호구역에서의 과속은 일반도로의 2배 수준의 범칙금 부과 제도를 도입하였다. 또한 지방부

일반도로에서의 최고속도 하향조정 및 주택가 이면도로의 합리적인 속도제한 방안 등을 강구하여 이용자 행태 개선에 노력하고 있다.

자동차 보험 할인 · 할증제도 개선, 지역별 차등 보험 실시, 사업용자동차 보험요율 개선 등 자동차 보험제도의 선진화를 추진하고 있으며, 무신호교차로 통행우선권 확립 등 교통안전, 보행 홍보 · 교육의 다각화와 자동차전용도로 전 좌석 안전벨트 착용 의무화를 법제화하였다.

표 3-12 교통사고 원인별 개선방향

사고원인별		취약요인 및 특징	개선방향
사고유형	차대사람	• 사고발생 지속 증가	• 보행자 통행이 잦은 지역 보행자 친화형 안전시설 설치
	차대차	• 점유율 가장 높음(74.1%)	• 측면충돌 사고를 줄이기 교차로 안전대책 실시 • 주행중 안전거리 확보를 위한 단속 및 홍보 강화
	차량단독	• 공작물 충돌사고 발생 및 사망사고 증가	• 도로이탈 방지시설 정비
인적요인	법규위반	• 안전거리미확보 등 사고발생 증가	• 교통법규 강화 • 예방안전 대응기술 장착 및 보급 • 첨단교통체계 확충 및 개선
	연령	• 고령자 사고 전체 사고의 30% 이상 차지	• 노인을 위한 안전시설 설치 • 노인 안전교육 강화
	운전자	• 음주운전 사고발생 2009년 이후 점차 증가	• 음주운전 시 법적 제재 강화 • 음주시동잠금장치 등 부착
도로환경적요인	도로유형	• 특별 · 광역시도 사망자수 증가 • 지방부 도로 사고발생 증가	• 특별 · 광역시도 제한속도 하향 조정 • 지방부 마을 진 · 출입 도로 안전성 강화
	도로형태	• 교차로 사고발생 및 사망증가 • 단일로 내 터널안 · 횡단보도상 사고발생 증가	• 회전교차로 도입 • 터널내 속도제한, 사고 시 대처행동교육 강화, 터널응급차량 통행 협력 캠페인 실시
	차도폭	• 차도폭 9 m 미만 도로 사고점유율 55.38%	• 생활도로 주정차 정비 및 속도관리 강화
차량요인	기상	• 안개 시 사고발생 및 사망 증가, 치사율 10.09%	• 안개다발구간 특별관리 강화 • 다기능 단속시스템 설치 확대
	차종	• 이륜차 · 자전거 사고발생 및 사망 지속 증가	• 이륜차 · 자전거 안전관리 강화
	차량용도	• 1만 대당 사망자수는 사업용 차량이 3.9배 높음 • 전세버스 · 개인택시 · 위험물운송차량 · 렌트카 교통사고 지속 증가	• 화물자동차 안전기반시설 확충 • 사업용차량 속도제한장치 부착 등 안전관리 강화

출처 : 국토해양부, 「제7차 국가교통안전기본계획(2012-2016)」, 2011

보행우선구역사업 및 어린이 교통사고 사망자수 감소에 크게 기여한 어린이보호구역 사업을 확대할 예정이다. 또한 고령화로 인하여 노인 교통사고 사망자 및 교통사고 발생건수가 지속적으로 증가 추세에 있어 노인 및 장애인 보호구역 지정 및 관리제도 도입 등 보행자 및 교통 취약계층 보호 정책을 마련 중이다.

어린이 교통안전뿐만 아니라 범죄예방을 도모하기 위하여 통학로별 워킹스쿨버스 지도교사와 자원봉사요원을 양성하여 배치 · 운영 중이다. 그리고 어린이 통학차량 신고의무 활성화 및 안전장치 설치, 교통안전 의식 개선을 위한 어린이 및 청소년 교통안전교육 실시 등 통학로 어린이 교통안전을 강화하고, 어린이 카시트의 착용 의무화 단속 및 홍보를 강화하고 있다. 또한 고령운전자의 교통안전 교육프로그램을 개발하고, 고령자 친화형 자동차 보급 · 지원 등 고령운전자 교통안전 대책을 추진할 예정이다.

도로시설 측면에서는 차량 운행 중 대향차로 진입을 방지하기 위하여 중앙분리대를 설치하고, 교통사고가 잦은 지역 및 위험도로 개선사업을 적극 추진 중이다. 최근 개정된 교통안전법에서는 도로안전진단 범위를 확대 시행하도록 함에 따라 사전적인 측면에서 도로안전도 향상에 기여할 것으로 예상된다. 또한 고속주행이 이루어지는 고속도로 충격흡수시설 설치를 확대하는 등 도로시설 안전도 제고를 강화하고 있다.

안전하고 쾌적한 보행 공간 확보와 교통 약자를 위한 보호구역의 체계적인 정비를 추진하고, 도로표지 정비, 야간 · 우천 시 노면표시 시인성 확보, 마을 진출입도로의 안전성 강화 등 안전 지향형 교통안전 시설을 지속적으로 확충할 예정이다.

전국적으로 자전거도로가 구축됨에 따라 자전거도로 안전점검을 실시하고, 자전거 이용자 안전운행 요령 마련 및 교육 · 홍보, 자전거 안전시설 및 기존 자전거도로 정비 등 자전거 교통안전 대책을 시행 중이다.

또한 가변속도제한 시스템을 확대 설치하고, 인간, 즉 보행자중심의 속도관리 체계로 변화하도록 보조간선도로는 제한속도를 60 km/h 이하로 하향조정하고, 생활도로는 30 km/h 이하, 교통사고가 잦은 도로는 현행 제한속도에서 최소 10 km/h 이상 하향 조정하고, 속도단속시스템도 집중 설치할 예정이다.

「교통사고처리특례법」이 개정(2009)되면서 교차로에 교통사고 자동기록장치를 전국적으로 확대 설치하였고, 고속도로 구급대 배치 등 교통사고처리 체제 및 응급구조체계를 강화하였다.

위험물 운송사고 발생 시 긴급 구난 체계 조기가동과 교통사고 정보의 신속 전파 등을 위한 실시간 위험물운송관리시스템 구축 등 물류 안전관리 시스템을 구축하기 위한 연구가 진행 중이다.

사고발생 시 응급사고 처리를 위한 긴급 구난 체계(E-Call Systems) 무선 전송시스템 도

입을 추진하고 있으며, 응급통로 확보 대책 수립, 응급의료 헬기를 이용한 환자 이송체계 고도화, 기상악화로 인한 도로교통사고 치사율을 감소시키기 위해 운행예정지역에 대한 도로 기상정보를 사전에 제공하는 도로 기상정보 제공시스템 구축을 추진 중이다.

도로의 안전성 제고를 위한 기술은 크게 도로운영 측면, 도로시설 측면 그리고 차량 측면으로 구분하여 제시할 수 있다.

도로운영 측면에서 도로안전기술로 교차로 운영 개선, 차로 통행방법 개선 등이 있다.

도로시설 측면에서 도로안전기술은 교차로 설계 및 시거 개선, 도로 선형개량, 노면 미끄럼 방지, 도로 시인성 개선, 충격흡수시설 설치, 중앙분리대 설치, 확폭, 진입 경고 시설 도입, 길어깨 포장, 보도 설치 확대, 보행자 교통섬 설치 및 보행환경 정비 등이 포함된다.

검지, 통신, 정보처리 기술 등 관련 기술의 급속한 발전에 힘입어 차량 안전기술개발이 활발히 전개되고 있으며, 현재 적용되고 있는 대표적인 차량 안전기술에 대하여 살펴보자.

충돌방지시스템(Collision Avoidance System)은 차량 여러 곳에 장착된 센서와 카메라에서 레이더나 초음파를 보내 전방의 거리와 장애물을 감지하고 수집된 정보를 분석해 운전자에게 경고해 주거나 브레이크와 조향장치 등을 직접 제어하는 기술이다.

차간거리제어시스템은 레이더로 전방 차량과의 안전거리를 유지하면서 자동으로 주행할 수 있도록 하는 기술이다. 자동순항제어장치(ACC: Adaptive Cruise Control)는 가속페달을 밟지 않아도 자동차가 일정한 속도로 운행 가능한 기술로서, 선행 차량과의 상대속도와 거리를 조절해 준다.

한 단계 진화한 기술로 스마트 순항 제어 장치(ASCC: Advenced Smart Cruise Control)가 일부 고급 차량에 탑재되어 있다. 레이더 센서가 차간 거리를 측정하여 엔진 및 브레이크를 스스로 제어함으로써, 적정 차간 거리를 자동으로 유지해 주는 시스템이다. 자동순항제어장치와 유사한 원리이나 운전자 피로경감이 아니라 사고예방 및 피해경감을 목적으로 하고 있어 감가속 범위가 높은 차이가 있다.

충돌피해경감시스템은 전방의 장애물을 감지해 충돌 위험성에 따라 운전자에게 경고하고, 충돌이 불가피한 경우 모터로 안전벨트를 최적의 위치로 제어해 에어백에 의한 운전자의 충돌 상해를 경감하는 기술이다. 이 기술은 독일의 벤츠 차량에 탑재되어 있으며, 현재 안전벨트로 인한 늑골상해를 최소화하기 위하여 안전벨트 자체에 에어백을 장착하여 시험 중에 있다. 이밖에도 이미 상용화되어 있는 무릎 에어백 등 9개의 에어백 시스템이 고급 차종을 중심으로 장착되어 있다.

긴급제동통보시스템은 후방 차량의 운전자가 선행 차량의 급제동 등 상황을 늦게 인지한 경우 충돌사고의 위험성을 운전자에게 통보하는 기술이다. 브레이크 제동 등을 빠르게 점등과 소등을 반복하면서 후미차량에게 위험을 알리는 시스템이다.

전방 추돌방지시스템은 레이더 센서가 선행 차량과의 거리와 상대속도를 측정하여 추돌 위험이 있어 감속이 필요하다고 판단될 경우, 시청각 신호를 통해 운전자에게 경고메시지를 보내고 감속하거나, 필요시에는 긴급 브레이크를 작동시켜 차량을 정지시키는 기술이다. 충돌방지시스템을 진화시킨 기술로 대형트럭을 중심으로 적용 예정이며, 상용화 단계에 진입해 있다.

비상제동장치(Advanced Emergency Braking System)는 전방 주행상황을 실시간으로 감지하여 엔진 및 브레이크를 제어하는 기술이다. 전방 장애물에 대해 적정한 제동시점에 운전자가 제동하지 않을 경우 자동으로 비상제동을 수행하게 된다.

사각감지장치(Blind Spot Detection)는 카메라나 레이더를 이용하여 사각지대 내 물체를 감지하고, 경고하거나 차로유지기술 등과 연계하여 차량을 제어하는 기술까지 개발되고 있다. 카메라 방식의 경우 비, 눈, 이물질에 의해 성능이 영향을 받지만, 레이더 방식의 경우 날씨와 같은 환경요인의 영향이 거의 없는 것이 특징이다. 레이더의 경우 감지 후 경고를 제공하는 데 그치지만, 카메라의 경우 영상정보를 바탕으로 다양한 확장이 가능하다. 운전 중 차로 변경 시 다가오는 자동차의 존재를 알려주거나, 차로 변경이 위험한 경우 차로를 유지시켜 주는 기술도 개발되고 있다. 현재는 운전자에게 음향을 이용하여 정보를 제공하고 운전자가 차로 변경 시 사각지대 사물에 대한 인지능력을 향상시키는 기술로 아직까지는 운전자가 직접 조정하게 되어 있다.

차선이탈경고(Lane Departure Warning) 및 졸음경보장치는 운전자가 졸음이나 부주의 등으로 주행 중 차선을 이탈할 경우 이를 감지하여 경고하는 장치이다. 주로 핸들 떨림 기술을 적용하고 있다. 카메라, 방향지시등, 비상경고등, 차량속도, 와이퍼 작동신호 등 여러 신호들을 통해 운전자의 부주의 및 졸음운전을 판단하고, 경보는 모니터를 이용한 시각적 경고와 소리에 의한 청각적 경고뿐만 아니라 차량을 진동하거나 안전벨트를 당기는 등의 방법으로도 가능하다.

조향제어기술인 차량 자세 제어 장치(Electronic Stability Control)는 커브길이나 장애물 등 갑작스러운 위험상황에서 바퀴의 미끄러짐과 차체 선회각을 감지해 자동으로 제어하여 안전한 조향을 가능케 하는 기술이다.

편주율(차량의 수직축을 중심으로 한 회전 비율) 센서에 의해 측정된 실제 편주율과 올바른 편주율이 일치하지 않는다고 판단된 경우, 브레이크에 압력을 가하여 차량의 편주 동작을 바로잡는 기술이다. 올바른 편주율은 스티어링휠 위치, 차량 속도, 횡방향 가속도를 이용하여 계산한다.

제4장 철도교통의 여건변화

1 사회 · 경제적 여건변화

기후변화에 따른 저탄소 녹색성장 정책과 에너지 관리 및 대체 에너지 개발정책이 사회 · 산업 전반에 걸쳐 추진 중이며, 환경과 에너지 효율성의 중요성이 부각되면서 환경친화적이며, 에너지 효율적인 철도 선호도가 증가하고 있다.

세계 인구구조의 변화가 지속되면서 개발도상국가의 인구 증가에 따른 대량 수송을 위한 교통인프라의 지속적인 구축과 세계시장의 확대가 요구되고 있다. 또한 고령화 추세가 지속될 전망으로 교통약자를 위한 대중교통 서비스 개선이 필요한 시점이다. 향후 65세 이상 노인인구 비율이 10.3%(2005) → 15.3%(2015)로 예상된다.

세계는 거대지역권 중심으로 대도시를 유기적으로 연계, 집적에 따른 규모의 경제를 추구하고 있다. 과거에는 국가가 하나의 거시경제 단위였으나, 최근엔 글로벌화와 더불어 거대지역권(Mega-Region)이라는 새로운 경제권이 형성되고 있다.

세계 10대 거대지역권의 인구는 전 세계의 6.5%(40대 거대지역권 18%)를 차지하며, 생산의 43%(66%), 특허권의 57%(86%)를 차지하여 거대지역권 내 산업간 유기적인 연계 및 시너지 효과 창출을 위해 고속 교통망 연결에 집중 투자하는 추세이다.

표 4-1 수단별 에너지 소모 및 CO_2 발생 비교

구 분	단 위	승용차	버 스	철 도	해 운
화석연료 소모	여객(TOE톤/백만 인km)	5,703	1,583	661	9,827
	화물(TOE톤/백만 톤km)	9,520	–	971	3,423
이산화탄소 발생	여객(톤/백만 인km)	168.2	47.6	29.8	315.3
	화물(톤/백만 톤km)	299.6	–	35.9	110.6

자료 : 기후변화협약 대비 철도수송 효과 분석, 2009년 한국철도공사

소득수준의 향상, 정보 및 문화의 국제화・세계화 등으로 근로환경 및 생활양식이 다양화・고급화되고, 교통서비스 측면에서도 시간 가치의 우선, 쾌적성・편리성・안전성・고급화 지향 등 다양한 욕구를 수렴・반영할 필요가 있다.

2 철도교통의 여건변화 및 전망

가. 철도서비스의 질적 개선 요구

국민소득 증가에 따라 철도서비스도 기대수준이 향상되어 양적 공급보다는 질적 공급 확대가 중요하다. 철도차량 및 철도시설의 안전성・쾌적성 제고에 대한 요구 증가가 예상되며, 대형 철도사고, 테러 등에 대비한 안전・보안의 중요성과 정시성 향상 및 고품질의 여객서비스가 필요하다.

또한 높은 시간가치를 부여하는 개인별・통행목적별 통행의 증가로 인해 고속 교통서비스의 필요성이 높아지고 있으며, 다원화 사회구조 속에서 개인의 다양한 통행 특성을 수용할 수 있는 교통서비스 제공 요구가 증대되고 있다.

나. 철도운송 시장개방 및 경쟁체제 도입

철도산업의 개방 확대 및 경쟁이 심화되면서 철도 운영기관의 다양화, 철도 분야별 전문시장 형성 및 민간기업의 참여가 확대될 것으로 전망된다. 수도권 고속철도 및 호남고속철도 사업에 따라 고속철도의 동일 노선 내 경쟁시장 구축 가능 여건이 조성되고 있다. 철도운송시장 개방에 따라 철도시설 유지관리, 철도관제, 선로사용료 부과 등에 있어서 법적・제도적 보완이 필요하다.

다. SOC 철도투자 확대

환경친화적이고 에너지 효율적인 철도의 수송분담률을 획기적으로 제고하기 위한 투자 증대가 예상된다. 교통 분야 SOC 중 철도 예산은 2009년 29% 수준에서 2020년에는 50% 수준으로 상향 조정될 것으로 전망된다.

SOC 중 철도투자비율은 2011년 38%, 2012년 40%, 2013년 43%로 지속적으로 증가 추세이다.

라. 교통복지 요구 확대

다양한 계층에서 사회적 형평성 증진에 대한 요구 증대로 대중교통 이동권과 교통약자 이동권 등 교통복지에 대한 요구가 증대되는 추세이다. 인구 증가세는 둔화되나 노령인구 비율은 높아져 철도 등 대중교통을 통한 교통기본권 확보가 필요하며, 2009년 말 기준 장애인 및 고령자 등 교통약자수는 전체 인구의 24.5%인 1,217만 명으로 추산되고 있다. 이는 총 인구 대비 장애인 3.1%, 고령자 10.6%, 임산부 0.9%, 어린이 5.3%, 영·유아 동반자 4.6%로 추산된다.

마. 대도시권 광역교통 문제 증가

대도시권 광역화로 광역교통 문제가 심각한 수준이다. 단적으로 서울시 유·출입 통행량은 1996~2006년간 33.9% 증가하였으며, 승용차 통행량은 47.9% 증가하여 수도권의 교통혼잡비용은 2007년 기준 14조 5,000억 원으로 전국 25조 9,000억 원의 56%를 차지하였다. 대도시권에서 광역교통 인프라 부족은 도시경쟁력을 약화시키는 요인으로 작용하고 있다. 수도권 전철망은 외국 대도시의 22~44% 수준이며, 수도권 705 km, 동경권 3,128 km, 런던권 2,125 km, 파리권 1,602 km에 비해 매우 열악한 수준이다.

바. 첨단 철도기술개발

지능형 철도기술개발의 수요 증가가 예상되며, 통합 여객서비스 도입, 실시간 화물열차 운행·요금 및 터미널 관리 등을 위한 미래지향적인 지능형 철도기술개발 요구가 증대되고 있다. 에너지 및 환경 관련 철도기술개발 요구로 에너지 소비절감을 위한 차량 경량화, 새로운 구조와 재료 채택, 에너지 효율적인 열차제어시스템 개발 등이 요구된다.

사. 철도안전 시스템 강화

안전 및 보안에 관한 철도기술개발 수요 증가가 예상되며, 인적 에러의 영향 저감 및 피해 최소화를 위한 기술개발, 새로운 형태의 사고발생 예방 및 위험상황에서 지능형 결정을 가능케 하는 안전시스템 개발의 필요성이 증대되고 있다.

제5장 항공교통의 여건변화

1 사회 · 경제적 여건변화

2030년에는 전 세계 인구가 약 82억 명 수준으로 예상되고 있다. 우리나라는 대한민국과 북한을 합산하여 약 7,700만 명에 이를 것으로 전망하고 있다. 세계 전체 인구는 2030년 대부분의 나라에서 정점에 도달하게 되며, 개발도상국에 의한 인구 증가로 세계 인구가 유지될 것으로 전망된다.

선진국은 인구 고령화 및 이에 따른 문제가 심화될 것으로 예상되며, 우리나라도 인구 고령화 문제가 현실화되고 있다. 2030년 고령화지수는 24.9% 수준으로 예측되며, 이는 전체 인구 4명 중 1명이 65세 이상의 고령인구가 될 것으로 예상된다.

문화 · 예술에 대한 관심이 높아지고, 레저활동 및 자연친화적인 장기체재형 관광 상품이 증가하고 있다. 이에 따라 항공수요도 기존 생활 중심형 항공수요에서 레저 및 관광 수요가 급증할 것으로 예상된다.

또한 고령화 및 여성시대의 도래로 소비패턴이 여성, 고령층 위주로 변화될 것으로 전망된다. 여성 경제활동 참가율이 2007년 54.8%에서 2020년 60%, 2030년 65%까지 증가할 것으로 예측된다.

2015년 이후 석유 비축량의 감소 등 자원 고갈이 가속화됨에 따라 러시아, 남미국가들의 원유 국유화가 예상되며, 자원 고갈 심화에 따라 수소에너지 및 연료전지 등 대체에너지와 친환경에너지 개발이 가속화될 전망이다.

2020년 온실가스 배출량이 80% 이상 증가할 것으로 예상되어 전 세계적으로 지구온난화 방지에 노력하고 있다. 2004년 현재 우리나라의 온실가스 배출량은 세계 10위권 수준으로, 지구온난화에 따른 재해 발생이 빈번해지면서 선진국 중심으로 환경규제 강화, 녹색기술 및 정책에 역량을 집중할 것으로 전망되며, 이에 따른 정책적 변화도 요구

표 5-1 중국과 인도의 경제성장률 전망

구 분	2008	2009	2010	2011-2020	2021-2025
세 계	3.4%	0.5%	2.4%	5.6%	5.3%
중 국	9.0%	6.7%	8.0%	10.0%	8.6%
인 도	7.3%	5.1%	6.5%	9.2%	9.0%

자료 : World Economic Outlook/Crisis and recovery, 2009

된다.

경제적으로 중국과 인도가 급속하게 부상하여 미국, EU와 함께 교역의 중심축을 형성할 것으로 전망된다. 2000년 이후 중국과 인도는 각각 연평균 9.8%, 7.5%로 성장하고 있다.

이에 따라 아시아 국가들이 항공분야에서 영향력이 크게 증가할 것으로 예상된다.

2 항공교통의 여건변화 및 전망

항공자유화 정책의 확산으로 인하여 자국의 항공운송시장 지배력 확대 및 경쟁력 향상을 위해 글로벌 인적·물적 교류가 확대될 전망이다. 특히 EU-US 항공자유화지역(Open Aviation Area) 확대 및 한중일간 항공협정을 통해 통합항공운송시장을 추진할 예정이다.

저비용항공사가 발달한 미국, 유럽에서는 저비용항공사 시장이 2010년까지 약 40% 가까이 성장할 것으로 예측하고 있으며, 아시아 지역의 저비용항공사 역시 2001년 이후

표 5-2 미국/유럽 저비용항공사 전망

항공사 구분		시장점유율(%, RPM 기준)		
		2000년	2005년	2010년
미국 국내선	Network	76%	60%	47%
	Low Cost	19%	28%	39%
	Regional	5%	11%	14%
EU 국가간 (국제선)	Network	71%	53%	43%
	Low Cost	11%	30%	40%
	Regional	18%	17%	17%

자료 : Embraer Market Outlook, 2007

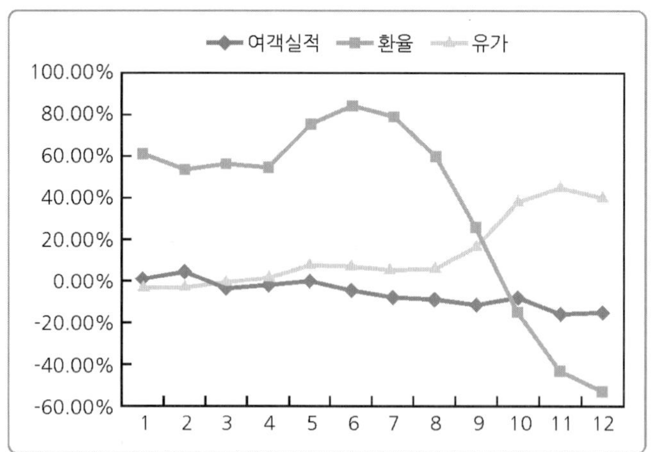

그림 5-1 유가 및 환율과 항공운송실적(2007년 대비 2008년)

규제완화와 항공자유화의 확대로 시장 참여가 활발하게 진행되고 있다.

유가상승, 환율상승, 경기침체가 지속될 경우 단위비용의 상승으로 항공운송실적이 감소할 것으로 전망되고 있다. 일례로 유가가 상승하였던 시기에(2007.7 : 69.98 $/Bbl → 2008.7 : 131.31 $/Bbl, 약 1.8배 상승) 항공운송실적이 감소(2007.7 : 4,684천 명 → 2008.7 : 4,471천 명, 약 4.5% 감소)하였다.

또한 환율이 상승한 시기에(2007.11 : 918.1원 → 2008.11 : 1,400.8원, 약 1.5배 상승), 항공운송실적이 감소(2007.11 : 4,440천명 → 2008.11 : 3,861천명, 약 13% 감소)하였다.

IATA에 의하면 향후 유가 안정 시에 23억 달러, 상승할 경우에 61억 달러의 손실이

표 5-3 유가 상승에 따른 항공운송산업의 순익 예상 (단위 : 10억 달러)

구 분	2005	2006	2007	유가 하향 안정 시	유가 상승 시
				2008(예측)	2008(예측)
세계	−4.1	−0.5	5.6	−2.3	−6.1
지역					
북미	−6.7	−2.6	2.8	−2.8	−4.2
유럽	1.6	1.8	2.1	0.6	−0.4
아시아−태평양	1.2	0.8	0.9	0.4	−0.3
중동	0.2	0.2	0.3	0.2	−0.1
남미	−0.1	−0.2	−0.1	−0.2	−0.3
아프리카	−0.4	−0.4	−0.4	−0.5	−0.7

주 : 2007년까지 ICAO 데이터, 2006−2007 IATA 추정치, 2008−2009 예측
자료 : Financial Forecasting, IATA, 2008. 6

표 5-4 주요 공항의 현황 및 확장 계획

구 분	인천공항		간사이	홍콩 첵랩콕	푸동(상해)
	1단계	1+2단계			
부지면적(만평)	355	645(1,435)	155(393)	337(450)	287(969)
활주로(개)	2	3(4)	1(3)	2(2)	1(4)
여객처리(만명/년)	3,000	4,400(1억)	2,500(4,000)	4,500(8,700)	2,000(8,000)
화물처리(만톤/년)	270	450(700)	139(175)	300(900)	75(500)
개항년도	2001.3	2008.7	1994.9	1998.7	1999.1

( )은 최종목표연도 계획임

발생할 것으로 예측하였다.

세계 다수의 공항들이 현재 용량 포화 상태에 이르렀으며, 2001년 이후 지속적인 확장을 추진 중이다. 아태지역의 주요 공항들도 동북아 허브공항을 선점하기 위한 확장사업을 추진 중이다.

세계적으로 공항의 지방화 및 민영화에 따라 공항운영에서 정부 지원 비율이 낮아지고, 지방과 민간의 참여 비중이 크게 증가하고 있다. 미국의 경우 5,000여 개 공항 중 약 4,000개 이상의 공항이 정부 또는 준정부(시, 자치단체) 소유이며, 영국은 민영화를 통해 신기술과 상업적 접근법을 도입함으로써 공항 운영의 효율성을 향상시키고 있다.

IATA가 공항 업무의 간소화(Simplifying the Business, StB) 프로그램을 추진하는 등 전 세계적으로 공항 업무의 효율화를 위한 공항 업무 프로세스를 개선하고자 노력하고 있다.

표 5-5 공항별 저비용항공사 전용터미널의 특성

공 항	시설개요	터미널 점유율	투자액 (백만€)	설계 및 운영 특성				
				LOS	TPHP (명)	MPPA (백만명)	저비용 항공사(개)	면적 (㎡)
KL	Air Asia 전용터미널	70%	23 (2006)	D/E		10	3-4	35,290
Schiphol	터미널 내 전용 Pier 설치	120%	30 (2005)	D-E	1,200	4	8	6,150
Hahn	터미널 개축	65%	25 (~2006)	E	2,675	5.6	2	18,500
Marseille	구 화물청사 개축	65%	16.4 (2003)	E	900	3.5	5	7,532

자료 : REVIEW OF DEDICATED LOW-COST AIRPORT PASSENGER FACILITIES, Commission for Aviation Regulation, Dublin, Ireland, 2007. 3

IATA 공항 업무의 간소화란 전자발권(E－ticketing), 공용 자가 서비스(Common Use Self-Service, CUSS), 바코드 탑승권(Bar Coded Boarding Passes, BCBP), 전자화물(E-freight, EF), 신속한 여행(Fast Travel, FT), 수하물 개선 프로그램(Baggage Improvement Programme, BIP) 등이다.

항공 여건이 급속하게 변화하고 있고, 비즈니스 및 소규모 관광 증가에 따라 저비용 항공사에 대한 수요가 지속적으로 증가하고 있다. 이에 따라 전 세계적으로 저비용항공사 전용터미널을 도입하고 있으며, 항공정비 및 안전기술 등 다양한 항공산업의 발전 기회가 되고 있다.

ICAO · IATA 등의 국제기구와 각국들은 국가적인 차원에서 항공안전관리를 강화하고, 이를 통합 · 관리하기 위한 프로그램을 적극 개발 · 추진하고 있다. ICAO에서는 세계항공안전계획(GANP), 항공안전종합평가(USOAP), 국가항공안전프로그램(NSP), 안전관리체계(SMS) 등을 시행하고, IATA는 Six-point 안전프로그램, 안전관리체계(SMS), 안전동향 평가, 분석 및 정보교류시스템(STEADES) 등을 시행 중이다.

미 911 테러 이후 ICAO는 전 세계 항공보안수준 약화 및 불법 방해 행위 방지를 위해 항공보안평가 시행을 결의(2002.2월)하였으며, ICAO 주관으로 '고위급장관회의'(몬트리올, 2002.2.19～2.23)에서 결정하였다.

항공보안감사계획(USAP)을 수립하여 전 세계 체약국에 대한 의무감사 실시 등 시행계획을 채택(2002.6월)하고, 종합적이고 사전예방적인 관리체계로의 전환을 위해 항공보안관리시스템(SEMS)을 시행하고 있다.

따라서 미국을 비롯한 각국은 항공테러 발생에 대비한 조치로 항공보안에 대한 기준 및 규제를 한층 강화하는 추세이다. 또한 항공 선진국들은 급증하는 항공교통량에 대비하여 항공안전을 획기적으로 개선하려는 노력을 기울이고 있다.

특히 미국은 AvSSP(Aviation Safety & Security Program)와 Next Generation Air Transportation System(NGAT) 등의 기술개발 프로그램을 진행하고 있다. 유럽은 2020년까지 현재 사고율의 1/5을 감축 목표로 설정하고, 대책을 마련하고 있다.

표 5-6 전 세계 상업용 항공정비시장 성장 예상

구 분	합 계		운항정비		부품정비		엔진정비		중정비/개조	
년 도	2008	2018	2008	2018	2008	2018	2008	2018	2008	2018
규모(억$)	451	686	81	121	87	131	188	292	96	141
연증가율(%)	5.2		4.9		5.1		5.5		4.7	

자료 : TeamSAI 보고서

항공기술의 공동개발을 위해 국제적인 협력체계를 강화하고 활성화하기 위하여 개발비 분담, 참여 국가의 안정된 수요, 기존 판매시스템의 유기적인 연결 등을 추진하고 있다. 네덜란드 NLR과 독일 DLR은 AT-one 프로젝트를 통해 항공기술의 공동개발을 추진하고 있다.

차세대 항행시스템의 개발 및 구축을 위해 기존 항행안전시설들의 기술적인 보완이 필요하여 인공위성기술을 융합한 항행시스템 연구를 적극적으로 추진하고 있다. ICAO에서 FANS(Future Air Navigation System), 차세대 항행시스템(CNS/ATM)을 국제표준시설로 채택하였다. 미국은 항공교통시스템(Next Generation Air Transportation System, NextGen), EU에서는 SESAR(Single Sky ATM Research Programme)을 추진 중이다.

신기술 및 신종항공기 출현에 따른 항공체계의 변화가 급속도로 진행되고 있으며, 차세대 항행시스템 및 무인항공기 등 신종 항공기의 등장에 따라 항공 분야의 최첨단 기술간 접목 시도가 활발하게 진행되고 있다. 이에 따라 향후 공항시설 및 시스템과 이에 대한 운영체계에 있어 획기적인 변화가 예상된다.

항공과 관련된 고부가가치 산업인 항공기정비업, 항공기 임대업 등 항공 관련 산업은 지속적으로 확대되고 있으며, 세계 정비산업의 성장은 (2008) 55조 원→(2018) 84조 원으로 증가할 것으로 예상하고 있다.

항공산업의 양적 팽창에 따라 조종사 등 항공전문인력에 대한 수요도 급증할 것으로 전망된다. 미국 보잉(Boeing)사 자료에 의하면 항공인력에 대한 수요는 2005년 15만 명에서 2025년 약 36만 명으로 증가할 것으로 예상하고 있다.

항공수요 급증과 함께 항공규제완화 이후 항공교통 이용자 보호에 대한 중요성이 부각되고 있다. 1999년 몬트리올협약은 항공이용자 보호를 강화하기 위해 무과실 책임한도액을 1인당 10만 SDR로 상향조정하였다. 미국, EU 등 항공선진국은 정부 또는 민간

표 5-7 전 세계 지역별 조종사 수요전망

Region	2005년	2025년	비 고
North America	64,000	128,000	64,000
Asia-Pacific	31,000	106,000	75,000
Europe	36,000	75,000	39,000
Middle East	5,000	9,000	4,000
Latin America	9,000	27,000	18,000
Africa	7,000	15,000	8,000
계	152,000	360,000	208,000

자료 : 미국 Boeing사 지역별 조종사 수요 전망

으로 구성된 별도의 공항이용자 전문기관을 두고 있다.

교토의정서 발효 이후 지속가능한 항공환경 조성을 위해 각국과 국제기구는 배출가스 감축을 위한 환경보호 정책을 시행하고 있다.

대표적으로 ICAO는 항공환경보호위원회(CAEP), 국제항공 및 기후변화에 관한 그룹(GIACC), 온실가스 처리대책(CDM, 자발적 조치, 배출가스 요금제 등), IATA에서는 대체연료 개발 지원과 효율성 있는 항공기 운항 전략, ACI-NA는 회원공항에게 환경관리 시스템 마련을 권고하는 등의 조치를 취하고 있다.

항공소음 등 공항환경개선 방안이 요구되고 있으며, 미국, EU 등 항공 선진국은 항공소음 등에 대한 공항 주변 지역의 환경개선 방안을 마련하여 시행 중이다. 미국은 공항토지이용위원회(ALUC)를 설립하였고, EU는 공항운영자에게 공항소음 관련 계획 수립 및 소음정도 산정 책임 부담(Regulation (EC) NO. 925/1999, Directive 2002/49/EC), 일본은 '공항주변정비기구'와 '공항환경정비협회' 등의 전담기구를 설립하여 운영하고 있다.

PART

03

미래 도로교통정책 추진방향

CONTENTS

제6장 도로교통정책 추진방향

1 선진국 도로교통정책 동향

(1) 유럽연합(EU)

유럽연합의 교통정책 기조는 '효율, 통합, 지속가능 교통' 실현에 초점을 두고 있다. 그 일환으로 유럽을 단일 교통권으로 구축하여 효율적인 교통체계를 구현하기 위한 로드맵(이하 교통백서)을 2011년에 발간하여 정책 목표와 추진전략을 구체화하였다.

교통백서에서는 ① 도로부문은 도시 내 기존 연료 차량의 제거, ② 항공부문은 저탄소이면서 지속가능한 연료 사용 40% 달성, ③ 해운부문은 이산화탄소 배출량 40% 절감, ④ 도시간 여객량 및 화물 물동량 50%를 도로에서 철도 및 수운으로 전환, ⑤ 2050년까지 교통부문 온실가스 배출량 60% 감축을 목표로 제시한다.

친환경성, 효율성(이동성), 편리성(접근성)을 보장할 수 있는 교통시스템을 구축하기 위해 통행거리별로 다음과 같은 실행방안을 제시하고 있다.

첫째, 정보통신기술을 활용한 실시간 이용자 정보시스템을 구축하여 대중교통수단 이용 활성화를 높이고, 수단간 연계성을 강화한다.

둘째, 실시간 정보제공, 통행권 예약 및 지불시스템을 개발하여 서비스를 제공하며, 장거리 통행인 경우 항공 및 해상교통 중심으로 유도한다.

셋째, 도시 내 단거리 통행에 이용되는 수단은 친환경 차량 전환을 유도할 뿐만 아니라 대중교통, 도보, 자전거 이용 활성화를 도모하고, 효율적인 통합교통망을 실현하기 위해 수단간 연계를 강조한 핵심교통망(Core Network) 구축사업[1])을 추진한다.

---

1) 유럽 각국의 사회적 연대 제고와 기후변화 감소를 목표로 주요 도시를 연결하여 유럽 동서부를 통합하는 교통망을 구축할 예정이다. 이에 따라 2030년까지 EU 전역의 다수단 핵심교통망을 구축하고, 2050년까지 질적, 양적 확충과 정보서비스 연계를 완성할 계획이다.

유럽연합은 지구온난화 및 화석연료 고갈 등으로 인해 친환경 교통정책에 많은 힘을 쏟고 있다. 총 온실가스 배출량 중 19%가 교통부문이 차지하고, 이 중 90% 이상이 도로에서 발생한다. 최근 다른 부문의 온실가스 배출량은 감소 추세에 있으나, 교통부문의 배출량은 증가하고 있다. 특히 도로부문의 온실가스 절감이 중요한 정책목표이다.

유럽연합은 온실가스 감축을 위하여 감축목표를 수립하고 저감정책을 추진 중이다. 2007년 온실가스 감축목표 '20-20-20' 수립하였다. 이는 온실가스를 1990년 수준에서 20% 이상 절감하고 기존 에너지를 재생에너지로 20% 이용 전환하여 에너지 효율을 기대치 대비 20% 감축하는 것을 목표로 하고 있다.

2030년까지 기존 연료차량을 절반으로 줄이고, 2050년까지 모두 퇴출하는 것을 목표로 설정하였다. 도로부문의 온실가스 저감은 주로 연료 및 차량 기술개발, 교통수단 전환을 포함한 수요관리 전략이 추진되고 있다. 승용차의 배출기준 강화와 연료효율 개선 및 대체연료 사용을 장려하고, 환경보호와 새로운 혁신주도 시장을 창출하기 위해 그린카 연구개발을 지원하고 있다.

추가적으로 도로 제한속도 하향 조정을 통해 연료소비 절감을 유도하고, 화물은 2030년까지 무탄소 도시 물류의 실현과 장거리 도로화물운송 30%를 타수단으로 전환하는 것을 목표로 기반시설 구축을 추진하고 있다. 또한 원인자 부담 및 이용자 부담 원칙을 확대 적용하여 도로 이용자에게 요금 및 연료세를 부과하여 차량이용 절감을 유도하고 있다.

도로 건설부문에서도 친환경성 제고를 위해 자연환경 보전과 오염물 제어를 위해 다음과 같은 노력을 기울이고 있다.

① 전과정평가(Life Cycle Analysis)의 한 요소로서 환경영향 평가
② 건설 재료의 재사용 및 재활용을 위한 새로운 기법 및 관리
③ 에너지 저소비 시공 및 유지관리
④ 도로 환경 및 선형이 연료 소모에 미치는 영향 정량화
⑤ 차량과 도로간 저항을 최소화
⑥ 서식 동물에 미치는 영향을 최소화하기 위한 기반시설 설계
⑦ 환경친화적이고 지속가능한 건설포장재료 개발 및 도입
⑧ 도로시설로부터 지속가능한 에너지 포집을 위한 시스템 설계
⑨ 소음, 대기오염, 진동 등 교통 영향을 줄이는 도시 기반 시설설계
⑩ 도로 유출수 등 화학적 오염물질, 도로분진 저감을 위한 시스템
⑪ 배기가스 저감

⑫ 분진 저감

⑬ 평균속도 관리

⑭ 소음규제

⑮ 배출수 관리

규제 및 제도적 측면에서 안전 및 보안에 관한 표준을 제정하고, 이를 만족하는 사업에만 신규투자를 허용하고 있다. 첨단안전차량, 전기자동차, 하이브리드차량 같은 능동형 차세대 자동차 등 신교통수단의 안전성 평가시스템의 표준화 사업을 진행하고 있다.

도로운영 측면에서는 법규위반 단속, 속도제한, 첨단장치 보급, 위험물안전 등 다음과 같은 사업을 진행하고 있다.

① 음주운전 근절, 속도관리

② 보행자와 자전거의 통행우선권을 보장하는 공유 공간의 확장

③ 기상변화에 따른 위험상황 경고체계의 구축을 위해 도로기상정보시스템(SWIS) 개발 및 정보제공

④ 화물자동차의 첨단안전장치 우선 보급

⑤ 화물자동차의 장거리 운전을 지원하는 장치(피로인식, ACC, ESP, Lane Guard 등)의 보급 확산

⑥ 위험물운송차량의 관리 및 모니터링 강화

⑦ 위험물운송의 실시간 감시체계 구축, 화물차종별 응급구조장치 설계, 위험물운송 경로의 안전성 평가 등 물류안전성 확보

⑧ 위험물운송차량의 차속, 타이어압력 등 자동체크 및 피드백, 주거지역・터널・교량구간 등 통행금지구역 통제, 실시간 정체예상시간 추정, 대안교통로 유도 등 모니터링 강화

기술적 측면에서는 첨단교통안전기술의 개발 및 보급 확대정책 등 다음과 같은 사업을 진행하고 있다.

① 첨단교통안전기술의 개발 및 보급 확대

② ESP(또는 ESC, 차량자세제어장치)[2)]

③ ACC(감응순항제어장치)[3)]

---

2) Electronic Stability Program or Control : 돌발상황이 발생했을 때 운전자의 의지와 실제 차량의 움직임을 비교, 차량 바퀴에 장착된 센서를 통해 자동으로 제어함으로써 안전한 조향을 가능케 하는 첨단 기술

3) Adaptive Cruise Control : 주행 시 안전거리를 유지하면서 정속 주행하도록 지원하는 장치

④ Lane Guard[4)]

도로설계 측면에서는 공사 중 교통영향 최소화를 위한 시공 및 유지관리 기술, 설계 기술과 도로 이용자 안전성 개선을 위한 신기술개발 및 적용 등이 추진되고 있다.

① 야간 안전운행을 위한 반사표면
② 열 흡수 표면
③ 이륜차 운전자를 위한 가상차선 설치
④ 이륜차 운전자 보호를 위한 인간친화형 안전방호책
⑤ 보행자 보호를 위한 연질 연석
⑥ 터널안전 강화 : 터널 내 화재사고에 대한 안전시설의 최적화

또한 유럽연합은 첨단도로정책에 많은 투자를 하고 있다. 대표적인 시스템이 CVIS, SAFESPOT, COOPERS 등이 있다. CVIS(Co-operative Vehicle-Infrastructure Systems)는 V2X 관련 통신을 위해 차량과 기지국에 대한 개방형 표준기반, 통신, 측위, 네트워크 플랫폼을 제정하는 프로젝트로서, 안전하고 효율적인 서비스를 제공하는 핵심 어플리케이션 및 서비스 소프트웨어 개발을 추진하였다. 이 시스템은 차량과 노변장치간의 새로운 통신기술을 개발 · 시험하고, 국제표준을 선도하겠다는 목표를 가지고 추진되었다.

유럽 각국의 도시 및 공공기관, 대학, 연구기관, 통신회사, 자동차 제조사 등 62개 기관이 CVIS 컨소시엄을 구성하여 2006년 2월부터 2010년 1월까지 4년간 추진하였으며, 능동형 차량 안전 서비스 지원을 위한 무선통신 요소 기술을 개발하였다. 초기 시스템 요구사항 분석을 통해 아키텍처 및 시스템을 설계하고, 핵심 플랫폼을 개발하였다. 이후 2008년부터 기술검증을 위하여 핵심기술 및 어플리케이션에 대한 현장 테스트를 지속적으로 실행하고 있다. CVIS는 연속적인 개별통신환경을 기반으로 노변 인프라와 차량, 차량과 차량간 통신을 통하여 도시 내 교통관리, 도시간 교통관리 및 정보제공, 상업용 중차량 관리 등을 제시하였다.

또 하나의 첨단도로체계 시스템인 SAFESPOT(Integrated Project Co-operative Systems for Road Safety)은 도로에서 위험한 상황을 미리 탐지할 수 있는 차량, 인프라, 센터 간의 연계시스템을 개발하여 도로의 안전성을 향상시키기 위한 상호협동시스템을 설계하는 프로젝트이다. SAFESPOT 차량과 인프라 기반의 주요 어플리케이션을 개발하고, 세부적인 이용방안을 제시하였다. 주요 차량기반 기술은 다음과 같다.

4) 차선이탈경고장치(LDWS : Lane Departure Warning System)와 비슷한 개념으로 운전자의 주행 안전성을 확보하기 위한 지능형 능동안전시스템으로, 센서를 통해 차선을 감지, 차선의 이탈 정도에 따라 단계적으로 운전자에게 경고를 주어 사고를 미연에 방지하는 역할을 함

① 교차로 안전(Road Intersection Safety)
② 차로변경 지원(Lane Change Maneuver)
③ 안전한 추월(Safe Overtaking)
④ 정면 충돌 경고(Head On Collision Warning)
⑤ 후방 충돌(Rear End Collision)
⑥ 속도제한 및 안전거리(Seed Limitation and Safety Distance)
⑦ 전장 충돌 경고(Frontal Collision Warning)
⑧ 도로 상태 – 빙판도로(Road Condition Status-Slippery Road)
⑨ 곡선구간 경고(Curve Warning)
⑩ 자전거, 보행자 등 교통약자 검지 및 사고 회피(Vulnerable Road User Detection and Accident Avoidance)

아울러 SAFESPOT은 인프라 기반 기술을 바탕으로 다양한 서비스를 구현할 수 있는데, 대표적인 기술 및 서비스는 다음과 같다.

① 속도 경고(Speed Alert)
② 위험 및 돌발상황 경고(Hazard and Incident Warning)
③ 도로 이탈 방지(Road Departure Prevention)
④ 지능형 상호협동 교차로 안전(Intelligent Cooperative Intersection Safety)
⑤ 지원/응급차량을 위한 안전성 보장(Safety margin for Assistance and Emergency Vehicles)

마지막으로 유럽의 COOPERS(Co-operative Systems for Intelligent Road Safety)는 차량과 노변 인프라간 양방향 무선통신환경 구현을 통해 차량과 운전자에게 특정 지역의 실시간 정보를 제공하여 도로의 안전성을 향상시키고, 통합교통운영 환경을 실현하기 위한 프로젝트이다. COOPERS는 다음과 같은 다섯 가지 분야에 대하여 연구개발을 수행하였다.

① 노변데이터 수집[5)]
② 교통제어센터와 센터 적용[6)]
③ 노변전송장치[7)]

---

5) Roadside Data Acquistion : 노변의 다양한 정보(속도, 기상, 안전, 주의 등) 수집
6) Traffic Control Center-TCC Applications : 통합운영을 위한 시스템 아키텍처와 운영 기술 적용
7) Road Side Transmitter : 양방향 통신환경을 위한 도로변 통신장치 및 안테나 등

④ 차량단말기[8)]

⑤ 정보서비스[9)]

교통운영관리센터 시스템과 무선통신이 가능한 차량 내 단말기를 개발하여, 차량과 노변 인프라간 통신의 신뢰성과 실시간 통신능력을 확보하고, DMB/GMS/GPRS/UTMS, Microwave, 적외선 통신방식 등을 함께 고려하였다.

(2) 일본

일본은 교통이 나아가야 할 기본방향이 포함된 '21세기초 종합교통정책의 기본방향'을 발표하였다. 이는 교통의 이동성 혁신을 지향하는 정책 기조로 다음과 같은 추진 전략을 제시하였다.

① 도시교통과 지역교통의 연계 강화

② 환경개선에 공헌하는 지속가능한 교통체계 구축[10)]

③ IT를 활용한 교통시스템의 고도화[11)]

④ 교통안전의 확보 및 고령사회에 대응한 교통체계 구축[12)]

⑤ 교통시설의 중점적 · 효율적인 정비[13)]

일본은 온실가스 배출량이 미국에 이어 두 번째로 많은 국가라는 인식과 유럽 등 외국의 적극적인 온실가스 감축정책에 영향을 받아, 유럽연합과 마찬가지로 온실가스 감축이 주요 정책목표가 되었다. 2008년에 발표된 후쿠다 비전에서는 2020년까지 온실가스 배출량을 2005년에 비해 14% 감축하겠다는 목표를 제시한 바 있다. 이러한 흐름에 맞추어 교통부문의 온실가스 감축정책은 빠르게 진전되었다. 일본은 2006년까지 온실가스 배출량 추이를 감안하면, 교토의정서에서 설정한 목표 달성이 어려울 것으로 전망되어 적극적인 온실가스 감축정책을 수립하여 추진하고 있다.

① 수단전환이 주요 추진 방안

② 저공해차량의 보급, 대중교통 이용 촉진

8) On Board Unit : 양방향 무선통신환경을 위한 차량단말기 확장 및 통합
9) Information Services : 교통안전, 교통관리 등을 위한 정보교환 형식과 12개의 통합 서비스
10) 환경친화형 자동차 개발, 자동차세제 그린화 등 자동차교통의 그린화
11) ITS 활용 사고방지, 차량항법장치 등 정보시스템의 고도화
12) 통신·정보기술 등을 활용한 사고방지대책 및 사고피해 경감, 무장애화(Barrier Free)를 위한 시책
13) 사업평가 방법의 개선으로 사회적인 효용성의 여부를 검토

③ 연료전환, 신재생에너지 개발 추진
④ 도로에서 철도 및 연안 해운으로 전환하는 화주・물류기업에 대해 보조금 지원

특히 철도 수송분담률이 낮은 화물로의 운송수단 전환(Modal Shift)을 적극적으로 추진하고 있다.

① 수단전환의 환경부하저감 실증실험 시행 사업자에 보조금 교부
② 철도 및 해운시설 확충
③ 에코레일마크제도 등 홍보 실시
④ 2005년「제3차 종합물류시책대강(2005∼2009)」수립
⑤ 수송수단 전환
⑥ 에너지절감 계획 및 사용량 보고 의무화[14)]
⑦ 철도와 해운의 수송능력 향상
⑧ 저공해형 차량 보급
⑨ 그린물류파트너십 회의라는 관민합동 프로그램을 실시[15)]

온실가스 감축정책과 같은 거시적인 관점 외에 이용자, 인프라 관점에서도 다양한 정책을 펼치고 있다. 고령자 비율이 높은 초고령화[16)] 국가로서 고령자의 교통편의 증진에 대한 요구가 특히 높다. 고령자, 장애인 등 교통약자들의 대중교통 이용편의의 제고를 위해 관련 법령을 제정하고, 시설 확충을 의무화하고 있다.

또한 교통사고 증가에 대응하여 1960년대부터 교통사고 감소를 위한 교통안전시설 정비를 추진하였다. 이를 위해 교통안전기본계획을 수립하고 관련 법률을 제정하는 등 체계적이고, 적극적인 안전시설 정비를 제도적으로 뒷받침하고 있다. 교통범칙금을 전액 교통안전시설 정비에 투자하도록 규정하고, 2003년부터는 안전시설을 사회자본 중점계획에 통합하여 집중적으로 투자할 수 있도록 제도화하였다. 일본의 교통부문 예산에서 상당 부분을 차지하고 있는 교통안전시설을 포함한 도로환경개선에 투자하여 안전시설의 수요와 공급이 크게 증가하였으며, 이는 교통사고 감소에 크게 기여하였다. 일본은 이와 같은 정책을 중심으로 2015년까지 교통사고 사망자수를 3,000명으로 줄이기 위한 도로교통 안전대책을 수립하였다. 특히 고령자 및 어린이, 보행자 및 자전거, 생활도로 및 간선도로 안전 확보에 중점을 두고 있다.

일본은 첨단도로정책에도 많은 자원을 투자하였다. 일본의 스마트웨이(Smartway)는

14) 일정 규모 이상의 수송사업자 및 화주에 대하여 의무화
15) 2005년부터 온실가스 저감을 추진하는 선진적 사례나 수단전환에 대해 보조금을 지급
16) 65세 인구가 전체 인구의 14% 이상이면 고령 사회, 20% 이상이면 초고령 사회라 함

VICS 및 ETC에 사용되는 단말기 및 내비게이션 등 기존에 보급된 다양한 차내장치를 통합하고, 5.8 GHz DSRC를 이용한 차량－인프라(V2I) 기술을 적용하여 교통소통정보 및 안전운전지원정보를 제공하는 서버를 구현하기 위한 프로젝트이다. 다양한 단말기를 통해 개별적으로 제공되는 서비스를 하나의 단말기로 통합함에 따라 차세대 도로 서비스를 구현하고자 한다.

스마트웨이(Smartway)는 국토교통성, 국토기술정책종합연구소, 도로신산업개발기구가 주도적으로 추진하였으며, 약 23개의 민간기관이 연구에 참여하고, 30여 개 기관이 현장시험 및 시범사업에 참여하고 있다. 5개의 분야에 대한 서비스를 제공하며, 자동차, 운전자, 보행자와 다른 사용자들 사이에서 다양한 형태의 정보 교환을 가능하게 한다.

① 차량정보 교환(Vehicular Information Transmission)
② 요금 지불(Fee Payment)
③ 정보 제공(Information Supply)
④ 정보 및 경고(Data and Warnings)
⑤ 보행자 지원 등(Pedestrian Support, etc.)

(3) 미국

미국의 초기 교통정책은 도로 인프라 구축에 중점을 두었다. 초기에는 연료세로부터 마련된 연방도로기금(Federal Highway Fund)을 활용한 도로(Interstate highway) 건설에 치중하였다. 이후 1991년 육상교통수단간 수송효율화법(ISTEA)[17]을 제정하면서 다음과 같은 3가지 정책에 큰 변화가 시작되었다.

① 교통 관련 투자재원을 통합일원화
② 지역 도로나 대중교통 사업에 대한 지원 확대[18]
③ 다수단 교통망의 효율적인 연계를 위한 교통망 계획을 추진

미국은 1998년 21세기 교통투자법(TEA－21)[19]을 제정하였다. 여기서는 ISTEA의 기조를 유지하되 지역 상황에 맞도록 유연성을 부여하여 연방기금 지원사업의 범위를 확대하도록 하였다. 또한 TEA－21은 대도시권의 경쟁력 확보를 통한 경제발전 지원, 교통시스템의 안전 및 보안 강화, 접근성과 이동성의 기회 확대, 에너지 보존과 환경 개선

17) ISTEA: Intermodal Surface Transportation Efficiency Act
18) 주간(Interstate) 고속도로에만 지원되어 오던 부분을 확대
19) Transportation Equity Act for the 21st Century

및 생활수준 향상, 교통시스템의 통합적인 연계 강화, 효율적인 관리 및 운영, 기존 시설의 효율적인 보전을 목표로 하고 있다.

2005년 제정된 SAFETEA-LU[20]는 고속도로 안전과 지능형 교통체계를 강조하고 있다. 기존 사업 내용을 대체로 유지하였으나 연료세의 92%까지 주정부에서 지원하도록 하였으며, 사업 범위를 더욱 확장하였다. 점차 연방기금으로 지원 가능한 교통사업의 영역은 확장되었으며, 연방정부의 권한과 역할이 축소되었다.

현재 미국의 교통투자정책은 경제성장, 친환경성 제고, 안전성 확보를 최우선으로 하고 있다. 2009년 '교통정책 비전 2030'에서는 여객수송 교통시설 확충, 교통시설물의 안전, 보안, 효율성, 신뢰성 보완을 강조하고 있다. 또한 교통정체 감소, 대중교통 접근성 개선, 대체연료 개발 및 연료 효율성 극대화를 통한 온난화 대응 등을 또 다른 목표로 삼고 있다. 세부 추진계획으로는 지능형교통체계(ITS) 기술개발, 혼잡감소를 위한 교통수요 감축 정책 추진, 연비향상 및 대체연료 개발, 교통사고 자료를 활용한 교통안전대책 강구, 교통시스템의 내구성 확보 등을 설정하였다.

미국은 교통의 이동성, 안전성, 환경성을 정책에 반영하여 '비전 2050'에서 통합국가 교통시스템[21] 구축 계획을 수립하였다. 언제 어디서라도 정해진 시간에 인간과 화물을 효율적으로 이동시킬 수 있는 교통시스템 구축, 안전한 교통시스템 구축, 친환경 교통체계 구축 등이 목표이다. 육상, 해상, 항공 교통체계를 완벽하게 연계시켜 안락하고 효율적인 이동을 가능하게 하는 것이다. 이를 위해 2050 이동성 비전을 제시하였다.

① 재택근무[22]
② 이용자의 만족도 향상[23]
③ 시스템 효율성 증대
④ 교통운영 문제 극복[24]
⑤ 사회 전체의 효율성 확보[25]
⑥ 이용자들의 접근성 개선[26]

비전의 세부 내용을 보면 기존 정책과 달리 차량보다 인간중심의 정책이 포함되어 있다. 이는 이용자 행태 연구, 인간중심의 교통시스템 설계, 사람의 판단오류를 개선하

20) The Safe Accountable Flexible Transportation Equity Act－A Legacy for Users
21) Integrated national transportation system
22) 정보통신기술을 활용한 새로운 생활방식으로 교통수요 감축
23) 이용자에게 신뢰를 확보할 수 있고 교통수단간 연계가 용이한 교통체계 공급
24) 범기관적 교통운영체계 구축
25) 시스템의 설계와 운영을 합리화
26) 지선의 연결을 강화하고 전국적인 차원에서는 분산교통망 구축

는 기술, 능동형 사고예방장치 및 수동형 안전장치 개발 등 기술적인 뒷받침에 대한 필요성이 대두되었다.

'비전 2050'에서 친환경 교통체계 구축은 에너지 효율 증대, 교통수요관리정책 개발, 친환경 수단 이용 장려, 무탄소 기반 연료로 에너지원 전환, 환경영향 감소방안 강구, 교통과 토지이용계획의 연계 등을 중점적으로 다루고 있다. 이를 달성하기 위해서는 소음감소기술 등 차량기술개발, 교통수요 감소정책 실행, 연료전지기술 등 청정교통체계를 위한 기술개발, 기존 시설의 효과적인 이용을 위한 모델링 및 시뮬레이션 툴 활용 등이 필요하다.

'비전 2050'은 2050년 온실가스의 배출량을 2005년의 83% 수준으로 감축하겠다는 목표를 수립하고 이를 달성하기 위한 전략을 수립하고 있다. 미국은 수송부문이 전체 온실가스 배출량의 약 30%를 차지하고, 그중에서 도로부문에서의 온실가스 감축이 가장 중요하기 때문에 다음과 같은 전략을 추진하고 있다.

① 차량 통행거리 증가율 감축[27)]
② 차량 연비 향상[28)]

이 외에도 태양열과 같은 저탄소 또는 무탄소 연료 개발, 도로 이용효율 및 운영 개선에도 지속적인 노력을 기울이고 있다.

도로교통안전국(NHTSA)에서는 교통안전성 제고를 위해 다음과 같은 정책을 중점적으로 추진하고 있다.

① 어린이 교통안전
② 산만한 운전자제
③ 음주운전 등 단속강화

미국도 유럽이나 일본과 마찬가지로 첨단도로정책에 지속적인 투자를 하고 있다. 대표적으로 인텔리드라이브(IntelliDrive)는 교통정보 수집・제공의 실시간성을 높이기 위하여 V2X[29)] 관련 통신 인프라 구축을 계획하였다. 이는 IT－도로－자동차 융합기술을 통해 첨단교통서비스 환경을 구축하여 안전성, 이동성, 녹색환경(대기오염, 연료소모

---

27) 매년 1%의 통행거리 감소가 지속된다면 온실가스 감축목표 달성이 가능할 것으로 예상하고 있으며, 대중교통 수단 개선, 주행세 도입, 대중교통 도시개발 및 복합적인 토지이용 등을 추진

28) 현재에 비해 차량의 연비가 2050년 5배 수준으로 향상되고, 차량의 주행거리 증가율이 1% 하락하면 온실가스 배출량이 60%까지 감축할 것으로 전망. 이를 위해 자동차 제조업체에 대해 연비기준을 강화하고 연비향상 기술개발을 장려

29) V2X : V2V(Vehicle To Vehicle)와 V2I(Vehicle To Infra)의 합성용어

등) 개선을 위한 프로젝트이다.

미연방도로국(FHWA)은 교통문제 해결의 핵심을 '실시간 교통정보 수집 · 가공 · 제공'이라 판단하고, 이를 높이기 위한 통신환경 구축 프로그램(VII : Vehicle Infrastructure Integration)을 추진하였다. 현장실험을 통해 실용화를 결정한 후 미국 전역에 구축 · 운영하는 계획안을 추진 중이다. 이 프로젝트는 도로기반 자료와 차량기반 자료를 수집하여 자가용, 대중교통 화물차량에 대한 안전성과 이동성, 편의성 및 상업화에 적용하고자 한다. 인텔리드라이브(IntelliDrive)는 5.9 GHz 대역에서 V2V와 V2I 통신을 모두 지원하는 WAVE 기술을 개발하여 차량과 운전자의 공공 및 개인 서비스에 제공할 예정이다.

대표적인 기술과 서비스는 다음과 같다.

첫째, 차량간 통신을 이용하여 차량에 갑작스런 고장이 발생한 경우 고장 차량이 후속차량 및 인근 차량에 사고정보를 전달하여, 충돌위험이 있는 운전자에게 경고하고 차량을 정지시키거나 브레이크를 작동시키는 기술이다.

둘째, 차량과 인프라간 통신을 통해 사고 발생 차량에서 사고관련 정보(사고유형, 심각성, 시간 등)를 노변 인프라를 통해 센터로 전송하고, 사고 주변 인근 차량에 경고하여 감속을 유도하는 시스템을 제공한다.

셋째, 차량과 기타 장치간 통신기술은 보행자나 자전거 및 오토바이 운전자 휴대용 장비(휴대전화 및 수신 장치)를 통해 사전에 경고하는 시스템을 제공한다.

2 우리나라 도로교통정책 추진방향

(1) 효율적인 교통망 관리체계

기존에는 불합리한 신호운영이나 도로 위계구조에 부합하지 않는 소통정책 등 비효율적인 도로운영과 주변 교통망을 연계하다 보니 도로 네트워크의 용량을 극대화시키면서 통행시간을 감축하는 데 한계가 있었다. 따라서 이러한 문제점을 개선하기 위해 효율적인 도로교통 연계 및 관리체계 구축이 필요하다.

교통시스템 측면에서 기존의 특별기간(명절, 휴가철 등) 또는 정체 발생 시 공간적으로 제한된 정보를 바탕으로 운전자 판단에 의존할 수밖에 없었기 때문에 전체 네트워크 차원의 교통관리 전략수립이 어려웠고, 실시간 교통소통 정보제공 기능과 효과에 한계가 존재하였다. 더 나아가 이러한 교통관리시스템의 제한적인 운영은 돌발상황, 악천후,

재난발생 시 효율적인 교통방재전략을 수립하는데 근본적인 문제점이 발생하였다. 이러한 한계를 극복하기 위해 실시간 교통상황에서 선제적으로 대응할 수 있는 가변속도제어, 네트워크 차원의 우회전략 및 교통방재 등 능동적인 교통류 관리시스템으로 전환되어야 한다.

현재 속도 단속은 대부분 해당 도로구간에 대한 최고제한속도를 기준으로 관리하고 있다. 문제는 단속 기준이 되는 최고제한속도와 단속방법이 관행적으로 이루어지고 있다. 예를 들어, 도로위계별로 일관되게 규정된 최고제한속도는 기존 도입 목적인 안전과 경제속도는 단순한 평균적인 개념으로 인식되어 왔다. 이제는 실시간 교통상황과 운영전략 그리고 자동차 성능에 적합하도록 능동적으로 바뀔 필요가 있다.

대도시의 교차로 신호운영은 대부분 정주기식(Pre-timed signal) 제어방식을 운영 중이며, 신신호시스템(COSMOS)이 구축・운영되고 있지만, 대부분 시간대별・접근로별 동적으로 변하는 교통수요에 적극적으로 대응하지 못하고 있다. 이러한 비합리적인 신호운영은 운전자 신호준수율 저하 및 신호 위반에 따른 사고위험이 잠재되어 있다. 이를 개선하기 위해 운전자가 교차로로 접근할 때 신호운영 정보제공을 통한 교차로 주행조건 및 상태를 판단할 수 있도록 지원할 필요가 있다. 이를 위해서는 교차로 접근 시 이동류별 현시와 기타 주변 정보에 대한 사전 인지, 최적화된 신호운영이 뒷받침되어야 한다.

네트워트 측면에서는 U-TSN(Ubiquitous transportation sensor network) 기술을 구체화하여 신개념의 도로교통 서비스를 구현할 필요가 있다. U-TSN은 유비쿼터스 환경에서 차량과 시설물간의 정보연계 및 통합을 위한 Self-organizing Ad-hoc network를 의미한다. 차량과 인프라에 센서를 부착하고 센서를 부착한 노드들끼리 통신 프로토콜을 통해 자동으로 네트워크를 구성하면서 상호 노드간에 상태 정보와 위치정보를 주고받을 수 있는 최첨단 네트워킹 기술이다. U-TSN 기술하에서는 동적 교통류 제어, 비신호 교차로 우선통행권 부여, 경제운전(Eco-driving) 안내 서비스 등 전반적인 교통제어 서비스가 가능하다. 또한 위험상황 발생 시 V2X 통신을 통해 돌발정보를 운전자나 후방차량에 신속하게 전달하는 경고정보제공 서비스나 도로구간별 기하구조, 차량 특성 등 개별 또는 상호작용에 의한 교통류 모니터링 및 안전도 평가 서비스가 가능하다. 이상기후(안개, 폭우, 폭설 등)가 발생하거나 시인성이 확보되지 않는 도로상황에 대해 주행위치와 상태를 제공할 수 있다.

제도적 측면에서 보면 우리나라는 현재 도로위계와 구분에 따라서 재원조달방식, 관리부서가 모두 달라서 범정부 차원의 체계적인 투자와 관리가 미흡한 실정이다. 신규도로 투자사업을 위한 정책입안, 예산배정, 도로건설 업무가 여러 부처(국토교통부, 안전행정부, 지자체, 한국도로공사)에 분산되어 있어서 체계적이고 종합적인 도로투자사업

및 관리에 제약이 있다. 또한 일반국도의 경우 시 관내를 통과할 경우 통과 지역에 따라 관리주무부서가 상이하여, 지속적이고 일관된 도로 유지에 어려운 측면이 있다. 이는 해당 지자체의 재정여건이나 경제상황에 따라 도로환경의 질에 큰 차이가 존재하고 있다. 따라서 도로기능과 역할에 따라 도로위계를 재정비할 필요가 있고, 이를 위해서 해당 법령 개정이 선행되어야 한다. 도로관리 주체는 국가기간망(고속도로, 일반국도)은 국토교통부에서 직접 관리하고, 광역도로망은 시 · 도에서, 국지도로망은 시 · 군에서 관리할 필요가 있다.

(2) 선진형 교통안전관리 정책

교통사고로부터 국민의 생명과 재산을 보호하고, 교통안전 선진국을 만들기 위해 범정부적인 대책 추진이 필요하다. 우리나라는 교통사고의 피해가 인적재난보다 심각함에도 불구하고, 일상적인 위험으로 인식되고 무감각해져서 '국민안전'의 최대 걸림돌로 대두되고 있다.

도로환경 측면에서 안전을 지향하는 인프라 확충으로 사고요인을 사전에 차단할 필요가 있다. 또한 교통사고가 잦은 곳은 개선사업을 단계적으로 확대 추진하고, 사고위험성이 높은 졸음운전을 예방하기 위해 고속도로나 국도에 졸음쉼터를 지속적으로 확대할 필요가 있다. 또한 교차로 교통사고 예방을 위해 회전교차로, 고원식 교차로 등을 설치하여 속도를 감소시키고, 이동류간의 속도 편차를 줄일 수 있는 시설을 확대해 나가야 한다. 그리고 도로안전평가기법 개발을 통해 안전을 최우선으로 하는 도로설계 및 첨단 교통안전점검차량을 활용한 도로안전성 점검의 효율성을 높여야 한다.

야간이나 비오는 날의 교통사고 예방을 위해 야간 · 우천 시 노면표시 기준을 신설하는 등 노면표시의 시인성을 강화해야 한다. 노면표시 반사 성능의 지속적인 확보를 위해 적정 재도색 시기, 유지 · 관리 방안을 마련할 필요가 있다.

보행자 교통사고가 전체 교통사고의 약 40%를 차지하므로 인간중심의 생활도로 안전 확보가 시급하다. 보행통행이 빈번한 곳을 우선적으로 보차 분리, 보도공간 확보 등 보행환경을 개선하고, 횡단보도 조명과 보행자 보호시설을 확대해야 한다. 또한 어린이보호구역, 노인보호구역 등 시설 개선을 지속적으로 추진하고, 제한속도 30 km/h 이하인 생활도로(주택가 이면도로 등) 구간을 늘릴 필요가 있다. 보호구역이나 교통사고 위험이 높은 주정차구간은 특별관리구역으로 선정하여 불법주정차를 하지 못하도록 단속활동을 강화해야 한다. 보행사고 예방효과가 높은 주간주행등은 2015년 이후 출시되는 신차부터 의무화가 시행되었고 신차 안전도 평가에 보행자보호 비중을 높여 차량의 보행자

보호기능을 강화할 필요가 있다.

IT 기반의 교통환경하에서 스마트하고 안전한 도로구현을 실현하기 위해 차량・도로간 교통정보를 공유하는 차세대 지능형교통체계(C-ITS)을 도입하여, 교통사고 예방뿐만 아니라 도로결빙 사고, 고장차량 등으로 인한 2차 사고를 예방해야 한다. 현재 운영되고 있는 도시교통정보시스템(UTIS)을 전국 주요 지자체에 확대 구축하여 다양하고 양질의 첨단교통 서비스를 제공받도록 해야 한다.

마지막으로 자동차 안전기준을 강화하고 첨단안전장치 적용을 확대해야 한다. 버스, 트럭 등 대형차량 보조제동장치의 성능기준을 강화하고, 500cc 이륜차 제동장치 성능시험기준도 마련하는 등 제동장치의 안전성을 강화해야 한다. 또한 고광도방전램프(HID) 불법구조변경 등 사고유발요인에 대한 단속을 강화하고, 안전띠 정상부착 여부 등을 자동차 정기검사에 추가하도록 규정을 개정할 필요가 있다. 운전자 부주의에 의해 사고가 많이 발생하기 때문에 졸음운전, 전방주시태만으로 인한 사고를 예방할 수 있도록 차선이탈경고장치, 안전성 제어장치 등 첨단안전장치 보급이 시급하다.

(3) 대중교통 및 타교통수단간의 연계체계

대중교통은 고유가 시대에 시민들에게 저비용으로 보편적 통행권을 제공함으로써 교통복지를 실현할 수 있는 중요한 교통수단이다. 도시의 확산에 따른 교통혼잡과 환경오염에 대처하기 위하여 대중교통 중심의 도시개발 필요성이 점차 증가하고 있고, 전국의 도시화와 대도시권의 확대에 따라 미래에도 편리하고 안전한 대중교통체계에 대한 국민적 욕구는 지속적으로 증가할 전망이다. 따라서 현재 우리나라 도시 및 지역별로 구축된 대중교통 운영 및 이용 현황을 파악하고, 대중교통을 효율적으로 운영하기 위해 관련된 정책 요인을 도출할 필요가 있다.

대중교통은 초기 시설투자에 많은 재원이 소요되고, 일정 규모에 도달하기 전까지는 수익이 발생할 수 없기 때문에 도시별로 도시 규모와 특성을 고려하여 대중교통을 효율적으로 운영하기 위한 전략 및 방안이 도출되어야 한다.

서울, 인천, 대구, 광주 등에서는 대중교통이 준공영제로 운영되고, 기타 지자체에서는 민간에 의해 운영되고 있으며, 운영적자에 대한 보조금을 지급하고 있다. 과거보다 대중교통 이용 승객수가 증가하고 있고 대중교통 운영적자에 대한 보조금의 폭도 증가하는 실정이다. 따라서 대중교통 운영자에 대한 경영 및 서비스의 객관적인 평가와 같은 합리적인 방안이 도입되어야 한다.

현재 우리나라에는 버스와 지하철처럼 특성이 서로 다른 대중교통시스템이 동일한

교통축에서 경쟁관계로 운영되는 경우가 많으며, 도심 내 특정 구간에 과다하게 노선이 편중되어 수송 효율이 저하되고 있다. 전체 네트워크 관점에서 노선이 합리적으로 개편되어야 한다. 노선의 합리적인 개편과 함께 노선간 또는 수단간 편리한 연계환승체계가 구축되어야 한다. 지방의 주요 광역시에는 지하철과 같은 궤도 교통체계가 구축되어 있으나 타교통수단과의 연계가 원활하지 않아 대중교통수단 분담률이 그다지 높지 않은 상황이다. 대중교통 이용에 불편함을 느끼는 지방 도시 주민들은 대중교통보다 승용차를 선호하게 되고, 이미 승용차 중심의 교통체계에 적합하게 도시가 발전해 왔기 때문에 지역별 통행 특성, 대중교통체계 등을 종합적으로 고려하여 수요대응형 대중교통체계 및 신교통수단 도입으로 수단분담률을 제고할 필요가 있다.

우리나라의 대중교통시스템은 국외 도시에 비하여 대중교통수단과 요금체계가 단순하고 획일화되어 있다. 따라서 대중교통의 서비스 다양화 및 고도화가 필요하다. 기존 승용차 이용자를 대중교통체계로 전환하기 위해서는 교통 여건에 따라 다양한 서비스를 제공할 수 있는 여건이 갖추어져야 한다. 또한 복지교통정책의 일환으로 장애인, 고령자, 노약자 등 교통약자에 대한 서비스를 강화할 필요성이 제기되고 있다.

대중교통시스템은 개별 차량과 달리 정해진 일정표에 따라 정해진 경로를 운행한다. 따라서 대중교통의 정시성과 신뢰성이 담보되어야 한다. 현재 대도시에는 교통정체가 매우 심각하여 통행시간을 정확하게 예측하는 것은 어렵지만, 최근 버스중앙차로제, 버스전용차로제 등 다양한 대중교통 우선 정책과 첨단기술을 접목시켜 대중교통의 정시성과 신뢰성을 최대한 제고하기 위해 노력해야 한다.

(4) 지속가능한 교통체계

도시부 인구와 자동차 증가 그리고 이에 따른 교통혼잡으로 인해 막대한 사회적 비용을 지출하고 있고, 환경오염으로 인한 비용도 증가하고 있다. 또한 전 세계적으로 '지속가능(Sustainable)'이라는 개념이 개발이나 도시, 교통체계에 도입되면서 친환경적인 도시교통체계에 대한 관심이 증가되고 있다.

최근 지구온난화의 우려에서 출발한 기후변화협약 및 부속서의 진전과 이와 관련된 에너지 사용규제의 가능성은 에너지 부존자원에 취약하고, 에너지 소비 수준이 매우 높은 우리나라 사회경제에 악영향을 미칠 수 있으므로 사전에 대비가 필요하다. 특히 교토의정서 채택 이후 우리나라는 현재 2012년까지 제1차 감축의무기간에서는 제외되었지만, 2015년 이후에 어떤 형태로든 의무감축을 요구받을 가능성이 높아 화석연료의 의존도가 매우 높은 교통, 물류부문에서의 그린(Green)화를 비롯한 철저한 대책 마련이 필요하다. 현재 우리나라에서는 녹색교통, 지속가능교통에 대한 인식이 저조할 뿐만 아니라 관련 인프라 투자가 미비하고, 관련 제도 또한 미흡한 실정이므로 과년 제도 확립이나 개선이 시급히 요구된다.

우리나라의 교통부문 온실가스 저감정책으로, 운영측면에서는 대중교통 · 녹색교통수단을 확충하고, 교통수요관리를 강화할 필요가 있다. BRT 보급을 촉진하고, 대중교통수단 요금 통합 및 환승할인정책을 확대해야 한다. 택지개발사업 등에 자전거도로 및 주차장 설치를 의무화하여 자전거 이용을 촉진하는 것도 좋은 대안이다. 대규모 교통유발시설 밀집지역을 교통혼잡특별관리구역으로 지정하는 등 강력한 교통수요관리정책과 자발적 요일제 및 인센티브 제공 등의 승용차 이용 억제정책이 필요하다. 또한 고속도로 통행료의 전자지불시스템(하이패스) 도입을 지속적으로 추진해야 한다. 제도 측면에서는 화물차 공차율을 저감하는 시스템, 물류정보망 공동활용 및 연계 등 종합물류정보망 구축과 물류 표준화 도입이 필요하다. 또한 대기환경 개선을 위해 CNG버스 운행과 하이브리드 차량 보급을 지속적으로 확대해야 한다.

지속가능한 새로운 교통투자 정책 시행을 위하여 지속가능 교통에 대한 장기적, 계획적인 투자와 시행이 이루어질 수 있도록 법적인 제도가 마련되어야 한다. 예를 들어, 신도시 설계 등에 자전거도로, 보행자 전용로 등이 대중교통 환승시설 등과 원활히 연계되도록 하거나, 기존 교통네트워크에 대해 지속가능의 관점에서 시설 투자 등을 재점검하도록 하는 제도적인 장치가 필요하다. 또한 지속가능한 교통 관련 사업이 원활하게 추진될 수 있도록 특별기금 형태로 매년 일정 액수를 출연하도록 하고, 이를 전담하는 부서를 신설하는 등 제도적인 지원체계 구축도 필요하다.

우리나라 교통부문에서의 온실가스 저감정책은 산업, 환경, 농업 등 여타 분야의 저감정책에 비해 상대적으로 취약한 편이다. 교통부문의 온실가스 저감 및 기후변화 대응체계에서 가장 중요한 기능은 관련 정책의 입안과 집행기능이며, 이를 위해서는 전달조직과 예산, 정책, 입안에 사용하는 기초자료(통계자료)가 필요하다. 또한 이들 대응체계의 구성과 지속적이고 원활한 운영을 보장할 관련 법제도의 개선이 수반되어야 한다.

3 온실가스 감축정책 추진동향

(1) 주요국의 온실가스 감축 목표

기후변화협약에 대응하기 위해 선진국 및 주요국들은 국가적인 차원에서 온실가스 감축 목표를 제시하고, 다방면의 감축정책을 수립, 시행하고 있다. 표 6-1에 제시된 바와 같이 현황 배출량 또는 예상 감축량(BAU) 대비 감축 목표를 설정하였다. 표에 나온 국가들은 국가 온실가스 감축 중 적게는 10% 수준, 많게는 20% 수준까지 교통부문에서 감축하기 위해 노력하고 있다.

온실가스 감축전략 유형은 일반적으로 억제(Avoid), 전환(Shift), 개선(Improvement)으로 구분되며, 성격에 따라 다음과 같은 세부 유형으로 구분(Dalkmann and Brannigan, 2007)하기도 한다.

① 계획(Planning strategy)
② 규제(regulatory strategy)
③ 세제(Taxation strategy)
④ 정보(Information strategy)
⑤ 기술(Technological strategy)

표 6-1 각국의 온실가스 감축 목표

국가별	국가별 감축 목표	교통부문 감축 목표(2020년)
EU(영국)	1990년 대비 20~30%(2008년 대비 18%)	10% 감축(2008년 대비 14%)
미국	2005년 대비 17%	
일본	1990년 대비 25%	
브라질	2020년 BAU 대비 36.1~38.9%	
중국	GDP당 배출량 2005년 대비 40~45%	인구 1인당 상업용 트럭 에너지 소비량 2005년 대비 16% 인구 1인당 상업용 선박 에너지 소비량 2005년 대비 20% 인구 1인당 버스 에너지 소비량 2005년 대비 6%
인도	GDP당 배출량 2005년 대비 20~25%	
멕시코	2020년 BAU 대비 30%	2008~2012년 11.35백만 톤씩 2020년 목표 배출량 186.5백만 톤

자료 : 도로업무편람(2011), 한국교통연구원(2010) POST 2012 체제 대응방안 연구

배출 억제 정책은 승용차 이용을 회피하는 전략으로서, 승용차 이용을 줄이는 정책과 승용차 의존에서 탈피하는 정책으로 나눌 수 있다.

① 수단전환 정책[30)]
② 배출개선 정책[31)]

(2) 주요 선진국의 온실가스 감축정책

주요 선진국의 온실가스 감축정책은 크게 억제정책, 전환정책, 개선정책으로 구분할 수 있다.

가. 미국

미국의 주요 정책을 살펴보면 다음과 같다.

억제정책은 탄소세 부과, 주행거리 기반 요금제, 주행거리 기반 보험, 혼잡통행료 부과 등이 있으며, 주차관리, 업무통행 효율화 프로그램, 카풀 등 차량공동이용 활성화, 원격근무, 압축근무, 탄력근무제 추진 등이 있다. 또한 대중교통중심 개발, 복합적인 토지이용 등 토지이용 전략 등을 들 수 있다.

전환정책은 지역간 철도서비스 확충, 대중교통 확대, 통근용 자전거 구입 시 인센티브 제공, 대중교통 확대, 이용촉진, 서비스 개선, 비동력 교통수단 도입 등이 있다.

개선정책은 신규 차량의 연비향상 정책, 전기자동차 기술혁신 및 상용화 준비, 충전소 설치 등이 있으며, 저배출 차량 기술에 관한 연구개발 육성, 천연 가스차량 개발, 신호연동화, ITS, VMS 등 첨단교통체계 확충, 병목구간 해소, 공회전 저감, 에코드라이빙 캠페인, 하이브리드 디젤 전기버스 운행 등이 있다.

나. 유럽연합(EU)

유럽연합의 억제정책은 온실가스 배출량에 따른 세금 부과를 들 수 있으며, 전환정책으로는 전환교통 프로그램(마르코폴로) 추진 등이 있다. 개선정책으로는 자발적인 협약을 통한 연비개선, 바이오연료 사용 의무화, 대체연료 및 대체차량 개발이 있다.

---

30) 에너지 저효율 수단에서 에너지 고효율 수단으로 전환시키는 정책으로서, 대중교통시설 및 서비스 개선, 보행과 자전거의 활성화 등이 대표적인 전략

31) 에코드라이빙, 자동차 배출기준 강화, 친환경 자동차 개발 및 보급, 청정에너지 활용

다. 일본

일본의 억제정책은 재택근무 추진, 다양하고 탄력적인 고속도로 요금 시책, 자동차 교통수요의 조정 등이 있다. 전환정책은 철도, 해운으로의 전환 등 물류 효율화, 대중교통 이용 촉진이 있다. 개선정책으로는 ITS 추진, 자동차 연비개선, 에코드라이빙 보급 촉진, 바이오매스 연료 개발, 저공해 차량 보급 촉진, 철도・항공의 에너지 소비효율 향상이 있다.

라. 독일

독일의 억제정책은 도시계획과 교통의 연계, 압축도시 개발, 대형트럭 통행료 부과, 에너지세 부과, 온실가스 배출 기반의 자동차등록세 부과 등이 있으며, 신규도로 건설 제한, 승용차 공동이용 정책이 있다. 전환정책으로는 철도로의 전환 유도, 보행, 자전거 이용 활성화가 있다. 개선정책은 승용차, 상용차 탄소 배출량 규제, 바이오연료 사용 장려, 에코드라이빙 활성화, 철도 에너지 효율 향상, 고속도로 속도 제한이 있다.

마. 영국

영국은 전환정책과 개선정책을 주로 사용하고 있다. 전환정책으로는 국가자전거 계획 수립, 물류부문의 수단전환 장려, 지속가능 교통 시범도시 운영이 있다. 개선정책은 하이브리드 버스 운영, 철도용량 증대, 전기 충전소 설치, 신재생 교통연료 규제, 에코드라이빙 장려 캠페인 실시, 운전교육 실시, 신차의 온실가스 배출량 기준 강화, 저탄소 차량 개발 등이 있다.

바. 인도

인도의 억제정책은 혼잡세 징수, 낮 시간 동안 화물차의 진입제한이 있다. 전환정책은 철도, 연안 해운, 내륙 수로의 수송 분담 증진을 목적으로 추진되고 있다. 개선정책으로는 바이오디젤 이용 활성화, 공회전 엔진 배출규범 제정, 자동차 연비기준 강화 등 규제기준 강화, 선진 엔진 설계를 위한 연구개발 장려, CNG(압축천연가스) 차량 이용 활성화가 있다.

제7장 환경중심 첨단도로정책

1 친환경 도로체계 구축

(1) 환경친화형 도로건설

선진국의 구속적인 온실가스 감축 의무를 규정한 「기후변화협약 교토의정서」가 2005년 2월 16일부터 발효되었다. 교토의정서는 55개국 이상 비준과 비준국 배출량 총 합계가 선진국 전체의 55% 이상이 되는 시점부터 90일 후 효력을 갖게 된다.

우리나라의 온실가스 배출량은 연평균 5.1% 증가(1990~2002) 추세를 보이고 있고, 에너지 부문 온실가스 배출량은 세계 9위를 차지하고 있다. 건설교통 분야는 강제적인 자동차 배기가스 감소, 건축물 에너지 소비절감 등의 영향이 예상되어 지속가능한 도로 정비 방안이 필요하다.

미국은 연방도로청(FHWA)과 환경부(EPA) 및 타 연방기관들, 주 교통 및 환경기관, 산업체, 학계 등이 합동하여 Green Highways Partnership을 체결하여 사업을 추진하고 있다. Green Highway 프로젝트는 교통의 기능성과 생태적 지속가능성을 결합한 도로설계 개념을 말하며, 계획, 설계, 시공의 전 단계에서 환경적인 측면이 고려되었다. 친환경 투수포장, 유출 오수 처리, 재활용 자재를 이용한 시공, 서식동물 및 생태계 보호를 위한 시공기술 적용 등과 함께 기존교통시설 이용 극대화, 다양한 수단 선택 기회 제공, 대중교통수단 이용 활성화 등을 포함하고 있다.

국토교통부는 환경친화형 도로건설을 위해 순환도로망, 우회도로망, 지능형교통시스템/버스정보시스템(ITS/BIS), 하이패스, 자전거 도로 등 탄소배출 저감형 도로계획을 추진하고 있다. 이와 더불어 도로포장의 내구성과 타이어와의 마찰 최소화 등 친환경 포장기술개발이 지속적으로 연구되고 있다.

특히 도로포장기술은 과거에 성장 위주의 정책으로 인하여 도로의 양적인 팽창에 비중을 두었다면, 이제는 새로운 기술의 접목을 통한 선진화된 질적인 기술 발전이 필요하다. 또한 지구온난화에 따른 탄소저감과 도시의 열섬현상 등을 억제하기 위한 다양한 도로포장 공법의 도입이 필요한 시점이다. 현재 개발되어 있는 대표적인 친환경 포장 기술은 다음과 같다.

① 상온아스팔트(Cold mix) 기술[1)]
② 폼드(Foamed) 아스팔트 기술[2)]
③ 중온아스팔트(Warm mix) 기술[3)]
④ 태양광 차단포장공법(Reflective coating pavement)[4)]
⑤ 투수성 포장(Water retained pavement)[5)]

또 다른 환경친화형 도로공법으로 온실가스 포집・제거 기술, 도로 강우 유출수 활용 기술 등이 있다. 온실가스(CO) 포집・제거 기술은 최근 발견된 신기술을 적용하여 도로에서 발생한 온실가스를 포집하여 제거하는 기술이다.

도로 강우 유출수 활용 기술은 도로 포장면은 넓고 훌륭한 강우의 집수면으로 활용가능하고, 이를 통해 집수할 수 있는 빗물량은 연간 13.3억 톤[6)]에 이를 것으로 예상된다. 집수된 빗물은 구축된 효율적인 빗물 집수와 비점오염관리시스템을 통해 빗물의 수자원화, 하수처리 비용절감, 홍수 등의 방재효과를 기대할 수 있다.

(2) 전기차 인프라 구축

온실가스 감축요구에 대응하기 위해 교통부문에서는 친환경 차량의 개발이 활발히 추진되고 있으며, 그중 전기자동차 개발 및 보급이 주목받고 있다. 현재 우리나라에서도 글로벌 전기자동차 4대 강국 선점을 목표로 전기자동차 개발을 정부 차원에서 집중하고

1) 골재와 아스팔트를 가열하지 않고 상온에서 제조와 시공이 가능
2) 아스팔트를 특수한 팽창실에서 압축공기와 함께 물을 분사하여 아스팔트 거품을 발생시켜 젖은 골재를 혼합하여 혼합물을 생산
3) 아스팔트 플랜트에서 생산할 때와 도로포장현장에서 다짐할 때 기존 가열아스팔트 포장에 비하여 30℃ 낮추어 시공 가능
4) 기존 포장에 태양광을 차단하는 페인트로 도포하여 아스팔트 포장 가열을 방지하여 표면 온도를 약 10~15℃ 낮추고 열섬현상 억제 가능
5) 우천 시 또는 물을 살수하여 포장 내부에 수분을 유지, 보수기능을 이용하여 여름철의 포장 온도를 하강시키고 주위 온도 및 습도 조절 기능을 갖춘 친환경 포장
6) 빗물량 연간 13.3억 톤은 팔당댐 저수용량의 5.5배로서, 3개월 동안 전 국민이 사용할 수 있는 양에 해당된다.

있다.

전기자동차는 전기를 동력원으로 하는 차량으로서 배기가스 배출이 없으며, 기존 차량보다 소음이 적은 친환경 차량이다. 오래 전에 개발된 친환경차량이나 배터리 무게, 충전 문제 등으로 인해 실용화되지 못하고 있다가 최근 글로벌 환경문제에 대한 인식과 배터리기술 및 충전기술 등 관련기술이 발전되면서 활성화되고 있다.

전기자동차는 내연기관 자동차와 비교할 때 연료원에서 직접적인 동력에너지를 받기 때문에 상대적으로 에너지 효율이 높으며, 구동에 필요한 부품 수가 적다. 그러나 2차전지의 기술적 한계로 1회 연료주입으로 주행 가능한 거리가 상대적으로 짧고, 2차전지 가격으로 인해 구매비용이 비싸다. 즉, 전기자동차는 고효율의 친환경 차량이며 연료비용의 절감이 가능하지만, 차량구입비용이 높고, 주행거리가 제한적이며, 아직까지 충전 인프라 구축이 미비한 단점이 있다.

전 세계 주요 자동차 제조업체가 경쟁적으로 전기자동차 개발에 힘쓰고 있으며, 이에 따라 주행속도와 1회 충전 시 주행거리가 개선되고 있다. 향후 도로부문에서 승용차와 대중교통수단의 전기화가 지속적으로 이루어질 전망이며, 이에 대비하여 전기자동차 보급 및 대중화에 대응한 기반시설 구축이 교통시설 공급부문의 주요 과제가 될 전망이다.

세계 각국은 전기자동차 시대에 대비하여 도로 등의 분야에 필요한 관련 기반기술을 개발하려는 초기 단계에 있다. 따라서 충전시설 및 충전기술개발이 시급한 과제이다. 자동차와 함께 자전거, 버스, 트럭 등 도로교통수단이 전기화되면서 전기자동차 충전 인프라는 핵심적인 도시 기반시설이 될 것이며, 기존의 교통시설과 융합된 충전 인프라가 구축될 것으로 전망된다.

전기자동차 충전시설 확보 및 충전기술개발은 전기자동차 확산과 이용 활성화를 위한 필수 선결과제이다. 전기자동차 충전시설 구축 사업은 충전하는 장소와 시간에 따라 충전시설의 속성이 결정되어야 한다. 대부분의 전기자동차는 가정에서 심야시간에 충전하고 주간에는 회사에서 충전하게 된다. 또한 쇼핑이나 여행 중 공공주차장에서 급속충전 또는 배터리 교환을 통해 단시간 내에 충전하게 될 것이다.

이와 같은 특성을 반영하여 유형별 충전시설의 구축계획이 수립되어야 하며, 교통시설 계획 차원에서는 공공시설에서의 급속충전시설의 입지계획이 중요한 이슈가 될 것이다. 그리고 아파트 단지나 오피스 건물의 주차장에는 일반 가정용 전기를 이용한 충전시설이 구비되어 주차 중에 충전을 할 수 있어야 한다. 이와 관련하여 법적으로는 「도로법」 및 「주차장법」에 충전시설 구비에 관한 조항이 마련되어야 한다.

전기자동차 시대에 대비하여 도로기술을 개발하는 경우 무엇보다도 현재의 주유시설을 전기충전시설로 대체하는 것이 필요하다. 도로변에 설치하는 전기충전시설은 30분

이내에 충전이 끝나는 급속충전시설이 중심이 될 전망이므로, 이에 맞추어 도로변 급속 충전시설의 설치가 필요하다.

공용 급속충전시설에는 10 kW급 충전스탠드, 차량과의 인터페이스용 커넥터와 케이블, 차량 내 배터리 관리시스템과의 통신기능, 충전상태 파악과 충전전력 계측이 가능한 양방향 전력량계 등이 필요하다. 급속충전 기술에 있어서는 충전시간 단축, 무효전력 손실 최소화한 시스템 설계, 배터리 BMS와의 통신으로 배터리에 적합한 충전전압, 전류 및 알고리즘을 자동 선택하여 충전하는 기능 개발 등이 주요 과제이다.

급속 충전시설은 수요의 시공간적 분포와 이동경로 등을 고려하여 구축되어야 하며, 초기에는 도시 내 주요 지점에 충전시설이 확보되고, 이후 도시 간 이동을 위해 고속도로 충전벨트가 구축되고 충전시설이 확산될 것으로 보인다. 또한 충전을 위한 소요시간을 획기적으로 단축할 수 있는 배터리 교환방식에 의한 충전이 활성화되면 내연기관 차량과 유사한 연료충전이 가능해질 것으로 보인다.

전기자동차를 이용한 지역 간 장거리 통행을 지원하기 위해 전기자동차 거점도시를 연결하는 전기자동차 도로 충전벨트, 즉 주요 고속도로에 충전소가 설치되어야 한다.

충전소 정보를 스마트폰이나 웹포털 등을 통해 안내하여 이용자 편의를 제공할 수 있으며, 현재 미국의 테네시 주의 경우 주 내 3개 시를 벨트로 연결하는 고속도로에 160 km 마다 전기자동차용 충전소가 설치되었다. 이스라엘의 경우 장거리 통행자의 충전을 지원하는 목적으로 주유소와 같이 자동차 이동이 많은 지역에 주로 설치되고 있다.

배터리교환시스템에 있어서는 자동 차량유형 인식이 가능한 배터리교환소 기술개발, 전기자동차 배터리 자동교환 메커니즘 개발 및 전기자동차로부터의 배터리 자동 추출/장착 기술개발이 주요 과제이다. 완속충전 또는 급속충전 시설에 비해 구축비용이 높고 장소확보가 어려운 단점이 있으나, 다수의 충전이 필요한 사용자가 편리하게 이용 가능하다.

(3) 저탄소 녹색도로

저탄소 녹색도로를 대표하는 것은 향후 전기자동차가 상용화되었을 때 필요한 전용도로이다. 온실가스 배출이 없는 전기자동차 전용차로 설치 기술의 효과는 편도 3개 차로 중 1개 차로를 전기자동차 전용으로 전환할 경우 온실가스 배출량이 1/3 수준으로 감축이 가능하다. 전기자동차 전용도로 도입을 위해서는 다음과 같은 기술개발이 요구된다.

① 도로 내 온라인 전기자동차로를 도입
② 온라인 전력공급시설 설치기술
③ 도로변 급속 전기충전소 설치 기술개발
④ BRT 전용차로 설치 기술개발
⑤ 자유로, 외곽순환도로 등에 BRT 전용차로 설치 기술개발
⑥ 화물차 수송량이 많은 도로에 온실가스 감축을 위한 CNG 화물차 전용차로 설치 기술개발
⑦ 교통정체로 인한 온실가스 배출을 방지하기 위한 도로 진출입 통제 및 관리 기술 개발

(4) 무탄소 교통수단 도로 인프라 구축

교통의 친환경성 제고를 위해 무탄소 수단인 보행 및 자전거 활성화를 위한 정책이 추진되고 있다. 향후에는 모든 수단의 이용자가 안전하고 편리하게 통행할 수 있도록 보다 포괄적이고 체계적인 정책수립이 요구된다. 이와 같은 관점에서 최근 완전도로[7] (Complete Streets)의 개념이 등장하였다.

기존 보행, 자전거 관련 사업에서 각 수단을 위한 공간 제공을 시도했던 것과 달리 완전도로 개념에서는 모든 수단 이용자의 서비스를 고려한다는 점에서 차별되며, 각 교통수단이 아닌 통행자를 위한 도시공간의 구현, 교통시설 계획을 다룬다는 특징을 가진다.

한국교통연구원(2011)의 연구에서는 국내 완전도로 설계의 기본방향을 통행 공간 제공, 안전한 통행환경 제공, 연속된 통행환경 제공, 도로이용자 간 상충 최소화, 도로 상황에 맞는 설계, 자연스러운 설계로 설정하고, 기존 교통시설 사업에 완전도로 개념을 적용한 보완방안을 제시하였다.

또한 교통부문의 환경문제 저감을 위해 화물수송부문의 수단전환이 주요 정책과제로 인식되고 있다. 이를 위해 철도, 해운 등의 친환경 수단의 경쟁력 강화를 위한 방안을 모색하고 있으며, 이에 대한 노력이 장래에도 지속될 것으로 전망된다.

7) 보행자, 자전거 이용자, 대중교통 이용자, 자동차 운전자 등 모든 도로교통수단 이용자가 안전하게 이용할 수 있는 도로를 의미(한국교통연구원, 2011)

2 스마트 도로운영 관리

(1) 첨단 교통수요관리

도로 현황과 장래 여건변화에 대한 전망을 바탕으로 미래 도로부문의 주요 정책목표로서, 친환경성 제고, 첨단기술과 연계한 이용자 편의성 및 안전성 증진, 이동성과 효율성 제고, 인간중심의 교통망 구축을 들 수 있다. 세계 각국에서 원격근무 및 재택근무 활성화, 탄소세 부과나 주행세 도입 등을 통해 통행량을 감소시키는 전략이 추진되고 있으며, 장래에도 점차 확대될 것으로 보인다.

카풀, 벤풀, 다인승 전용차로제 시행 등 전통적인 자동차 공동이용 방안과 함께 승용차 공동이용(Car-sharing) 활성화가 적극 추진될 전망이다. 카 쉐어링은 자동차를 빌려쓰는 제도로서 보통 회원제로 운영되고, 렌터카와 달리 주택가 및 업무지역 부근에 보관소가 있으며, 필요한 시간 동안만 자동차를 사용하고 반납하는 방식이다. 이용편의성이 뛰어나 승용차 이용을 대체할 수단으로 인식되고 있다.

또한 토지이용과 연계하여 교통수요를 감소시키고 승용차 이용을 억제할 수 있는 녹색도시 구축이 확대될 전망이다. 녹색도시[8]란 압축형 도시공간구조, 복합적 토지이용, 대중교통중심 교통체계, 신재생에너지 활용 및 물·자원 순환구조 등 환경오염과 온실가스 배출을 최소화한 녹색성장의 요소들을 갖춘 도시를 의미한다.

이러한 녹색도시 개념은 많은 연구를 통해 도시공간의 고밀·복합 개발이 승용차 이동거리 감소와 에너지 소비저감에 기여한다는 것이 입증되면서 압축도시(Compact City), 트랜짓시티(Transit City), 대중교통중심 도시개발(TOD[9]) 등이 추진되고 있다.

압축도시(Compact City)는 도심이나 역세권 등을 주거·상업·업무 기능이 복합된 공간으로 고밀 개발하여 도시민의 사회·경제적 활동을 집중시키고, 교통량 저감을 통한 에너지 효율적 도시공간구조를 실현하는 도시개발 유형을 지칭한다.

트랜짓시티(Transit City)는 대중교통체계 구축과 운영을 중심으로 한 도시공간 구조를 통해 녹색도시를 구현하고자 하는 도시개발기법(Beatley, 2000)을 말한다. 주로 독일, 프랑스, 스위스, 네덜란드 등에 위치한 역사·문화도시를 중심으로 추진되고 있다. 핵심 대중교통수단으로 전기를 이용한 트램을 활용하며, 트램과 타 대중교통수단간 연계를 통해 도심부 통행 패턴을 대중교통·보행 친화적으로 개선하는 방식이다.

8) 국토해양부, 2009, 저탄소녹색도시 도시계획수립지침

9) TOD : Transit Oriented Development

대중교통중심 도시개발(TOD)은 대중교통 결절점 주변을 복합 토지이용이 가능하게 고밀도로 개발하고, 보행·자전거 친화적 가로망 구성을 통해 대중교통중심 생활권을 구현하는 방법이다. 주요 대중교통 결절점에서 도보 및 자전거로 5~10분 내에 이동가능한 반경의 근린지역을 대상으로 하며, 그 특징은 다음과 같다.

① 대중교통 서비스 제공이 가능한 고밀도 토지 이용
② 대중교통 결절점 주변의 복합적 토지 이용
③ 보행·자전거 친화적인 가로망 구성
④ 다양한 유형·밀도·소유의 주거
⑤ 양질의 녹지와 공공 공간
⑥ 공공 공간의 근린중심역할 부여 등

우리나라에도 신도시나 대규모 개발지를 중심으로 녹색도시 개념이 도입되고 있으나, 국내 도시 여건에 부합하는 구축전략을 마련하고 대중교통정책과 주택공급정책을 병행 추진할 필요가 있다. 신도시와 교외 주택지, 도심부 등 지역 특성에 맞는 녹색도시 구축전략을 수립하여 통행거리를 축소하고, 대중교통 이용을 촉진할 수 있는 교통시설 계획이 병행되어야 한다.

(2) 친환경 교통수요관리

대도시권 간선도로의 혼잡은 교통혼잡비용(22.8조 원, 2003년)의 60%(13조 원)를 차지하고 있으며, 이로 인해 발생하는 차량의 배출가스 증가는 사회적 문제로 대두되고 있다. 따라서 대도시권 교통혼잡 해결을 위해 간선도로 개선사업 등을 본격 추진할 경우 통행속도 향상으로 상당 부분 온실가스 저감효과를 도출할 수 있다.

기존 연구에 의하면 도로 평균운행속도를 25~35 km/h에서 80 km/h 이상으로 개선하는 경우, 대기오염물질 발생량을 33% 저감시키는 것으로 나타났다.[10)] 차량의 배출가스 저감을 위한 수요관리 방안은 크게 대중교통이용 증진과 승용차 통행저감으로 구분할 수 있다.

① 간선급행버스체계(BRT) 도입
② 버스전용차로 운영
③ 대중교통 연계성 강화 등을 통한 대중교통 이용 확대

10) 일본 동경 등 3대 도시권 분석자료, 1999. 3

④ 공차율 저하를 위한 화물차운송가맹사업제도 운영 및 혜택 제공
⑤ 다인승 차량 통행료 감면 및 우선 통행권(차로) 제공
⑥ 혼잡세 부과를 통한 혼잡지역 내 통행 억제

수송부문 온실가스 감축을 위한 각국의 노력이 계속되는 가운데 유럽 대도시에서는 혼잡통행료징수를 적용한 교통수요관리가 보편화되고 있다. 이탈리아 밀라노에서는 온실가스 저감정책인 에코패스(ECO-PASS) 제도가 2008년 처음으로 시행되어 긍정적인 효과를 나타내고 있다. 우리나라에서도 에코패스 도입을 통해 온실저감효과를 가져올 것으로 판단된다.

에코패스란 도심 진입시 지불하는 혼잡통행료를 환경에 미치는 영향의 정도(연비, 배기량 등)에 따라 요금을 차등 지급받는 것으로, 혼잡통행료에 친환경 녹색교통정책을 접목시킨 제도를 말한다. 에코패스 도입 가능성에 관한 현재까지의 관련 연구개발은 IT 연계 등의 시스템적 방법이 아닌 국가 정책적인 방법으로 진행되어 왔으며, 아직까지 IT와 연계하여 자동화된 에코패스 시스템이 실현된 사례는 부족한 실정이다.

에코패스 도입 과정에서 시민 여론과 혼잡지역 내 거주민과의 마찰 등 여러 가지 문제가 발생할 수 있지만, 성공적으로 실시하고 있는 도시들을 벤치마킹을 통해 대기오염과 교통혼잡 감소를 유도하는 것이 바람직하다. 보다 효율적인 에코패스의 시행을 위해 동적 에코패스 우선권 유도 기술을 접목하는 것도 검토가 필요하다.

도심지역에서 무선 통신기반으로 우선 통행차량, 배기가스 배출량이 많은 차량 등을 무선통신으로 검지하고, 시공간적 교통량, 차종, 실시간 배출 가스량에 따른 동적 에코패스 유도 설정・관리 기술을 개발하여 도심 내 저공해 실현(도시 오염도 10% 이상 개선), 국민건강 증진, 대중교통이용률을 현재보다 5% 이상 증대시키는 효과를 거둘 수 있을 것이다.

이탈리아에서 대기오염과 교통량 감소를 위해 차량 오염세를 부과하여 2~10유로(€) 사이의 티켓인 에코패스를 발매하고, 위반차량에게 벌금을 부과하는 정책을 진행하였다. 그 결과 교통량은 제도 시행 전과 비교하여 19.5% 감소하였고, 대기오염도 14~21% 감소한 것으로 나타났다. 특히 미세먼지(PM10)의 양이 크게 줄어든 결과를 보였다.

IT융합 도심지 에코패스 구간 관리 및 유도기술개발을 통하여 도시지역 내 차량들의 탄소량, 지역별 저(低) 배출구간을 유동적으로 관리할 수 있다. 에코패스 도입을 위한 기술적 보완사항은 다음과 같다.

① 도로인프라 무선 통신기반 우선통행 차량, 배기가스 다배출 차량 등 검지 기술
② 차로・신호등 기반 에코패스 우선권 도로 인프라 운영 기술

③ 3D 에코패스 지도 생성 및 제공 기술
④ 시공간적 교통량, 차종, 실시간 배출가스량 기반 에코패스 구간 모델
⑤ 에코패스 우선권 위반차량 단속시스템 연계 기술
⑥ 서버기반 동적 저(低) 배출구간 설정 기법 및 관리 기술
⑦ 배출 가스량 및 단위 CO_2량 기반 에코패스 우선권 관리 및 유도 표준 지침
⑧ 에코패스 단말 및 우선차량 정보제공 기술
⑨ ITS 단말 및 차량장착 멀티미디어기기(Nomadic Device) 연계 표준 프로토콜 및 플랫폼 기술

에코패스와 유사한 제도로서 기존에 실시되고 있는 서울의 혼잡통행료 제도의 시행 방안과 문제점, 해결방안, 실효성 등을 파악하여 에코패스 도입에 참고할 수 있다. 서울시는 자율적인 교통수요 억제대책으로는 승용차 감축에 한계가 있다고 판단하고 서울시내 진입차량에 비용을 부담하게 하는 '원인자 부담 정책'인 혼잡통행료 징수제도를 도입하였다.

서울 남산 1, 3호 터널에서 1996년 11월 11일 처음으로 징수를 시행하였다. 서울시 자동차 등록대수가 매년 증가하고 있음에도 불구하고 혼잡통행료 징수구간의 1일 차량 통행량은 혼잡통행료 징수제도 시행 전 대비 2.2% 감소하였고, 통행속도는 21.6km/h에서 45.7km/h로 111.6% 향상, 징수차량은 31.9%인 9,362대 감소하였다.

도심 혼잡통행료 징수는 도심 승용차 진입억제, 대중교통 이용 활성화, 대기오염 개선 등 가시적인 효과가 나타나고 있으며, 일반 시민들 사이에서도 일반적인 제도로 정착되어 가고 있는 데 의의가 있다. 또한 지능형교통체계(ITS)를 활용하여 도심 혼잡정보를 운전자에게 실시간으로 제공함으로서 운전자와 도로 인프라간의 혼잡수준과 온실가스 배출량 관리가 유동적으로 이루어지도록 하여, 저탄소 도로교통 인프라 구축 및 쾌적한 도로환경을 지속적으로 누릴 수 있을 것으로 예상된다.

또한 교통수요관리 전략으로 차량이 고속도로 이용구간 및 시간대를 예약한 후 통행하도록 하여 일시적으로 집중되는 교통수요를 분산시킬 수 있다. IT기술 발달로 예약기능이 편리해짐에 따라 실현가능성이 커졌으며, 아직 시행사례는 없지만 구상단계에 있다. 이와 유사한 제도로 명절 고속도로 특별교통대책으로 시행되는 출발시각을 조정하는 교통관리전략을 들 수 있다.

최근 경제운전이라는 개념으로 배기가스 배출량과 연료소모량을 감소시키는데 효과가 큰 에코드라이빙(Eco-driving) 운전습관을 범국민적으로 교육과 홍보를 병행하고 있다. 선진국에서는 에코드라이빙으로 10~20%의 연료소비 감축효과와 잠재적으로는 약

10%의 CO_2 저감효과가 있는 것으로 나타났다.

에코드라이빙의 개념은 협의와 광의적 관점으로 나누어 정의하며 다음과 같다. 협의적 관점에서는 경제성, 환경성, 안전성을 배려한 적절한 운전방법을 말하며, 광의적 관점에서는 차량 사용, 차량성능개선, 자전거·도보로의 교통수단 전환 등을 포함한 환경부하 경감을 배려한 교통수단의 사용으로 정의한다.

에코드라이빙 효과로 에코드라이빙 주행만으로 약 15%의 연료가 절감되고 10%의 CO_2 배출 저감이 가능하여 연 6조 원 가량의 연료 절감 효과가 나타난다. 이는 연간 국토면적의 1.5배의 산림녹화 효과와 맞먹는다. '에코드라이빙 팁(Tip) 5-5-5'는 다음과 같다.

① 5초에 시속 20 km/h에 도달하도록 천천히 출발
② 생각보다 5 km/h 낮은 속도로 운행
③ 5초 이상 대기 시에는 엔진 스톱

에코드라이빙 추진 현황을 국가별로 살펴보면 다음과 같다. 먼저 일본의 추진현황을 살펴보면 다음과 같다.

① 저공해 차량 보급, 에코드라이빙의 보급 촉진, 바이오연료 등
② 고속도로의 탄력적인 요금 실시, 자동차 교통수요 조정, ITS 추진
③ 화물수송의 효율화, 철도·해운으로 모달 시프트
④ 철도 등 신설 정비, 기존 버스의 이용촉진, 통근교통 관리 등

유럽에서 시행 중인 에코드라이빙 추진 현황은 다음과 같다.

① 실행 프로그램의 계획·효과 및 요령 매뉴얼 작성 및 보급
② 교육프로그램 개발 및 보급 추진(교육커리큘럼, 교육교재 통일)
③ 에코드라이브 강사 인증제도 추진
④ 후발국을 위한 실행전략 패키지 정보 제공
⑤ 관련정보, 네트워크 구축
⑥ 정보이용 편의성 향상 추진(웹사이트, 브로슈어, 이메일 등)
⑦ 시뮬레이터 보급

에코드라이빙 활성화를 위한 선결과제로 다음과 같은 부분을 들 수 있다.

① 에코드라이빙의 정의가 불명확, 개념, 영역, 위상의 재정립

② 활성화를 위한 법 · 제도 · 조직 · 행정체계의 정비
③ 보급 실천을 위한 국가차원의 통합적 기본 액션플랜의 구축
④ 도시 교통 여건을 고려한 에코드라이빙 효과 산정 방법 개발
⑤ 운전 지원 장치의 개발 및 생산 · 활용에 대한 지원 확대
⑥ 보급 · 계몽을 위한 민 · 관간의 수평적 협력체계 구축 및 다양한 매체를 활용한 홍보활동 추진
⑦ 표준 교육 프로그램의 개발 및 운용
⑧ 관련 분야 연구 및 기술개발
⑨ 아시아권의 에너지 환경 협력의 하나로 에코드라이빙의 아시아권 협력체계 구축
⑩ 다양한 정책적 수단을 활용하여 실효성 있는 방안 검토

최근에는 스마트폰이 보급되면서 에코 드라이빙 관련 애플리케이션 개발도 활발히 이루어지고 있다. 최신 스마트폰에 내장되어 있는 고도화된 센서기능과 실시간 처리기능을 이용하여 에코드라이빙에 영향을 미칠 수 있는 개개인의 주행 데이터를 수집 · 분석하여 이를 바탕으로 개별 운전자에게 주행결과를 제공하고 있다.

연료소모량을 추정하는 모형을 구축하여 스마트폰에 구현함으로써 각 개인의 운전습관이 연료소모량에 어떠한 영향을 미치는지 개별 운전자에게 제공함으로써 에코드라이빙 학습효과를 거둘 수 있으며, 이러한 애플리케이션은 다양한 정책 활용이 가능할 것으로 판단된다. 우선 탄소세의 도입 논의가 활발히 진행되는 시점에서 이에 대한 구체적인 정책 구현 수단으로 애플리케이션을 이용하여, 차량의 이동경로 정보와 그에 따른 실시간 연료소모량 정보를 동시에 취득이 가능하다.

지금까지의 친환경 교통수요관리기법은 중앙집중식 제어방식을 선택하여 실시간 모니터링이 가능하도록 교통정보센터 또는 교통예보센터를 구축 · 운영할 필요가 있다. 센터에서는 대용량 데이터베이스를 구축하기 위한 사전 작업이 필요하고, 관련 자료를 수집하고 이를 분석에 활용하기 위한 테스트 시스템을 구축할 필요가 있다. 이러한 환경하에서 다음과 같은 다양한 자료제공 및 정책들을 발굴할 수 있다.

첫째, 에코드라이라빙에 의해 추정된 연료소모량 결과를 근거로 경제적인 운전 행태를 보인 운전자에 대해서는 에코마일리지를 적립하게 하여 연료 구매 할인이나 통행료 할인 혜택을 주는 방안이다.

둘째, 주행지역과 연료소모량의 상호간 연관성 분석을 통해 운전자의 주행 특성뿐만 아니라 도로의 선형 및 지형, 운영적인 특성들이 차량의 연료소모량에 어떠한 영향을 미치는지 분석할 수 있어, 탄소를 저감시키기 위한 도로설계 및 운영의 기초 자료를 제공한다.

(3) 저탄소 교통운영관리

온실가스 배출량을 최소화하는 도로운영 전략수립을 위해서는 저탄소 교통관리를 할 수 있는 기반시설이 요구되고, 이러한 기반시설을 IT기술과 접목한 첨단 저탄소 교통관리시스템 구축이 필요하다. 또한 친환경 녹색자동차 이용활성화를 위해 통행권 및 우선권 부여를 통한 교통관리전략이 도입될 수 있다.

이러한 저탄소 교통관리시스템은 도시 내 모든 도로네트워크 및 지역의 탄소배출 현황을 첨단 IT기술과 연계하여 실시간으로 모니터링하고, 탄소배출 통계 및 관리현황에 따라 최적화된 저탄소 교통관리전략을 개발하고 시행할 수 있다. 이를 위해서는 먼저 실시간 탄소배출 모니터링 시스템이 개발되고, 탄소 배출통계 및 분석 시스템이 구축되어야 하며, 이를 바탕으로 첨단 저탄소 교통관리전략이 개발되어야 한다.

첨단 저탄소 교통관리에 적용 가능한 방안으로는 속도관리와 혼잡 통행료 및 주차료 부과 전략 등이 있다. 저탄소 속도관리시스템으로 가변경제속도제한(Variable Economic Speed Limit) 또는 지능형 속도 적용 (ISA : Intelligent Speed Adaptation) 등 가변적 속도제한 도입을 통한 도로구간 탄소 배출량 억제 및 안전 향상을 도모할 수 있다.

저탄소 교통관리시스템에서 도로용량과 차량속도간의 합리적인 속도제한이 가능하면, 차량소통과 배기가스 배출량을 함께 고려할 수 있는 녹색속도(Eco-Driving Speed) 개념을 도입할 수 있다. 녹색속도는 설계속도와 제한속도를 고려하여 도로의 기하구조 특성과 차량의 에너지 소모율을 도로 교통환경에 따라 최적화하는 녹색-경제속도를 의미한다. 녹색속도 도입의 효과를 살펴보면 다음과 같다.

① CO_2 감소, 유류소모 10~15% 절감 등 국가 물류비 절감
② 교통사고율 감소를 위한 도로시설의 안전설계에 기여
③ 안전과 효율운전을 위한 버스/트럭의 대형차 교육훈련 활용
④ 도로 안전성 향상
⑤ 친환경적 공간창출, 고효율적인 시스템

또 다른 유형의 저탄소 교통관리시스템으로 탄력적으로 혼잡통행료 및 주차료를 부과하는 시스템이다. 녹지축(Green Corridor) 또는 그린존(Green zone)에 진입하는 차량들의 에너지 소비 및 온실가스 배출량을 기준으로 혼잡통행료 또는 주차료를 부과하여 대기환경 여건이나 탄소배출 상태에 따라 실시간으로 차등 부과하고, 전기자동차, 녹색자동차 등의 경우 혼잡통행료와 주차료를 면제해 주는 시스템이다.

이러한 시스템은 도로상의 지체를 최소화하고 대중교통수단의 이용편의 개선을 통해

환경오염 저감에 기여할 수 있는 기존 ITS 교통관리전략의 확대 시행도 필요하다.

그 밖에 통행료 전자지불시스템(ETCS), 버스정보제공시스템(BIS), 다수단 환승정보제공시스템(TAGO), 첨단신호제어시스템 등도 있으며, 이와 더불어 탄소배출 현황을 모니터링하고 효과적인 교통관리전략 수립에 반영할 수 있도록 저탄소 교통관리센터 구축도 필요하다.

이 센터는 도시 내 도로 네트워크 및 지역의 실시간 탄소배출 현황을 24시간 모니터링하여 모든 탄소배출 정보를 수집, 가공, 관리하여 첨단 저탄소 교통관리전략을 개발 • 시행하는 핵심 주체이다. 저탄소 교통관리센터 구축을 통한 교통혼잡 감소 및 저탄소 도로교통 통합관리기능을 구현할 수 있을 것으로 판단된다.

차량 – 인프라 연계 신호정보제공시스템은 차량 내 개별 단말기와 신호교차로 인프라 간의 연계(Vehicle-Infrastructure Integration)를 통해 신호교차로 적색 잔여시간 및 대기시간을 제공, 차량의 불필요한 공회전 및 연료소모를 억제하는 시스템이다. 그리고 자전거와 자동차 통합신호시스템은 그린존(Green zone) 내 자전거와 자동차 통합신호시스템을 시범운영하여 비탄소 교통수단 활성화 및 저탄소 도시교통 구조를 구축하는데 그 목적을 두고 있다.

고속도로에서의 저탄소 교통관리 운영정책으로, 버스전용차로제, 하이패스 시스템, 갓길차로제, 차량진입제한 시스템 등이 있다. 우선 고속도로 버스전용 차로제는 고속도로상의 특정한 차로를 다인승차량에게 전용으로 할애하여 기존의 인프라 확충 없이 교통 수요를 적극적으로 규제하여 관리하는 시스템이다.

고속도로 버스전용차로제가 녹색성장에 미치는 영향을 보면 2008년 제도가 시행된 경부고속도로 일부 구간의 경우, 교통의 소통성 향상을 통해 연간 12,624톤의 온실가스 감축효과를 가져왔다.

고속도로 버스전용차로제는 1994년 도입 당시에 이산화탄소를 포함한 온실가스 감축 등 환경요인을 전혀 고려하지 않고 오직 도로 수송의 효율성에만 초점이 맞춰진 교통관리 시스템이었으나, 실질적으로 소통성 향상을 통해 적지 않은 양의 온실가스를 감축하는 결과를 가져와 녹색성장에 긍정적인 효과를 보이고 있다.

하이패스 시스템은 고속도로 이용 차량이 요금소를 무정차로 주행하면서 통행료를 지불하는 첨단 전자요금수납시스템이다. 최초의 하이패스 도입은 통행료 지불수단의 다양화라는 영업시스템의 개선 측면에서 출발하였으나, 요금소 주변 지 · 정체에 대한 개선과 공회전 감소로 인한 온실가스 감축의 2중 효과까지 나타내고 있다.

이미 2008년에 한국도로공사에서 조사된 바에 따르면 교통량이 많은 서울외곽순환고속도로의 경우 하이패스 도입으로 이산화탄소 발생을 연간 약 300톤 억제하였으며, 전

체 노선에서 약 1,400여 톤의 감축효과가 있다는 것을 밝혔다. 향후 하이패스 이용률이 70%에 도달할 경우 이산화탄소 및 질소산화물 등의 온실가스 감축에 따른 환경오염 절감비용은 약 1,500억 원에 이를 것으로 추산되고 있다.

ITS 기반 첨단 교통관리시스템인 갓길 차로제(LCS : Lane Control System)는 특정 구간을 대상으로 교통 혼잡시간대에 갓길을 가변차로로 사용할 수 있도록 제어하여, 일반차로의 증설 없이 도로의 용량을 증대하는 교통관리시스템이다. 이는 고속도로 이용 효율성 개선과 고속도로 이용의 최소속도 개선에 효과를 거두고 있다.

이것은 고속도로 본선 지·정체 상황에 따라 단계적으로 요금소 차로 이용을 제한하는 방식으로, 본선의 교통소통 상황에 대한 실시간 정보수집 기술이 전제되어야 하는 첨단 교통관리시스템이다. 2009년 추석 및 2010년 설 연휴기간의 경부고속도로, 서해안고속도로 및 영동고속도로 등 3개 노선에 대하여 실시된 이 교통관리기법은 해당기간 귀성 시 최대 47 km, 귀경 시 최대 65 km를 단축시키는 효과를 가져와 소통에 긍정적인 영향을 주는 것으로 분석되었다.

아직 국내에는 도입이 되지 않았지만, 교통관리기법 중에 통행우선권 전략이 있다. 화물차량, 특수차량 등과 같은 고탄소 배출차량 진입제한시스템을 통해 녹지축 또는 그린존에 진입하는 차량들의 에너지 소비 및 온실가스 배출량을 기준으로 고탄소 배출차량에 대한 탄력적인 진입제한을 실시하는 정책이다.

마지막으로 현재 가장 보편적으로 이용자가 활용하고 있는 교통정보제공시스템은 지금까지 언급된 ITS 기반의 첨단 교통관리시스템 중 가장 광범위하고 다양한 운영방식을 가진 관리방식으로, 고속도로 이용자에게 지·정체, 혼잡구간에 대한 적절한 교통정보를 제공하여 이용자가 스스로 최적의 경로를 찾을 수 있도록 하는 첨단 교통관리시스템이다.

고속도로에 설치된 차량검지장치(VDS : Vehicle Detection System), CCTV, 긴급전화, 차량을 이용한 안전 순찰팀, 교통정보통신원 등으로부터 수집된 소통상황, 교통사고, 긴급상황 등의 고속도로와 관련된 정보를 교통정보센터의 서버를 통해 처리, 가공하여 고속도로 노선상의 도로전광표지판(VMS : Variable Message Sign), 공중파인 TV·라디오·DMB, 기타 교통정보안내전화, 휴대폰 및 PDA 등의 각종 매체를 통해 고속도로 이용객에게 필요한 교통정보를 제공하게 된다.

이와 같은 교통정보제공시스템의 경우도 앞선 교통관리기법과 동일한 개념으로 원활한 고속도로 소통 확보와 통행시간 단축에 기여하고 있다.

(4) IT기반 첨단교통관리

도로주행 중에 도로용량 증대와 차량 안전성을 확보하기 위해 차량 간 무선통신(V2V) 시스템 개발이 활발하게 진행되고 있다. 이는 차량과 텔레매틱스 기술을 기반으로 연계 운영(Cooperative operation)이 실현될 경우 부분적인 자동 운전이 가능하여 차량충돌과 같은 안전문제가 크게 감소시킬 수 있다.

미국의 CICAS(Cooperative Intersection Collision Avoidance System)는 교차로 안전성 향상을 위해 V2V 교통환경하에 교차로에 접근하는 운전자에게 신호위반 시 경고 메시지를 주고, 차량속도와 신호상태를 바탕으로 교차로에 진입하는 차량과 보행자를 검지하는 기술을 개발 중에 있다.

또한 유럽의 PReVENT는 교통상태와 위험을 감지하는 차량 네트워크 시스템을 통해 운전자에게 경고하거나, 능동적으로 차량을 제어, 안전속도, 안전거리, 차선 유지, 안전한 교차로 통과 지원 등의 기술을 개발하고 있다. 이러한 시스템이 V2V 기반 교통환경하에서 구현이 가능하며, 운전자와 보행자의 안전을 우선하는 첨단기술이라 할 수 있다.

한국교통연구원에서 발간한 「전국 ITS 현황조사 분석에 따른 ITS 백서 구축」 연구에서는 첨단기술을 활용한 교통관리 추진방향을 5가지로 설정하였으며, 안전하고 환경친화적인 교통체계에 대한 요구에 부합하기 위해서는 기존 혼잡관리 중심을 탈피하여 보다 지능화된 ITS 서비스로 발전시켜야 한다.

① 안전성, 환경성을 지향하는 지능화
② 교통수단, 여행자 중심의 지능화
③ 현장 중심의 분산형 지능화
④ 무선통신 기반의 지능화
⑤ 공공과 민간이 협력하는 지능화

이러한 ITS 서비스가 완성되려면 위의 다섯 번째 추진방향인 '공공과 민간이 협력하는 지능화'가 활성화되어야 한다. 즉, 교통서비스가 갖추어야 할 공공성을 확보하면서 수익성을 추구하는 민간부문의 참여를 촉진할 수 있는 협력관계의 형성이 반드시 필요하다.

ITS 서비스는 이동성과 안전성을 고려한 도로운영기술을 현장에 적용할 수 있다. 기존에 램프미터링, 실시간 신호제어뿐만 아니라 가변속도제어나 동적 차로제어 등을 적극적으로 실시하면 도로시설의 안전성 개선과 운영효율성 증대를 꾀할 것이다.

특히 시간대별 변동성 및 방향별 불균형이 존재하는 교통류의 효율적인 처리를 위해

실시간 교통 특성을 반영하는 교통감응형 가변차로제어의 도입이 필요하다.

가변차로제어시스템은 시설을 유지하면서 혼잡감소 효과를 증대하고, 차로변경의 위험을 감소시켜 안전성을 높이기 위한 목적으로 실시된다.

독일에서는 하류부의 차로수가 합류부의 상류부 차로수의 합보다 적은 경우 합류부의 상류에서 합류방향별 교통량에 근거한 동적차로제어를 실시하고 있고, 핀란드에서는 교량 보수작업 시 안전성 증대와 교통흐름 개선을 위해 차로제어시스템을 실시하고 있다.

현재 우리나라의 속도제어는 과속에 의한 사고를 줄이기 위해 단속 위주로 시행하고 있지만, 장래에는 지능형교통체계의 기반시설이 구축되고 관련 기술이 발전함에 따라 가변속도제어를 통해 교통사고의 유발요인을 사전에 감소시키는 능동적 · 적극적인 속도관리를 시행할 수 있다.

앞으로의 도로운영기술은 무선통신과 연계한 차세대 첨단교통체계가 그 중심에 서게 될 것이다. 한국도로공사는 차세대 도로환경 구축을 위해 첨단기술을 도입하여 고속도로의 안전성, 편리성, 정시성, 친환경성을 획기적으로 개선하는 사업으로서 스마트하이웨이 기술을 개발하고 있다.

국내에서 추진 중인 스마트하이웨이 사업에서는 다음과 같은 6대 인프라와 9대 기술을 바탕으로 8대 서비스를 제공하기 위한 기술개발이 현장실험(Test-bed)과 병행하여 상용화를 위해 지속적으로 추진하고 있다.

6대 인프라

① 웨이브(WAVE) 기반 초고속 통신네트워크(차량 – 노변, 차량간 복합기지국, 단말기)
② 노변 복합검지시설(CCTV, 영상검지기, 레이더)
③ 악천후 및 도로위험 대응시설(안개저감, 결빙방지, 야생동물 사고예방시설)
④ 다차로 통행료 전자지불 시설
⑤ 통합 교통정보관리 센터
⑥ 자연에너지 활용시설(터널 내 조명, 교량 융설 시설)

9대 기술

① 주행로 이탈 예방 기술
② 연쇄사고 예방 기술
③ 전천후 돌발 상황 검지/제공 기술
④ 악천후 대응 기술 : 안개저감, 결빙방지, 야간 고시인성 표지판/차선 기술
⑤ WAVE 기반 V2I/V2V 통신기술
⑥ 복합기지국 및 복합단말기 개발기술

⑦ 교통정보 수집/가공/제공 기술
⑧ 스마트 톨링시스템 구축 기술
⑨ 태양열/지열 활용 기술

8대 서비스
① 안전운전 지원 서비스
② 돌발상황 정보 서비스
③ 악천후 대응 서비스
④ V2I, V2V 초고속 통신서비스
⑤ 이용자 맞춤형 편의서비스
⑥ 통합교통정보 서비스
⑦ 다차로 통행료 전자 지불 서비스
⑧ 녹색고속도로 서비스

이러한 '인프라－기술－서비스'가 유기적으로 운영되기 위해서는 스마트하이웨이 실현의 핵심기술인 '웨이브 주파수' 확보가 절실하다. 웨이브(WAVE: Wireless Access in Vehicular Environments) 주파수는 차량과 차량간 통신(V2V), 차량과 노변기지국간 통신(V2I)을 가능하게 해주는 지능형 고속도로 핵심기술이다.

언제 어디서나 도로교통정보를 실시간으로 제공하고 악천후와 긴급상황에서도 안전하고 쾌적하게 주행할 수 있게 돕는다. 스마트하이웨이의 궁극적인 목표인 자율주행이 실현된다면 자동차 교통사고는 80% 이상 감소하고, 정체없는 도로교통도 머지않은 미래에 실현될 것이다.

이러한 무선통신기반 첨단교통체계는 해외에서도 활발하게 연구가 진행되고 있고, 일부 기술은 시범운영을 통해 기술을 고도화하고 있다. 미국은 VSC(Vehicle Stability Control) 사업에서 출발하여 VII, IntelliDrive, Connected Vehicle 사업으로 발전시키면서 차량과 차량, 차량과 도로 간 통신시스템을 바탕으로 한 첨단 교통시설 구축을 추진 중이다. 위험상황이나 충돌에 대한 운전자 경고 서비스, 교차로 접근 시 차량속도와 신호시간을 고려하여 정지경고 제공, 실시간 혼잡 및 기후정보 제공 서비스, 자동 징수 서비스 등이 개발되고 있다.

유럽은 CVIS, SAFESPOT, DRIVE C2X 프로젝트 등을 추진하면서 무선통신기술을 기반으로 첨단안전 교통시스템을 개발하고 현장 실험도 수행하고 있다. 일본은 스마트웨이 21 사업을 추진하면서 도로시설에 다양한 센서와 광통신망을 결합하여 도로와 차량을 일체화하는 통신체계를 구성하고, 다양한 ITS 서비스를 적용하고자 한다. 스마트웨

이 21 사업은 주행상황 정보제공으로 충돌 경고 제공, 도로 내 하부구조와 차량 센서 정보를 바탕으로 도로이탈 위험 시 부분적으로 차량을 통제, 자동순행서비스 제공도 가능하다.

이처럼 안전하고 효율적인 도로운영을 위해 세계 각국은 IT기술과 차량기술의 융합(VIT: Vehicle-Information Technology)을 통해 교통운영 및 관리체계를 구축하고자 많은 재원을 투자하고 있다. 이러한 기술도입은 차량의 안전, 편의, 편리성 증진을 위해 정보통신(IT) 기술을 차량에 융합하는 VIT의 중요성이 더욱 커지고 있다.

VIT는 차량 첨단화(안전성, 편의성 향상), 차량 정보화(정보서비스, 엔터테인먼트), 시스템 최적화(고효율화, 고성능화, 구조의 최적화), 인간-차량 인터페이스(운전자 모니터링, 운전자 의도분석, 맞춤형 시스템) 부문으로 나눌 수 있다. 추가적으로 긴급구난, 원격차량진단, 안전운행, 첨단 교통정보 제공 등의 서비스 제공에 이용 가능하며, 교차로 추돌 및 충돌방지, 사고다발구역 과속방지, 차로이탈방지 등 능동적인 안전운전 기능 개발도 가능하다.

최근에는 VIT 확장성 관점에서 종합교통연계체계(Fully Networked Car) 기술이 개발되고 있다. 종합교통연계체계란 차량 부품의 네트워크화와 시공간을 초월하여 정보를 공유할 수 있는 유비쿼터스 인프라의 활성화를 통해, 차량 내부 통신네트워크와 차량 외부 통신네트워크를 연계하여 차량과 도로가 연계되는 기술을 말한다.

완전 연계형 차량시스템을 구현하기 위해서는 차량 간 통신(V2V), 차량과 노변장치간 통신(V2I), 차량 내 통신(IVN) 체계의 구축이 필요하다. 종합교통연계체계는 지능화된 통행자가 정보화된 교통시설과 통신기술을 이용하여 이용자-차량-도로간 정보를 상호 유기적으로 연계함으로써, 목적지까지 안전하고 편리한 최적의 경로로 도착할 수 있도록 하는 서비스를 제공하는 것이 핵심적인 목적이다. 그리고 모든 교통수단의 정보를 실시간으로 연계하여 승용차 이용을 줄이고, 대중교통 및 자전거의 이용을 유도하여 녹색교통으로 유도하는 역할도 수행한다.

또한 센터에서는 복합교통수단에 대한 정보와 개별 통행자 정보를 통합하여 실시간 교통정보 제공, 동적 수요관리, 녹색교통수요관리 등을 수행할 수 있으며, 첨단교통조사 등에도 활용이 가능하다.

3 저탄소 · 무동력 교통수단 개발

(1) 전기자동차

가. 전기자동차 개발 및 보급정책

21세기에 들어서면서 미래사회와 환경에 대한 사람들의 관심은 더욱 높아지고 있고, 교통부문에서도 이러한 변화에 발맞추어 미래사회에 부응할 수 있는 지속가능한 교통수단에 대한 관심이 높아지고 있다. 이러한 변화에 대비하여 일본, 중국, 미국 등 주요 국가에서는 전기자동차를 포함한 그린카를 미래 성장산업으로 선정하고 적극적인 육성 정책을 펴고 있다.

우리나라 정부도 신성장 주력 산업으로서 전기자동차 산업을 육성하고 전기자동차 R&D와 전기자동차 선도도시, 전기자동차 관련 실증사업 등을 통해 세계 자동차 시장을 조기 선점하고자 노력하고 있다.

이러한 움직임은 현재 내연기관차 중심의 교통체계는 변화하게 될 것이며, 전기자동차 대중화에 대비하기 위한 노력이 필요한 시점이다. 이러한 변화에 대처하기 위한 향후 과제로는, 본격적인 전기자동차 시장 활성화를 위한 공공부문 법제도 정비, 관련 인프라 구축 등 공공부문의 노력과 전기자동차 이용자에 대한 연구, ITS 및 텔레매틱스와 연계 등 학계 · 민간부문의 역할이 중요해지고 있다.

현재 친환경 교통수단의 대표 주자로 전기자동차가 가장 각광받고 있다. 전기자동차 상용화를 위해 각국에서 활발하게 연구가 진행되고 있는 것은 환경적 편익에서 찾아볼 수 있다. 대기오염 물질 총 배출량 중 자동차에서 배출되는 오염물질이 31.4%로 가장 높은 비중을 차지하고 있기 때문이다.

우리나라에서 배출되는 대기오염물질 중에서 일산화탄소(CO)는 67.6%, 질소산화물(NOx)은 41.7%, 미세먼지(PM10)는 23.1%가 자동차에서 배출되는데, 전기자동차는 운행 시에 대기오염물질 및 CO_2가 배출되지 않기 때문에 공기의 질과 국민 건강의 향상에 도움이 될 것이다. 앞으로 2020년까지 100만 대의 전기자동차를 보급할 경우 대기오염물질 총 30만 톤 저감 및 온실가스 총 6,700만 톤 감축효과가 발생하게 된다.

경제적 혜택으로는 전 세계적으로 증가하는 석유수요와 매장량 감소로 인해 지속적으로 상승하는 연료비를 절감할 수 있다. 현재 화석연료를 활용한 발전의 비중이 크지만, 재생에너지를 활용한 발전이 증가하면 석유연료에 대한 우리 사회의 의존성이 크게 줄어들 것으로 기대된다. 전기자동차를 7년 운행한다고 가정할 경우 동급 가솔린 차량

대비 약 1,300만 원의 유지비용 절감효과가 발생할 것으로 예측된다.

전기자동차의 친환경적 측면에서는 큰 장점을 보이고 있으나, 상용화까지는 몇 가지 해결해야 할 숙제가 있다. 우선 고가의 차량 구입비를 들 수 있는데 전기자동차는 높은 2차전지 가격으로 인해 내연기관 차량 대비 차량 구매 가격이 높은 것이 사실이다. 따라서 전기자동차 보급을 확대하기 위해서는 다양한 세제혜택을 병행해서 추진할 필요가 있다.

또한 주행거리 문제가 발생하는데 일반적으로 2차전지는 용량이 커질수록 주행거리가 길어지고 차량 총 중량도 커진다. 따라서 차량에 탑재할 수 있는 중량의 한계로 2차전지 용량에 제한이 있을 수밖에 없으며, 이로 인해 차량 1회 충전 시 주행거리는 가솔린 차량보다 제한적이다.

도시 내 단거리 통행 시에는 문제가 없으나 장거리 통행 또는 지역간 통행에서 제약이 클 수밖에 없고, 이를 해결하기 위한 추가 동력원을 이용하는 차량 개발 및 연구가 계속 수행 중이다. 또한 충전인프라 구축은 전기자동차 주행거리의 제약을 극복하고 안정적인 주행을 가능하게 하기 위한 선결조건으로 사용자가 쉽게 접근할 수 있도록 충전인프라를 구축해야 한다.

나. 전기자동차 기술개발 현황

1990년대부터 시작된 전기자동차 기술개발은 2000년대 후반에 본격적인 연구가 진행되었고, 미쯔비시, BMW, 다임러, 르노, 닛산 등을 중심으로 대중화된 전기자동차를 출시하기 시작하였다. 국내에도 1990년대 현대자동차와 기아자동차에서 전기자동차 개발을 시작했으며, 현재 현대・기아자동차에서 고속형 전기자동차를 출시하고 향후 양산형 전기자동차 개발을 서두르고 있다.

전기자동차 주요 기술로는 2차전지, 충전설비, 스마트그리드, 텔레매틱스 기술 등이 있으며, 이러한 기술도 전기자동차 전망에 따라 빠르게 개발되고 있는 중이다. 일반적으로 전기자동차 충전방식은 급속충전(약 20～30분 이내), 완속충전(약 6～8시간 이내), 2차전지 교환(교환소요시간: 약 10분 이내) 등 3가지 방식으로 나눌 수 있다.

가정 내 충전시설의 확보 등 전기자동차의 주행을 위해서는 연료공급을 위한 필수 인프라로서 충전망이 확보되어야 한다. 차고나 주차건물 벽면에 쉽게 부착할 수 있도록 소형 박스 형태의 충전설비들이 개발되어 현재 사용되고 있다. 또 다른 형태의 가정용 충전설비는 주택 진입로(Driveway)에 충전포스트나 단순한 아울렛을 설치하는 것이다.

차량마다 지정된 충전설비 외에 안정적인 주행을 위해 보조 충전설비로서 공공 충전

인프라가 필요하다. 도로변 주차공간을 활용한 충전설비와 공용주차장이나 대중교통 환승지점 주차장에 충전설비를 설치하여 긴급용 보조 충전설비나 공동 사용하는 차량의 충전설비로 활용할 수 있다.

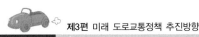

또 다른 기술로는 도로나 주차공간을 이용하여 코일이나 전기선을 노면에 설치하여 차량을 충전시키는 비접촉식 방식이 개발되고 있다. 이 경우 수시 충전이 가능하므로 2차전지 의존도가 낮아지는 장점이 있다.

다. 전기자동차 보급 전략

전기자동차에 대한 다양한 고객수요를 만족시키기 위해서는 특정 사양의 차종을 획일적으로 생산하는 것보다, 고객의 요구에 부합되는 다양한 차종을 제공하여 차별화된 고객요구에 대응한 전기자동차 생산체계를 구축할 필요가 있다.

전기자동차의 대중화와 가격경쟁력을 위해서는 2차전지 기술개발과 상업화가 이루어져야 한다. 2차전지는 에너지 밀도의 한계를 극복하고 가격 경쟁력을 높여야 한다. 전기자동차 한 대에 들어가는 전지탑재량은 일반 노트북 컴퓨터 2차전지의 약 200배 이상으로 현재 기본전력 kWh당 가격은 약 1,000달러 이상이다.

향후 전기자동차 수요가 증가하게 되면 시공간적인 전력수요와 전력공급의 분배 문제는 더욱 중요도가 높아질 것이므로, 스마트그리드(Smart Grid) 사업에 대한 연구개발이 선행되어야 한다. 스마트그리드 사업은 기존 전력망에 ICT 기술을 접목하여 공급자와 수요자 간에 양방향 통신을 이용하여 실시간 전력정보를 교환함으로써, 에너지 사용과 공급을 최적화할 수 있는 차세대 전력망을 구축하는 것이다[11].

자동차의 가장 효율적인 주행은 물론 운전자와 동승자의 편안하고 안전한 자동차 생활을 지원하는 인포테인먼트(Infotainment : Information + Entertainment)까지 발전하면서 텔레매틱스가 제공하는 서비스는 더욱 다양해지고 있다.

전기자동차에 텔레매틱스를 활용하면 운전자에게 충전상태, 잔여 충전상태에서 주행할 수 있는 거리, 노선상의 충전위치 정보를 관련된 경보와 스마트 내비게이션 형태로 제공하는 것이 가능해진다. 충전지역의 위치와 충전소 예약 기능과 같은 충전환경과 관련된 주요 시설물, 역, 공항, 터미널, 호텔 등의 정보를 제공할 수 있다.

인프라 측면에서는 수도권 지역 중심 인프라 설치가 검토되고 있는데, 한국 주유소협회에 따르면 2008년 기준 서울시에서는 0.8 km^2당 한 개의 주유소가 있으며, 특별시를 포함한 광역시 기준으로 1.9 km^2당 주유소가 하나씩 위치하고 있다.

---

11) 지식경제부, 2010

기존 내연기관보다 주행거리가 적은 전기자동차를 고려할 때 기존의 주유소에 전기자동차 충전시설을 추가하고, 해외도시들과 같이 공용주차장, 대학교, 쇼핑센터 등에 추가적으로 인프라를 구축하여 전기자동차를 불편함 없이 이용할 수 있도록 인프라 설치가 필요하다.

전기자동차를 구매한다고 하더라도 개인적으로 설치가 어렵기 때문에 아파트 및 다세대 주택에서 공동으로 충전 인프라를 설치해야 할 것이다. 현재 아파트 주차장의 콘센트를 이용할 경우 공동전기를 이용하게 되기 때문에 별도의 충전 및 요금 측정 시스템, 전기자동차 전용 주차 공간이 필요할 것이다. 이를 위해 앞으로 짓는 아파트 및 공동주택에 대해서는 국가 차원에서 캐나다의 밴쿠버와 같이 전기자동차 충전 시설을 의무화할 필요가 있다.

전기자동차의 경우 매일 운행이 종료된 후에 충전을 하지 않으면 15~30분의 시간을 들여 급속 충전소에서 충전을 해야 하므로 자신의 주차장에 충전시설이 필수적이다. 아파트의 경우는 대부분 1가구당 1차량 이상의 공간이 보장되지만, 주택가의 경우 주차 문제는 더욱 심각할 것으로 예상된다.

주택가에 거주하는 전기자동차 운전자는 충전시설이 있는 주차 장소뿐만 아니라 주차공간을 찾기 위해서도 어려움을 겪을 것으로 예상된다. 이에 따라 시에서 운영하는 공영주차장과 거주자 우선 주차 구역을 전기자동차 운전자는 순번에 상관없이 먼저 배정하여 장애인 주차 구역처럼 우선권을 준다면 충전 문제도 해결되고, 전기자동차 보급이 좀 더 탄력을 받을 수 있을 것이다.

법·제도적 측면에서는 민간 투자 유치활성화 전략이 요구된다. 우선적으로 공공의 투자로 충전 인프라를 구축하고, 이를 통해 수요를 이끌어 냄으로써 민간투자를 유도하는 정책이 필요하다. 그리고 일반적으로 전기자동차는 내연기관 차량보다 구매가격이 높기 때문에 자동차를 구입·보유 시 세금을 감면 또는 공제해 주는 방안도 검토가 필요하다.

미국은 자동차 취득단계에 부과되는 세금이 거의 없기 때문에 자동차 구입가격 중 일부를 소득세에서 공제해주는 방식으로 세금감면 혜택을 주고 있다. 유럽은 유류소비세 면제, 도로세 면제, 자동차 등록세 면제, 차량보유세 면제 등 다양한 세금 혜택을 지원함으로써 전기자동차 도입을 적극 추진하고 있다.

일본은 자동차 취득 단계에서 조세부담이 상대적으로 높기 때문에 친환경차 구매시 자동차 취득세를 비과세 또는 감면해 주는 과세특례를 적용하고 있다. 우리나라도 2012년부터 전기자동차 1대당 최대 420만 원의 세제혜택을 주기로 발표하였으며, 지식경제부는 르노삼성차의 'SM3 ZE'와 기아자동차의 '레이 전기자동차'를 첫 세제지원 대상으로 지정하였다.

차량운행관련 지원과 관련하여 미국에서는 전기자동차가 카풀 전용차로를 주행할 수 있도록 허용하고 있으며, 충전인프라 구축 시 보조금을 지급하는 등 주행환경 개선 및 지원정책을 실시하고 있다.

영국에서는 전기자동차에 한해 주차요금을 최대 100%까지 할인하고, 전용주차공간을 제공하고 있다. 일본은 충전 설비를 설치할 경우 약 7%의 세액공제 또는 즉시 상각을 인정하고 있으며, 3년간 고정자산세를 감면해준다.

초기 전기자동차 시장을 활성화하기 위해서는 배터리 가격이 저렴하고, 교환 장착이 가능한 전기자동차의 공급이 필요하다. 차체와 고가인 배터리를 분리하여 소비자의 차량 구매가격을 낮추고, 소비자가 배터리를 구매하거나 임대하여 사용하는 사업 방식이 요구된다.

전기자동차 공유 제도 및 시범도시 개발전략으로 전기자동차 공유제도가 시행되기 위해선, 정부와 지자체의 노력과 지원이 요구되며, 중앙정부가 전기자동차 시범도시를 지정하고 이를 위한 소요 재원과 관련 제도를 마련할 필요가 있다.

전기자동차 시범도시에서 전기자동차가 운행되기 위해서는 전기자동차 공급업체, 충전 인프라 설치 업체, 전력회사, 배터리 임대업체, 통신업체 등 다양한 기업체가 관계되기 때문에 협의체 구축이 필요하다. 현재 전기자동차의 초기 금액이 현재 같은 등급의 하이브리드 차량보다 50% 가량 비싸며, 인프라 구축이 현재의 주유소 수준이 되기 전까지는 불편함이 예상된다. 이러한 상황에서 자동차 회사에서도 적극적으로 전기자동차 생산을 결정하기 힘든 만큼 초기에는 공공부문의 선도적인 역할이 필요할 것이다.

영국은 약 1,000대의 관용차량을, 뉴욕에서도 600대의 관용차량을 전기자동차로 교체하는 계획을 가지고 있으며, 일본에서도 모든 우편배송 차량을 전기자동차로 교체할 예정이다. 한국에서도 서울의 관용차량 약 4,200대를 단계적으로 전기자동차로 전환하고, 대중교통 또한 특성에 맞춰 전기자동차로 교체할 수 있도록 지원할 계획이다. '서울시 그린카 보급 촉진전략(2009)'에 따르면 관용차 및 대중교통만 전기자동차로 변경되어도 서울시의 약 3%의 차량을 전기자동차로 보급할 수 있을 것이다.

관용차량의 보급과 함께 런던에서 계획 중인 전기자동차 렌탈시스템을 구축한다면 고가의 구입 자금 문제로 구매를 망설이던 고객들을 렌탈시스템으로 흡수하여 초기 수요를 창출하고, 자동차 회사의 전기자동차 생산을 촉진시킬 수 있을 것이다. 지자체서 운영하는 공영주차장을 이용하여 충전 인프라 구축과 함께 월 단위 렌트서비스를 제공한다면 전기자동차의 홍보 효과와 보급에 큰 도움이 될 것이다.

제주도는 2014년에 전기자동차 160대를 민간보급하면서 차량구입비용과 완속충전기

설치비용를 지원하였다. 이 외에도 전기자동차 상용화를 위해 충전 인프라를 점진적으로 확충할 계획이다. 제주도는 전기자동차 구입 보조금, 세제혜택, 완속충전기 지원 등을 토대로 2030년에 도내에서 운행하는 승용차 37만 대를 모두 전기자동차로 바꿀 계획을 수립하여 추진하고 있다.

전기자동차는 정부의 정책 및 지원, 전력 회사의 전력 공급, 자동차 회사의 전기자동차 개발 및 판매, 건설 회사의 건물 건축 시 인프라 마련, IT 회사의 사용량 측정 및 요금 결제, 에너지 회사의 주유소에서 충전소로의 변경 등 많은 이해관계가 얽혀있는 만큼 정부에서 주도적으로 전기자동차 보급을 위한 협조체계를 구축하여 방향을 제시해야 한다.

일본의 경우도 기존의 IT와 전력, 상사, 자동차 회사 등이 주축이 되어 전기자동차와 스마트그리드에 대응하기 위한 Smart project를 만들어 적극적으로 전기자동차 시장을 선점하기 위해 노력하고 있다.

한국은 현재 배터리 부분, IT 부분에서 강점을 가지고 있는 만큼 빠르게 대응한다면 새로운 성장 동력을 찾을 수 있을 것으로 판단된다. 또한 스마트폰 기술을 접목하여 교통정보, 주차정보 및 충전정보 등을 실시간으로 제공할 수 있는 시스템 구축이 필요하다. 주행정보를 입력하면 충전비용을 할인하는 혜택을 주어 예측 가능한 통행습관을 유도하는 동시에 이러한 정보를 활용하면 교통조사 비용 절감효과를 기대할 수 있다.

라. 전기자동차 전용도로(전용지구)

주요 선진국에서는 전기자동차 보급을 활성화하고 전기자동차 운영에 필요한 대규모 인프라 구축을 위해 전기자동차를 위주로 한 도로건설이나 전용지구 구축을 추진 중에 있다. 덴마크는 본홀름섬을 전기자동차 시범운영 중심지로 개발하기 위해 스마트그리드 시스템과 연계해 시험하고 있다.

미국 플로리다에 있는 친환경 커뮤니티인 'The Villages'에는 대부분의 가정이 전기자동차를 보유하고, 전기자동차 전용 차고를 갖추고 있으며, 주요 시설에도 전기자동차 전용 주차시설이 마련되어 있다. 이처럼 친환경 주거단지를 중심으로 전기자동차 주행에 적합한 커뮤니티가 형성되고 있다.

전기자동차 전용도로 또는 전용차로의 운영은 전기자동차의 이동편의를 향상시켜 전기자동차의 전환을 유도할 수 있다. 이와 유사하게 버스전용차로나 다인승전용차로의 전기자동차 통행 허용 방안 등도 고려될 수 있다.

또한 도시형 개인교통수단으로 저속 전기자동차가 확대 보급될 경우 저속차량 전용도로도 등장할 수 있다. 현재 미국 캘리포니아 주의 한 도시에서는 고령자 커뮤니티를 중심으로 저속 전기자동차 전용노선 및 주차장이 마련되어 있다.

대기오염이 심한 도심을 대상으로 오염물질 배출량이 많은 차량의 통행을 제한하고, 전기자동차를 포함한 저배출 차량의 통행만 허락하는 저공해차량 전용구역을 운영하고 있다. 독일 베를린에서는 2008년부터 도시 중심부 지역에 친환경구역을 시행하여 오염물질 배출이 많은 차량의 운행을 제한하고 있다.

(2) 그린카(Green Car)

가. 그린카 기술개발 현황

아직까지 가솔린 및 디젤 자동차가 자동차 시장의 대부분을 차지하고 있지만, 하이브리드 자동차, 전기자동차, 연료전지 자동차로 대변되는 그린카는 현재 자동차 기술개발의 핵심이 되고 있을 뿐만 아니라 모든 자동차 메이커가 향후 생존을 위하여 반드시 성공시켜야 하는 필수 요소로 생각하고 있을 만큼 그 중요성이 대두되고 있다.

소비자는 유가변동에 의한 연료비 부담으로 기존 가솔린차 중심에서 연비가 좋은 고효율 그린카로 빠르게 소비성향이 이동하게 될 것이며, 전문가들 또한 자동차 시장의 패러다임이 변화하여 세계 그린카 시장은 연평균 11.3% 성장하는 반면, 가솔린 차량은 2011년 이후부터 성장이 둔화될 것이라는 전망을 내놓고 있다.

우리나라 그린카 개발은 선진국에 비하여 늦게 시작되었으나, 완성차 조립 능력은 비슷한 수준에 도달하였다. 다만 핵심부품의 경우 국산화가 되지 않아 수입에 의존하고 있는 실정이며, 배터리, 모터 등은 기술력이 미흡하여 추가적인 효율 향상 개발이 필요한 상황이다.

아울러 국제표준화를 위한 산・학・연・관의 공조체계가 미약하며 국제적인 네트워크 구축을 지원하는 기반이 부족하며, 또한 그린카 관련 전문인력의 체계적인 육성전략과 그린카 핵심 소재인 희소금속의 안정적인 공급망 확보・관리 정책이 미흡하며, 그린카의 고전압장치 및 수소 안전성 등에 대한 기준과 평가에 필요한 시설장비가 부족하다.

주요 선진국의 그린카 개발은 자국 현실에 맞는 주력 차종을 발굴하고, 기술개발 지원, 보조금 및 세제 지원 등 선도적으로 '친환경 자동차 육성 정책'을 추진하고 있다.

일본은 '차세대 저공해 자동차 개발' 전략을 통해 EV 및 PHEV를 2013년까지 32,000대 보급, 충전기는 2020년까지 200만 대 구축할 예정이다. 미국은 2009~2018년까지 '그린뉴딜 정책'을 통해 그린카를 포함한 녹색분야에 총 150조 원을 투자할 예정이다.

독일은 2011년까지 배터리 등 기술개발에 5억 유로를 지원하고, 2020년 전기자동차 300만 대, 연료전지차 50만 대 이상으로 보급 목표를 설정하였다.

그린카의 종류는 다양하게 명명되고 있다. 이 중에 하이브리드차(HEV: Hybrid Electric Vehicle)는 내연기관과 전기모터 두 종류의 동력을 조합·구동하여 기존 내연기관 자동차보다 고연비·고효율을 실현하는 차이며, 현 시점에서 현실성이 가장 높다고 평가되고 있다.

플러그인 하이브리드차(PHEV : Plug-in Hybrid Electric Vehicle)는 가정용 전기를 이용하여 외부에서 배터리를 충전할 수 있는 방식의 전기 보조동력 자동차로, 내연기관과 전기자동차의 장점을 혼합한 하이브리드차에 비해 일반 하이브리드차와 전기자동차의 장점을 동시에 갖고 있다.

수소연료전지차(FCV : Fuel Cell Vehicle)는 수소탱크를 통해 수소와 산소의 전기화학적 결합으로 물과 동력(전기 에너지)을 얻어 모터를 구동하여 운행하는 자동차로 엄밀한 의미에서는 전기자동차의 일종이다.

클린 디젤차는 일반 디젤차보다 배출가스를 현저하게 줄이면서도 동급 가솔린차에 비해 20~30% 정도 효율이 높은 초고효율 디젤 시스템이다.

나. 그린카 보급 및 지원 정책

2008년 12월에 확정된 '제4차 에너지이용 합리화 계획'에서는 2012년까지 자동차 평균 연비를 현재보다 16.5% 높이기로 하였다. 2009년 7월에는 2015년 자동차 평균 연비 기준을 연비 17 km/l, 이산화탄소 배출량은 140 g/km으로 미국 수준 이상으로 결정하여, 2012년부터 2015년까지 제작사를 대상으로 벌과금 제도를 단계적으로 적용하였다. 그리고 이산화탄소 배출량 50 kg/km 이하 차량 제조사는 이산화탄소 계산 시 인센티브를 부여하도록 하였다.

2005년 4월에 시행된 '환경친화적 자동차의 개발 및 보급촉진에 관한 법률'에 따라 친환경 자동차 개발과 보급을 촉진하기 위한 기반이 마련되었다. 2007년 공포된 '수도권 대기환경 개선에 관한 특별법'에 의해 공공기관의 저공해차 구매의무가 규정되었다.

공공기관에서는 신차 구입 시 하이브리드차 등 저공해 차량을 20% 이상 의무적으로 구매해야 하며, 일반 소비자의 하이브리드 구입 시 개별소비세, 취·등록세를 270만원 한도 내에서 면제해준다. 현재 하이브리드차량과 플러그인 하이브리드차(HEV)가 상용화되었으며, 2018년까지 수소연료 전지차 상용화를 목표로 2030년까지 약 2조 5,000억원을 투자할 예정이다.

(3) 바이모달 트램(Bimodal Tram)

최근 기존 철도와 도로가 가지는 한계를 극복하여 도심지 대중교통 문제를 효율적으로 해소하기 위한 다양한 정책적, 기술적 대안들이 정부 주도로 개발 중이거나 시행되고 있으며, 바이모달 트램(Bimodal Tram)이 대표적인 예이다.

바이모달 트램은 버스와 지하철의 장점을 결합한 새로운 교통수단으로 천연가스를 사용하는 CNG 하이브리드 굴절버스로써, 기존의 버스보다 탄소배출량이 적은 것이 특징이다. 버스와 같이 도로를 달릴 수 있고, 지하철과 같은 전용 궤도에서의 운전이 가능하며, 접근성과 정시성의 측면에서 철도와 버스의 이점을 모두 갖춘 신 대중교통시스템으로 '저탄소 녹색성장'의 국가 전략에 부합하는 수단이다.

버스의 경제성, 유연성과 철도의 정시성을 결합하고, 저렴한 인프라 비용 대비 자동운전과 정밀정차, 수평승하차, 접근성 제공 등 도시 교통환경 측면에서 고품질의 대중교통서비스를 제공함으로써, 도시 규모와 수송수요, 지역적 특성 등에 따른 다양한 사회적 요구를 해소하는데 기여할 것으로 예상된다.

바이모달 트램 차량은 자기 유도형 자동운전 및 정밀정차, CNG 하이브리드 추진, 전차륜 조향(All Wheel Steering), 독립 분산형 구동, 초저상 구조, 경량화 복합소재 차체 등 첨단 기술이 대거 적용된 차량이다.

자동운전으로 정시성과 승차감 향상, 운행 안전성 확보가 기대되며, 정밀정차와 초저상 구조로 일정한 탑승공간에서 수평 승하차가 가능하여, 교통약자는 물론 일반인의 승하차도 매우 편리한 시스템이다. 그리고 전차륜 조향, 독립 분산형 구동으로 최소 회전반경 12 m, 최대 등판각도 12%의 성능을 가지고 있다. 이는 기존 도로에서 운행을 가능하게 하고, 유연한 선형으로 고가구조물이나 지하차도의 최소화로 인해 인프라 비용도 절감할 수 있다.

바이모달 트램의 활용 방안 및 지원 계획으로 시험선 구축을 통해 추진, 제동, 구동장치 등 차량의 주요 부품시험과 시스템 성능시험 그리고 운영 인프라 시설물의 성능시험 등 바이모달 트램의 신뢰성 제고를 위한 시험평가 환경을 조성할 필요가 있다. 간선 및 보조간선수단으로 적합한 바이모달 트램은 지하철이나 경전철이 도입된 대도시에는 보조간선수단, 지하철이나 경전철이 도입되지 않은 중소도시에서는 간선수단으로 활용될 수 있다.

법·제도적 측면에서도 바이모달 트램이 기존법령에서 승합자동차(버스) 또는 철도차량으로 명확히 규정할 수 없는 신교통수단으로 개발되고 있다. 기존 법령 내에서 이들 교통수단의 계획, 건설, 관리, 운영 등을 규정할 수 없다면 새로운 법령을 재정할 수밖에

없다.

이 경우 바이모달 트램의 특성상 고려해야 할 주요 사항으로서는 일반 도로교통수단보다 우선하여 주행할 수 있도록 하는 우선신호 도입 여부, 주행안정성의 보장을 위해 전용차로의 지정여부, 자기유도장치 등 시설물의 정의, 일반도로와의 관리 주체 및 관리방법 일원화 여부, 정부의 사업비 지원 등의 제반 사항이 동반되어야 한다.

(4) 자전거

최근 대기오염 감소, 유류비 절감과 도시 교통문제를 해결하기 위해 승용차 통행수요를 대중교통 수요로 전환시키고, 자전거나 보행이 중심인 녹색교통수단에 대한 관심과 이에 대한 교통체계를 갖추기 위한 노력들이 활발히 진행되고 있다. 특히 자전거는 주차문제, 대기오염, 에너지 소비 등의 문제가 발생하지 않아 저탄소 교통수단으로 각광을 받고 있다. 다음과 같은 측면에서 자전거 이용 활성화의 필요성이 인식되고 있다.

① 도시 교통문제 해소를 위한 대안적 교통수단
② 에너지 문제를 대처하기 위한 교통측면의 정책적 대안
③ 환경적 효과를 기대할 수 있는 녹색교통수단
④ 관광 및 레저의 수단이며, 건강에 유익한 교통수단

자전거에 대한 관심과 중요성에 대한 인식과 함께 자전거 이용활성화를 위한 다양한 노력이 이루어지고 있지만 보다 나은 자전거 이용 활성화를 위해 관련 법률 및 제도가 정비되고 있다.

① 「자전거타기운동 기본계획」(1993)
② 「자전거이용 시설정비 기본지침」
③ 「자전거이용 활성화에 관한 법률」 일부 개정 (2011.7)
④ 「자전거이용 활성화에 관한 법률 시행령」 일부 개정 (2010.6)
⑤ 「자전거이용 활성화를 관한 법률 시행규칙」 제정 (1995.7.8)
⑥ 「자전거도로 시설기준 및 관리지침」 국토해양부, (2009.8)
⑦ 「자전거이용 시설의 구조 · 시설기준에 관한 규칙」 행정안전부 전부 개정 (2010.10)

자전거 이용 활성화 정책이 시행되면서 자전거 전용도로, 자전거 전용차로 등의 시설이 구축되고 있으나, 자전거 이용수요가 없는 도로 건설, 주변 자전거도로와의 연계성, 도시 내 자전거도로 네트워크 구성 등 전체적인 도시교통 측면에서 종합적이고 효과적

인 이용환경 조성은 미진한 상태이다. 지속가능하고 효율적인 도시교통체계 구축을 위해서는 자전거가 중요한 도시 교통수단으로 기능할 필요가 있으며, 도시 내에서 자전거가 타교통수단에 비해 경쟁력을 확보해야 한다.

국내에서 자전거 이용이 가장 활성화된 지역으로 상주시를 꼽을 수 있다. 통학 2만 명의 학생 중 약 70%가 자전거를 이용하고 있다. 자전거 보유현황은 85,000여 대로 인구당 0.6대이며, 가구당 평균 2대를 보유하고 있어 선진국 수준의 보유율을 보이고 있으며(국내 평균 0.16대), 자전거도로 현황은 총 126.7 km(전용 81.5 km, 겸용 45.2 km)의 자전거도로가 설치되어 있다.

상주시는 매월 특정일 시청 전 직원 자전거타고 출퇴근하기 등의 올바른 자전거 문화 정착을 위한 캠페인을 시행하고 있으며, 각종 행사 경품으로 자전거를 지급하고 있다. 각종 홍보매체를 통해 상주시 자전거 문화 홍보를 펼치고, 양심자전거 운용을 하며 자전거 코스 개발에 심혈을 기울이고 있다. 또한 자전거 이용자를 위한 편의시설제공(쉼터 표지판 2 km 간격 설치) 등의 사업을 적극적으로 시행하고 있다.

국내 최초의 계획도시로서 사통팔달형 자전거 도로체계를 갖춘 창원시는 자전거특별시 선포, 자전거 전담부서(과단위) 설치, 공영자전거(누비자) 운영, 자전거문화센터 등 선도적인 자전거정책으로 2009년 5월 3일 '제1회 대한민국 자전거 축전 – 2009 창원바이크월드'를 개최하였다.

자전거도로 현황은 자전거 전용도로, 자전거 – 보행자 겸용도로, 자전거 – 자동차 겸용도로 등 3가지 유형 모두 설치되어 있다. 자전거도로의 경우 중로 이상급(12 m 이상)의 도로에 68개 노선이 설치되어 있고, 구간길이는 214.3 km이며, 그중 자전거 전용도로는 15개 노선으로 길이가 96.6km에 이른다(2008년 기준). '자전거특별시 창원'을 비전으로 제시하고 2020년 자전거 교통분담률 20% 달성을 목표로 자전거이용 활성화를 통한 대체 교통수단의 정착 및 대기환경 개선을 중점적으로 추진한다는 계획이다.

주요 자전거정책으로 시민공영자전거 운영센터와 터미널을 운영하여 자전거타기 교육에서부터 정비, 전시, 홍보에 이르기까지 자전거에 관한 모든 업무를 취급하고 있다. 창원시 공영자전거는 프랑스 파리의 공영자전거 'Velib'처럼 민간사업자에게 일정기간 광고권을 부여하고, 민간사업자가 공영자전거 시설구축 및 운영 전반을 부담하는 시스템을 도입하고자 하였으나, 투자의사를 가진 투자사는 전무한 실정이다.

따라서 창원시는 재정 부담을 통한 시민공영자전거(명칭 '누비자') 시스템 도입을 결정하고, 자전거 이용활성화위원회 설치 · 운영, 자전거 통근수당 지급 및 자전거 보험가입 권장, 자전거 교통봉사 경찰제도 운영 및 각종 단체회의 참여 시 자전거 이용 권장을 추진하였다.

서울시 송파구는 총 189개소, 10,375대분의 자전거를 주차할 수 있는 시설이 구축되어 있다. 자전거도로 현황은 자전거 외곽순환도로를 비롯한 총길이 110 km, 자전거 전용도로 6 km, 보행자겸용도로 104 km를 개설 · 운영 중이다. 서울 송파구의 주요 자전거 정책은 다음과 같다.

① 테마별 하이킹코스 개발
② 자전거 무료 대여소 운영(4개소, 400여 대)
③ 자전거 무료 수리 센터 운영
④ 자전거 이용모범학교 지정 운영(21개교)

국외 자전거 보급 및 이용 활성화 사례를 살펴보면 다음과 같다. 우선 프랑스 파리시는 새로운 교통정책의 일환으로 가장 먼저 시행된 정책이 자전거도로 신설 · 확충이었다. 이러한 자전거정책은 향후 파리시 도시교통의 주된 변화를 도모하였다.

아울러 잦은 대중교통수단의 파업 및 파업의 장기화로 인해 불편을 느낀 시민들이 자전거에 관심을 가짐으로써 자전거 이용이 가속화되었다. '자전거를 위한 특별위원회'를 구성하고 1996년 'LE PLAN VELO'라는 자전거 계획을 수립하였다. 파리는 Velib라는 24시간 연중 이용 가능한 무인 서비스 자전거 대여시스템을 도입하여, 불필요한 승용차 이용을 억제하면서 대기오염 등의 환경문제를 해결하는 것으로 자전거 이용을 장려하고 있다.

프랑스는 전국을 연결하는 국가단위 자전거망 9,000 km을 확보하고, 유럽 자전거 도로 및 녹색길 체계와 연계시스템을 구축하였다. 도로망의 확보는 국가 및 지자체의 역할 분담을 통해 이루어지고 유럽연합의 지원도 요청한 상태이다.

네덜란드는 국가장기교통계획(SSV: Structure Scheme for Traffic and Transportation) 가운데 승객교통중기계획(MPP)의 역점사업으로, 자동차통행을 자전거로 유도하기 위하여 자전거의 안전(차량과 자전거의 안전한 분리), 자전거 주차문제 및 분실문제 해결, 자전거 혼잡구간 해소를 그 목표로 하여 추진하고 있다. 먼저 철도역에 자전거 보관소, 자전거 대여시스템 등 자전거 편의시설을 구축하고, 철도, 지하철, 여객선 등에 자전거를 가지고 탑승할 수 있게 하며, 주거지역 등에 자전거주차장 설치 요청 시에는 무료로 설치(상업, 업무시설)하여 보다 다양하고 구체적인 자전거 관련시설의 정비와 이용활성화 정책을 시행하고 있다. 도시 자동차 통행의 70% 정도가 10 km 이내인 점을 감안하여 자동차 통행을 자전거로 흡수하기 위하여 노력하고 있으며, 자동차를 자전거로 전면 대체시키기보다는 자전거와 대중교통수단 및 도보를 국가교통정책의 중심교통수단으로 설정하여 자전거와 자동차 교통이 균형을 이루도록 하였다. 또한 중앙정부의 교통과 내에 자전거 전담부서가 있어서 지방 보조 등을 담당하며, 매년 중앙에서 지방으로 66,000

길더(약 300억 원) 정도를 지원하고 있다. 추가로 자전거와 대중교통 활성화를 동시에 시행하기 위해 도심의 차량 이용억제 방안이 진행되고 있는데 주차요금부과와 주차장 제한 등이 대표적인 예이다.

캐나다 몬트리올시는 친환경 및 에너지 절약을 목표로 프랑스 파리의 Velib을 본뜬 공영자전거 시스템(PBS : Public Bike System)의 디자인을 완성하였다. PBS는 자전거 거치대가 도시의 미관을 해치지 않도록 설치・제거・확장이 간편하도록 설계되어 있다.

태양에너지로 작동되는 요금정산기와 시내의 거치대끼리 무선통신이 가능하다는 특징이 있다. 그리고 모든 자전거에 RFID(Radio-Frequency IDentification) 기술을 접목시켜 타 거치대에 반납 시에도 똑같이 대여료 중 일부가 반납되도록 시스템을 구축하였다.

독일은 EU 전체의 자전거 판매량 중 30% 이상을 점유하는 최대의 자전거 국가이다. 차도에서 인도가 가까운 곳에 자전거가 다닐 수 있는 차선을 따로 구획해 사람이나 차량이 통행할 경우 벌금을 부과하고, 교차로에서 자전거를 위한 신호와 버스정류장과 만날 경우 인도로 우회할 수 있는 도로와 유도표지판까지 갖추는 등 자전거도로에 대한 정비가 잘 이루어져 있다. 도심지 주변에 차량환승 주차장과 함께 자전거 보관대 등을 설치하고, 자동차 금지 구역/시간을 설정하여 보행자와 자전거 이용자를 위한 공간 확보에 중점을 두었다.

일본은 '자전거도로 건설촉진 의원 연맹'이 1967년 결성되었고, 이를 중심으로 '자전거도로의 정비 등에 관한 법률'의 입법구상이 추진되면서 1970년 법률로서 성립되었다. 동경과 같은 대도시에서도 자전거 이용은 매우 활성화되어 있고, 전철, 지하철을 연계하는 교통수단으로서 자전거가 훌륭한 기능을 담당하고 있다. 그리고 전용도로, 주차시설의 확충 등 자전거 이용과 관련된 제도, 법의 정비가 잘 이루어져 있으며, 이와 같은 이유로 일본의 자전거 분담률은 매우 높다. 대표적인 자전거 활성화 방안 및 개선대책으로 안전성과 편의성을 제고하기 위한 관련 법규 개정, 자전거 전용보험제도 도입, 도로 다이어트 등과 같은 정책을 추진하였다. 일본은 차도를 최소화하고 보행자, 자전거 등 녹색교통이용자들이 편리하게 이용할 수 있도록 도로를 재구성하였으며, 도로 이용의 비효율성을 최소화하고 녹색교통(보도, 자전거도로)의 권리를 회복시키기 위한 전략을 수립하였다. 즉, 도시교통 문제 해소와 녹색도시로 가는 길을 구상하여 다음과 같은 사업을 시행하였다.

① 공공자전거 시스템 보급 확대
② 지역 단위의 생활형 자전거도로 확충
③ U-Bike 시범지구 지정

④ 전국 자전거 환승할인시스템 도입
⑤ 자전거 안전 및 편의시설 확충
⑥ 전국 자전거도로 네트워크 구축
⑦ 자전거 산업기반 조성
⑧ 자전거 교육 및 홍보 강화

4 차세대 지능형 교통체계(C-ITS) 구축

(1) 첨단능동안전장치(차량)

첨단능동안전장치는 통신기반 안전장치와 센서기반 안전장치로 나눌 수 있다. 통신기반 안전장치는 V2X가 있고, 센서기반 안전장치는 자동비상제동장치(AEBS), 차로유지지원장치(LKAS), 자동차안정성제어장치(ESC), 차로이탈경고장치(LDWS) 등이 있다.

그중 V2X 기술은 차량(Vehicle)과 차량, 차량과 도로시설(Infrastructure) 등 차량과 다른 것의 소통을 말하는 첨단교통체계를 말한다.

우리나라는 아직까지 '빠른 추격자(Fast Follower)'로서 기술개발 경쟁에 뒤지지 않기 위해, 2013년 국토교통부는 '교통안전혁신과 신시장 창출을 위한 차세대 지능형 교통체계(ITS) 활성화 방안'을 발표하였다. 이를 통해 2014~2016년 실제 도로에서 시범사업을 실시하고, 향후 고속도로(2017~2020년)부터 중소도시(2021~2030년)까지 인프라를 확대해 나갈 계획이다.

이러한 장기 계획은 자동차 1만 대당 교통사고 사망자수를 아이슬란드(0.5명), 노르웨이(0.5명) 수준인 0명대 이하로 감축하기 위한 목표를 제시하여, 보다 적극적인 기술개발과 탑 클래스(Top-class)의 자동차 안전도를 확보하는 동시에 '선도자(Fast Mover)'로 자리매김하기 위한 토대를 마련하고자 한다.

표 7-1 대표적인 능동안전장치

FCWS	Forward Collision Warning System : 선행차 충돌 위험이 감지 시 경보
LDWS	Lane Departure Warning System : 졸음운전 등 운전자 의지와 무관한 차로 이탈에 대해 경보하는 장치
AEBS	Advanced Emergency Braking System : 전방 장애물을 자동으로 감지하여 경고 또는 자동 제동하는 장치
LKAS	Lane Keeping Assistance System : 임의 차로 이탈에 대해 자동으로 제어하여 차로를 유지하는 장치

우리나라는 V2V 기반 기술이라 할 수 있는 첨단 능동형 운전자 지원장치(ADAS) 분야에서 2009년 이후 '첨단안전자동차 안전성 평가기술개발' 과제(2009~2018년)를 통해 V2V의 기반이 되는 레이더/비전 센서를 활용한 첨단능동안전장치(FCWS, LDWS, AEBS, LKAS 등) 기술개발 및 보급을 적극적으로 추진하고 있다. 또한 국내 최대 및 세계 5위 규모의 ITS 시험로를 포함한 첨단 주행시험로를 완공(2013.11)함으로써 V2V 및 V2I 기술개발을 위한 인프라 구축을 완료하였다.

V2V는 차량간 통신으로 주변차량이상을 감지하여 사고를 예방하는데 주로 사용되며, 일정 간격으로 차량간 정보를 송수신할 수 있는 기지국 및 도로 주변시설 설치가 필요하다. 더불어 주변시설(Infrastructure)과 차량(Vehicle)간의 통신으로도 차선이탈 등의 사고를 감지하고 예방할 수 있는 것이다.

(2) 스마트하이웨이 사업(인프라)

스마트하이웨이는 돌발상황검지, 도로정보 검지레이더, 웨이브(WAVE) 기지국, 스마트 단말기, 웨이브 톨링 스마트 스마트하이웨이 센터로 이루어졌다.

현재 국내에서 스마트하이웨이를 구축하고자 시범도로 운영을 계획하고 있다. 경부고속도로 판교-오산구간(약 9 km, 왕복 8-10차로)에 2013년 12월에 착공하여 14년 5월에 완공할 계획으로 약 5개월간 운영할 계획이다.

판교-오산구간이 시범도로로 선정된 사유는 이 구간이 사고다발구간이면서 상습정

표 7-2 스마트하이웨이 구축 내용

구 분		수 량	내 용	
돌발상황검지 (SMART-I)		2	기술	돌발상황 검지 및 정보 수집
			기준	검지거리(1 km), 사고다발 및 정체구간
도로정보 검지레이더		4	기술	전천후 돌발상황 검지 및 정보 수집
			기준	검지거리(1 km), 사고다발 및 정체구간
웨이브 기지국		9	기술	V2I 통신 및 인프라-센터간 통신
			기준	통신거리(1 km)
스마트단말기	단말기	60	-	V2V, V2I 통신 단말기
	톨링	40	-	V2V, V2I, 웨이브 톨링 통합단말기
웨이브 톨링		4	-	웨이브 통신기반의 요금설비 설치
스마트하이웨이 센터		-	-	한국도로공사 교통센터 내 설치

자료 : 스마트하이웨이 사업단

그림 7-1 스마트하이웨이 구축구간

체구간으로 V2X 통신기술과 자동차 및 도로기술이 융합된 다양한 도로운영기술을 적용하기에 적합하기 때문이다. 또한 이 구간을 통과하는 교통량이 많은 만큼 자연스럽게 대국민 홍보에도 용이한 것으로 알려졌다.

스마트하이웨이는 '6대 인프라-9대 기술-8대 서비스' 기조 하에 추진되었으며, 이러한 원천기술을 토대로 실용화 단계까지 구현이 가능한 주요 첨단기술은 다음과 같다.

① SMART-I 시스템
② SMART-톨링
③ 통합검지기시스템
④ 안개소산장치

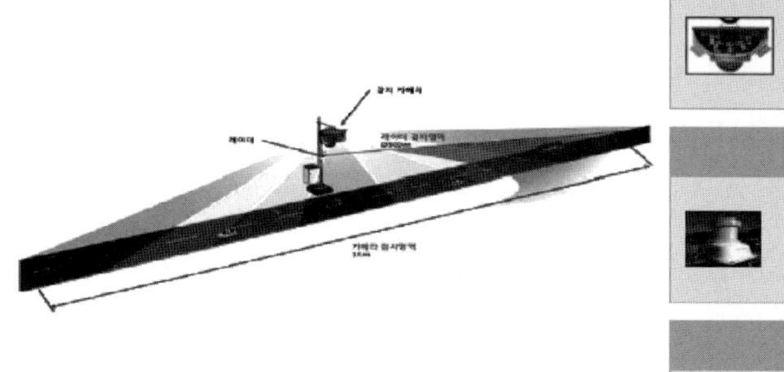

영상 검지기

- 1km 전역 실시간 영상처리
- 교통사고, 낙하물, 보행자, 역주행, 정체, 갓길, 주정차 검지 등

레이더 검지기

- 레이더 검지기 활용 돌발상황 검지
- 야간, 악천후 등 열악한 환경에서 영상검지 한계 보완

자동추적 CCTV 시스템

- 돌발상황 발생지점 자동추적 및 촬영
- 고화질, 고배율 돌발상황 정밀촬영

그림 7-2 SMART-I 시스템

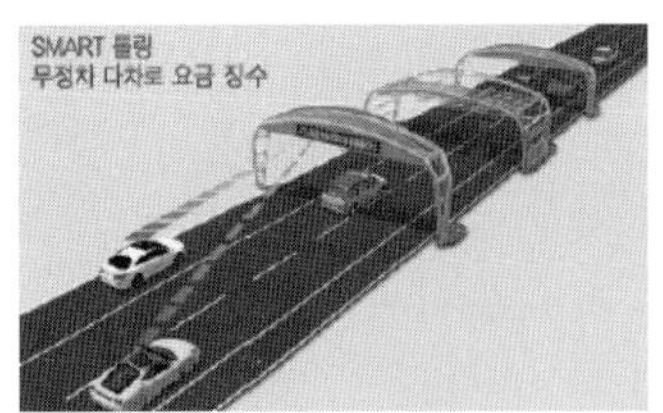

<스마트톨링 개요도>

<공용도로 현장설치>

그림 7-3 SMART 톨링 시스템

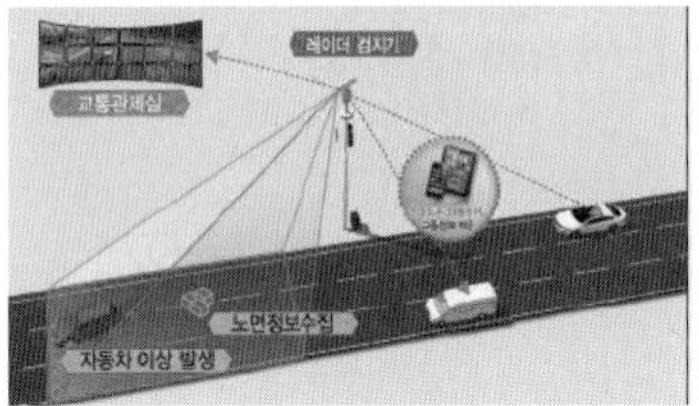

<도로레이더 개요도>

<전방 낙하물 정보 제공>

그림 7-4 통합검지시스템

<안개소산장치 시제품>

<작동전 시정거리 50m 미만>

<작동 3분내 시정거리 150m 확보>

그림 7-5 안개소산장치

SMART-I 시스템은 세계 최초로 영상 및 레이더를 조합한 검지기술을 사용하였으며, 현재 오산IC와 용인IC에서 시범운영 중에 있다. SMART 톨링 시스템은 '세계최초 다차로 + 능동형 통신방식 스마트 톨링 시스템"으로 기존의 하이패스 구간에서 감속하는 것과 다르게 감속 없이 주행하면서 스마트폰을 이용한 요금처리 기술이다.

현재 서울외곽순환고속도로에 시범 · 설치되어 운영 및 검증하고 있다. 통합검지시스템은 도로에서 발생하는 돌발상황을 감지하고, 교통소통정보 통합 레이더 검지기술을 말한다. 여주 체험도로에서 시스템을 검증 중이며, 2014년에 서해대교에 적용할 예정이다. 세계 최초로 열풍기를 활용한 안개소산장치는 일정 수준의 안개 발생 시 자동으로 건조공기를 분사하여 안개를 소산시킬 수 있는 능동형 안개소산시스템이다. 현재 미국,

일본, 중국, EU에 국제특허를 출원완료했으며, 영동선 대관령에 시험설치하여 검증 단계를 거치고 있다.

(3) 첨단안전장치 개발 현황

국내외에서 첨단차량에 탑재되는 안전장치가 연구개발, 실용화 검증, 상용화 등 단계별로 많은 기술이 개발되고 있다. 이 중에서 '교통안전공단 자동차안전연구원'에서 상용화를 위해 연구하고 있는 기술 위주로 현황을 살펴보면 다음과 같다.

승용차 자동차안정성제어장치(ESC) : 조향 불능 상태 또는 의도하지 않은 미끄러짐 발생 시 자동차를 안정적으로 제어하는 성능을 평가하는 기술로, 성능기준 및 고장 시 안전성능 등을 평가하는 내용이다. 2009년에 평가기술을 개발하고 현재 자동차안전점검 시설장비 구축사업을 통해 평가시스템이 완료된 상태이다.

상용차 자동차안정성제어장치(ESC) : 버스 및 트럭 등 상용자동차의 주행 중 조향 불능 상태 또는 의도하지 않은 미끄러짐 발생 시, 자동차를 안정적으로 제어하는 장치인 자동차안정성제어장치의 성능을 평가하는 기술이며, 현재 연구가 진행 중이다.

제동력지원장치(BAS) : 주행 중 긴급한 제동상황임을 감지하여 여성이나 노약자 등 제동 페달을 밟는 힘이 부족할 경우 자동으로 최대 제동효과가 발생되도록 지원하는 장치의 성능을 평가하는 기술이다. 2009년 평가기술을 개발하고 2009년 첨단미래차 시험시설 구축사업을 통해 평가시스템을 구축하였다.

자동주차지원장치(PAS) : 저속운전 또는 주차운전에서 운전자가 특정 경로를 추종하도록 제어하여, 자동으로 조향조작을 행하는 운전자를 지원하는 기술이다. 2009년 개발

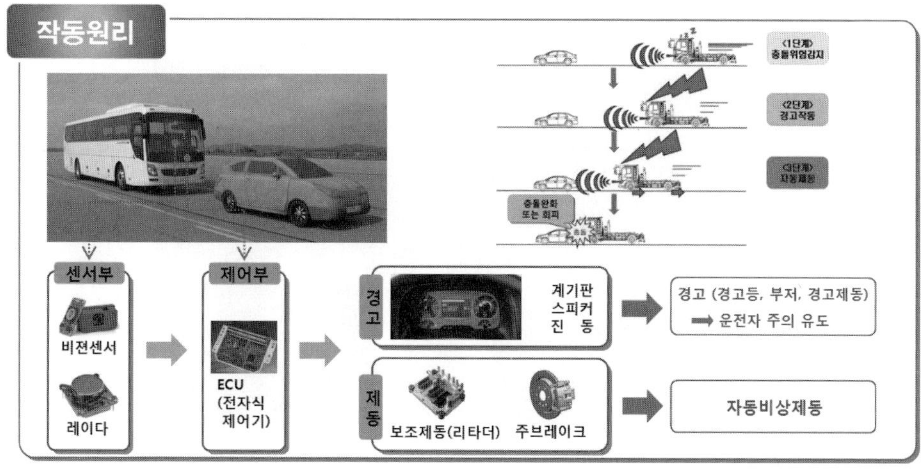

그림 7-6 상용차 자동비상제동장치(AEBS, 고속주행) 평가기술

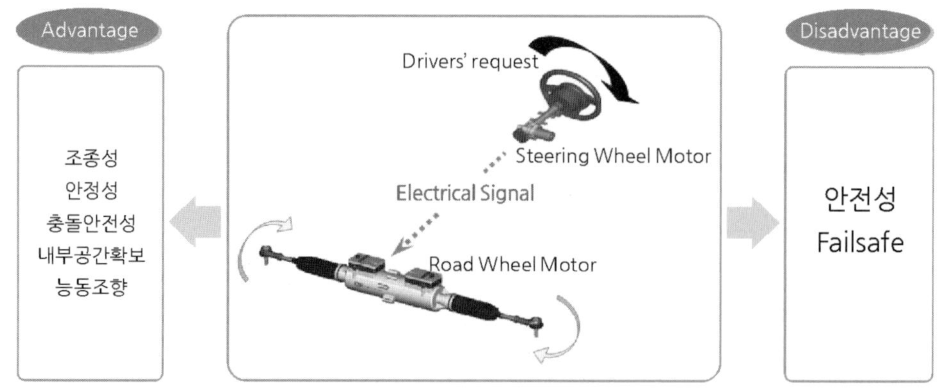

그림 7-7 완전동력 지원조향장치의 장단점

을 완료하고, 2013년 자동차안전점검 장비 구축사업을 통해 평가시스템을 구축하였다.

가변조향장치(AFLS) 평가기술 : 저속에서는 운전자의 편의를 위하여 조향비를 증가시키고, 고속에서는 자세안정성 향상을 위하여 조향비를 감소시키는 첨단 편의/안전 조향장치 기술이다. 2009년 개발을 완료하고 2013년 자동차안전점검 시설구축사업을 통해 평가시스템을 구축하였다.

완전동력지원조향장치(SbW) : 자동차 설계 공간 확보와 연비개선, 자율주행 기술의 기반 기술인 전기전달식 조향장치로서, 조향핸들과 조향되는 바퀴와의 기계적 연결이 없는 첨단 조향장치 기술이다. 2009년 개발을 완료하고 2013년 자동차안전점검 시설구

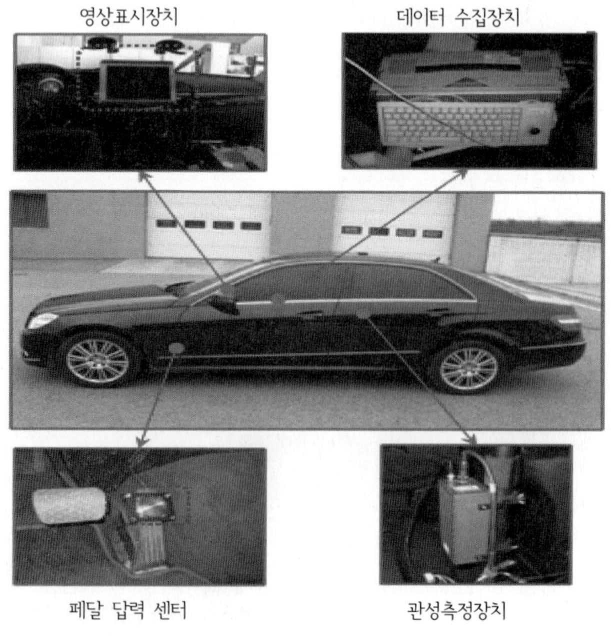

그림 7-8 조절형속도제한장치(SLD)

축사업을 통해 평가시스템을 구축하였다.

상용차 자동비상제동장치(AEBS, 고속주행) : 주행차로에서 선행차에 의한 충돌 위험이 감지된 경우 1차적으로 경고를 주고, 필요시 자동으로 비상제동하여 충돌을 완화하거나 회피하기 위한 장치의 성능을 평가하는 기술이다. 2012년 첨단 자동차 안전성평가 기술개발연구를 통해 완료하였다.

전방충돌경고장치(FCW) : 정지장애물, 저속이동장애물, 감속장애물을 자동으로 감지하여 기준 경고시간 내에 운전자에게 적절한 경고 제공여부를 평가하는 기술로, 2010년 첨단 미래차 시험시설 구축사업을 통해 개발하였다.

차로이탈경고장치(LDWS) : 도로에 설치된 차선을 자동으로 감지하여 기준 위치 내에 운전자에게 적절한 경고 제공여부를 평가하는 기술로, 2011년 첨단 미래차 시험시설 구축사업을 통해 개발하였다.

조절형속도제한장치(SLD) : 최고 속도를 운전자가 설정하여 제한함으로써 과속사고를 예방하는 최고속도제한장치로, 급가속 상황에서 작동 해제가 가능하다. 속도 초과 시 경고를 제공하는 안전장치 평가기술을 2009년 자동차안전기준 국제화 연구를 통해 개발하였다.

적응순항제어장치(ACC) : 전방차량의 감속 및 차선변경에 따라 적응순항제어장치 장착 자동차가 적절하게 가감속 등의 주행안전성 확보여부를 평가하는 기술이다. 2012년 첨단 미래차 시험시설 구축 사업을 통해 개발하였다.

지능형 속도경고/제한장치(ISA) : 주행 중인 도로구간 및 주행방향의 제한속도를 자동차가 자동으로 인식하여 경고 또는 제한함으로써 과속사고를 예방하는 최고속도경고/제

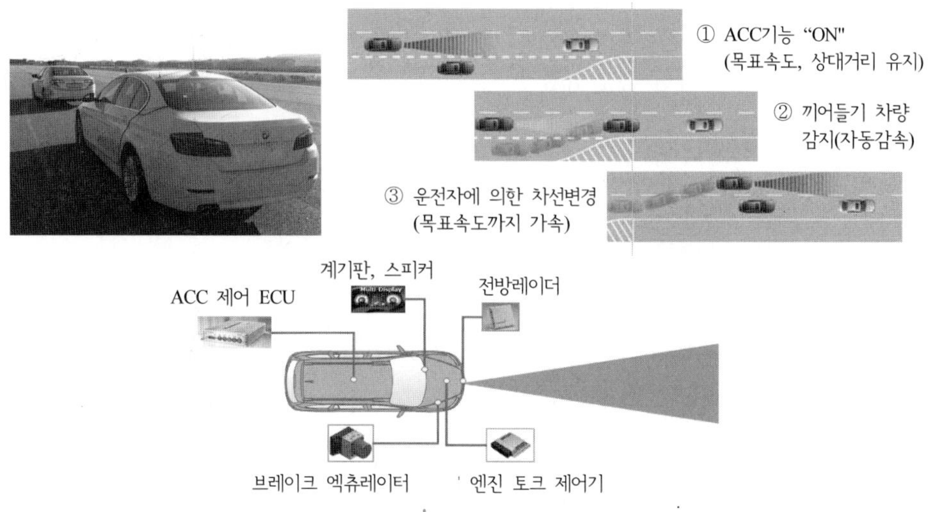

그림 7-9 적응순항제어장치(ACC)

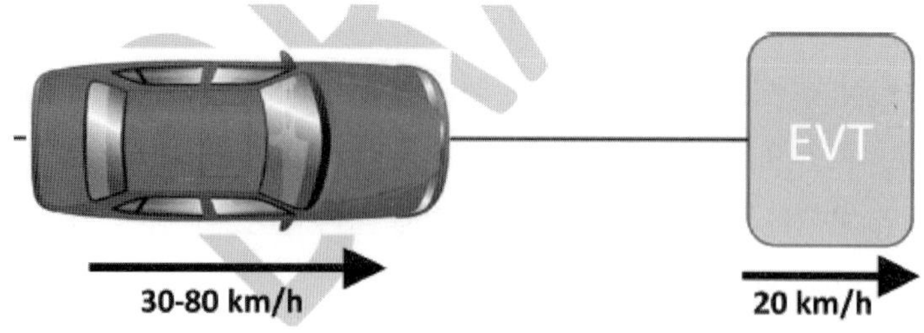

그림 7-10 승용차 자동비상제동장치(AEBS, 고속주행)

한하는 장치이다. 속도 표지판을 인식하거나, GPS 기반 데이터와 연계하여 작동한다. 안전도평가 능동안전장치 도입 연구를 통해 세부연구가 진행 중에 있다.

승용차 자동비상제동장치(AEBS, 고속주행) : 고속주행 상황(50 km/h 이상)에서 전방의 자동차가 감속, 정지 등의 주행을 할 경우 운전자에게 경고를 주고, 운전자의 반응이 없을 경우 자동으로 제동하여 사고 회피 및 경감할 수 있도록 자동비상제동장치가 적절히 작동했는지 여부를 평가하는 기술이다. 첨단차량 안전성평가 기술개발 R&D 사업으로 연구 수행 중에 있다.

승용차 자동비상제동장치(AEBS, 시내주행) : 시내주행 상황(50 km/h 이하)에서 전방의 자동차가 감속, 정지 등의 주행을 할 경우 운전자에게 경고를 주고, 운전자의 반응이 없을 경우 자동으로 제동하여 사고 회피 및 경감할 수 있도록 자동비상제동장치가 적절히 작동했는지 여부를 평가하는 기술로, 2013년 첨단 자동차 안전성평가 기술개발 연구를 통해 연구 중에 있다.

승용차 자동비상제동장치(AEBS, 보행자감지) : 시내주행 상황(50 km/h 이하)에서 전방에 보행자가 횡단할 경우 운전자에게 경고를 주고, 운전자의 반응이 없을 경우 자동으로 제동하여 사고 회피 및 경감할 수 있도록 자동비상제동장치가 적절히 작동했는지 여부를 평가하는 기술로, 첨단차량 안전성평가 기술개발 R&D 사업으로 연구 수행 중에 있다.

그림 7-11 승용차 자동비상제동장치(AEBS, 보행자감지)

제8장 사람중심의 복지교통정책

1 사람중심의 도로환경 구축

(1) 편리한 자동차 및 시설

최근 급격한 정보통신기술 환경의 변화 속에서 첨단 차량의 기술개발이 가속화되고 있다. IT-자동차 융합기술 기반의 이용자 편의를 중시한 안전운전 서비스 및 교통상황, 기상상황 등의 실시간 정보 제공 등 다양한 교통시스템과 연계한 서비스가 개발되고 있다.

우리나라를 비롯한 세계 각국에서도 무인주행자동차, 안전한 자동차, 친환경 자동차 등 이용자 편의와 쾌적한 환경을 위한 연구개발 등 자동차 미래 융합기술 발굴을 통한 부가가치를 창출하고자 한다.

그중에 최근 활발하게 연구되고 있는 무인주행자동차 기술은 운전자의 조작 없이 스스로 주행환경을 인식하고, 목표지점까지 운행할 수 있는 자동차 기술이다. 대규모 자동차 제조사와 IT 회사[1]를 중심으로 개발되고 있으며, 머지않아 상용화가 가능할 것으로 전망된다.

이러한 무인주행자동차 기술개발은 운전자의 편의와 안락성을 높일 뿐만 아니라 지능형교통체계(ITS)와 연계하여 교통정보통합관리, 교통류제어, 돌발상황관리, 동적수요관리 등 교통 네트워크의 효율성을 극대화하는데 기여할 것으로 보인다. 하지만 이러한 무인자행자동차 기술은 무엇보다 안전성 확보가 중요하다. 자율주행, 차대차(V2V) 통신제어, 해킹방지 기술, 급발진 및 오작동 등 전자제어장치의 기능 안전 확보기술이 우선시 되어야 할 것이다.

---

1) SB1298법 : 구글의 무인자동차 운행 공식승인, 캘리포니아 주지사 제리브라운, 2012

미래는 IT기술의 융합을 통해 도로가 단순히 물리적인 공간 개념에서 벗어나 정보화 도로 개념으로 전이될 것이다. 즉, 특정 차량이 특정 도로를 주행할 때 언제 어디서든 정보를 제공하거나 제공받을 수 있는 정보통신축 선상에 놓이게 되어 유비쿼터스 교통 환경으로 진화될 것이며, 교통사고는 급격하게 줄어들 것이다.

(2) 보행자 및 교통약자를 배려한 첨단기술 및 시설

사람중심 철학이 부각되면서 교통부문에서 보행자와 교통약자(장애인, 고령자, 어린이, 일시적 거동불편자 등)의 이동편의 증진과 안전성 향상이 주요 정책 목표가 되고 있다. 우선 교통약자를 위한 ICT융합 보행기술개발이 활발하게 추진되고 있다.

시각장애인이나 저시력자는 보행에 가장 취약한 교통약자 그룹으로서, 시각적인 문제로 인하여 보행공간 내 어려움을 최소화할 수 있거나, 주변인에게 물어보지 않고도 ICT 기반 기술로 보행상세정보를 제공받고자 하는 요구사항이 높아지고 있다.

최근 구글 글래스 등의 웨어러블 기기의 발달과 국내외 카메라 등을 이용한 검지기술이 급속도로 발전되고 있어, 시각적 보행에 어려움이 있는 교통약자에게 보행상황에 따른 실용화된 수준의 서비스 제공이 가능할 것으로 판단된다.

현재 스마트폰, 인터넷 기반의 실시간 교통정보 및 환승 안내 기술은 모든 교통약자가 이용하기에는 제한적이며, 교통약자별로 부족한 시각・청각 인지를 도와줄 수 있는 맞춤형 정보제공에 대한 기술개발이 필요할 것으로 판단된다. 그중 고령자의 경우 스마트폰에 대하여 익숙하지 못하여 촉각 및 진동기술을 탑재한 햅틱기반의 보행보조 기술개발도 지속적으로 추진될 것으로 보인다.

또한 보행자 안전을 증진시키기 위해 보행자 친화적 첨단차량의 개발이 가속화될 전망이다. 보행자 또는 자전거 탑승자와의 충돌사고에서 보행자의 부상을 최소화할 수 있도록 개발된 자동차 개발이 추진 중에 있다.

차량범퍼에 완충장치 부착, 에어백 기술, 보닛에 충격완화제 내장, 차량 앞유리의 충격흡수구조 등을 통한 충격완화기술과 보행자 움직임 감지 경보기, 보행자 충돌 전 차량 제동기술, 적외선 램프 및 열 감지센서를 이용한 야간 보행자 판별시스템 등의 충돌예방기술이 개발 중이다.

이와 더불어 고령인구의 증가에 따라 고령 운전자가 증가할 것으로 예상된다. 이에 대응하기 위해 고령자 운전 및 탑승편의장치, 고령자 상해특성 및 충돌안전장치, 고령자 야간 시계 향상시스템 등 고령자 친화형 자동차의 개발이 추진될 것이다.

교통인프라 측면은 기존 승용차 위주의 교통시설에서 보행로의 단절 없는 네트워크

구축과 교통약자의 이동을 원활히 할 수 있는 시설 확충이 다양한 보행사업을 통해 추진되고 있다. 어린이보호구역사업, 노인보호・장애인보호구역사업, 보행우선구역사업, 보행환경개선사업 등 다양한 형태의 보행사업이 정부 및 지자체 주도하에 추진되면서, 보행자의 이동성, 안전성, 쾌적성을 높일 수 있는 환경을 구축해나가고 있다.

2 이동권 및 편의성 확보

(1) 교통약자 이동권 확보

우리나라는 장애인・고령자・임산부・영유아를 동반한 자, 어린이 등 교통수단의 이용 및 보행에 어려움을 겪고 있는 교통약자의 비율은 꾸준히 증가하여 총 인구의 25%에 이르고 있다. 현재 보행체계는 교통약자에게 취약한 상태로 교통약자의 안전하고, 편리한 보행 이동권 확보 노력이 필요하다.

교통약자가 생활을 영위함에 있어 안전하고 편리하게 이동할 수 있도록 교통수단・여객시설 및 도로에 이동편의 시설확충과 보행환경 개선의 필요성에 대한 인식이 확산되고 있다.

이러한 여건 하에 교통약자의 사회참여와 교통복지 증진에 이바지하기 위해 2005년 「교통약자 이동편의 증진법」이 제정되었다. 이 법에서는 국가 및 지방자치단체가 교통약자가 안전하고 편리하게 이동할 수 있도록 교통수단과 여객시설의 이용편의 및 보행환경 개선을 위한 정책을 수립하고 이를 시행하도록 규정하고 있으며, 주무부처에서 교통약자의 이동편의증진을 위한 5년 단위의 계획(이하 교통약자이동편의증진계획)을 수립하도록 의무화하였다.

교통약자이동편의증진계획에는 교통약자 이동편의 증진정책의 기본방향 및 목표에 관한 사항, 이동편의시설의 설치 및 관리 실태, 보행환경 실태, 이동편의시설의 개선과 확충에 관한 사항, 저상버스 도입에 관한 사항, 보행환경 개선에 관한 사항, 특별교통수단 도입에 관한 사항, 교통약자이동편의증진계획의 추진에 소요되는 재원조달 방안, 그 밖에 교통약자의 이동편의증진을 위하여 대통령령이 정하는 사항이 포함되어야 한다.

도로교통의 경우 교통약자의 이동권 확보를 위해 보행안전성 제고와 교통약자의 안전운전 지원을 위한 시설 개선이 필요하며, 보행안전성 제고를 위해 여러 방안이 실시되고 있지만, 가장 문제점으로 지적되고 있는 교통약자의 이동권 확보 문제는 집에서 교통수단을 이용하기까지가 어렵다는 문제가 있다.

단순히 현재 추진 중인 보도 상의 점자블록설치, 횡단보도에 연접한 보도와 횡단안전지대에의 점자블록설치, 보도와 차도의 경계구간의 턱 낮추기 또는 연석경사로 설치 등으로는 교통약자가 편하게 목적지까지 가는데 한계가 있으며, 단적인 예로 저상버스의 확대・보급은 지속적으로 추진 중에 있다.

저상버스 도입 확대는 교통약자법 제14조(노선버스에 대한 이용보강) 및 동법 시행령 제14조(저상버스 등의 운행대수)에 의거하여 도입하며, 제2차 교통약자이동편의증진계획에 의하면 전국 저상버스 보급률은 2011년 현재 12.0%이며, 목표연도 2016년까지 전국 시내버스의 41.5%까지 보급하는 것으로 목표를 설정하였으나, 지역별 목표치의 경우 지역 여건을 고려한 목표치를 차등화하여 실효성을 제고해야 할 것으로 수록되어 있다.

도・농복합 도시에서의 저상버스는 낮은 차체 및 긴 곡선반경으로 도입 운영에 한계가 있고, 차체가 낮아 도로 굴곡과 노면 경사도 등으로 운행이 어려울 수 있으므로, 운

표 8-1 전국 저상버스 보급현황

구 분	시내버스 대수(대)	저상버스 대수(대)	보급률(%)
서울	7,534	1,667	22.1
부산	2,511	182	7.2
대구	1,658	148	8.9
인천	2,312	184	8.0
광주	930	72	7.7
대전	965	111	11.5
울산	670	60	9.0
경기	9,793	849	8.7
강원	567	91	16.0
충북	540	83	15.4
충남	758	25	3.3
전북	850	27	3.2
전남	680	34	5.0
경북	1,088	22	2.0
경남	1,529	334	21.8
제수	167	10	6.0
계	32,552	3,899	12.0

자료 : 국토해양부 내부자료(2011년 말 기준)

한국형 저상버스 표준모델(국토해양부)		신형 저상버스(경기도 도입모델)
		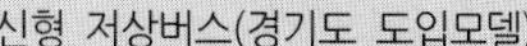

그림 8-1 한국형 저상버스 표준모델

행노선 상에 과속방지턱 존치 시 운수업체 및 버스 운전자로 하여금 상당한 부담이 되고 있다. 현재의 저상버스 도입사업은 정부와 지자체의 50 : 50 매칭 펀드 방식으로 지자체에서 사업진행을 위해 일정 정도의 재원을 확보해야 하는 부담이 있다.

실질적으로 지방자치단체는 재정적인 부담이 높은 저상버스의 확대도입을 병행하면서 특별교통수단을 도입하고 있다. 특별교통수단(Special Transport System : STS)이란 휠체어 탑승설비 등을 장착한 차량으로 이동에 심한 불편을 느끼는 중증장애인을 대상으로 필요시 출발지에서 도착지까지 이동할 수 있도록 대중교통체계를 보완하는 수단을 의미한다. 교통약자의 이동권을 확보하고, 사회참여 확대를 위한 제도로서 이용자 편의가 극대화된다는 장점은 있으나 많은 비용이 소요되는 단점이 있다.

특별교통수단은 운영관리측면에서 경제성이 높고 시민 이용도 만족도가 높아서 적극적으로 사업을 추진하고 있다. 특별교통수단(일명 장애인 콜택시)은 택시 요금의 약 30% 수준의 요금을 부과하고 있다.

『교통약자 이동편의 증진법 시행규칙』에 의거하여 장애인복지법 제32조에 따라 등록한 제1급 및 제2급 장애인 200명당 1대의 특별교통수단을 도입해야 하며, 해당 지방자치단체의 조례[2)]를 제정 운용하고 있다. 그러나 지방조례상 장애인의 범위를 제한하고 있으나, 이를 극대화하기 위한 규제 완화조치가 필요하다.

그림 8-2 특별교통수단(광양시)

저상버스 도입과 장애인 콜택시는 차량이용에 대한 정보와 수화·통역 서비스를 제공하도록 하고 있다. 도시철도는 차량의 10분의 1 이상에 해당하는 부분을 교통약자전용구역으로 할당하도록 의무화하고 있다.

---

2) 장애인복지법 제32조에 따라 등록한 제1급 및 제2급 장애인 중 특정 종류의 장애인에 대해 특별교통수단 외의 방법으로, 이동편의를 제공하고 있는 경우에는 해당 장애인수를 특별교통수단 운행 대수 산정대상에서 제외할 수 있다.

(2) 교통정보를 통한 이용자 편의 증진

스마트 교통환경(정보화 · 자동화 · 지능화 · 첨단화)이 실현되면서 교통시설의 운영 효율성 향상과 함께 이용자의 편의성이 크게 증진되었다. 한국교통연구원(2010년)의 「전국 ITS 현황조사 분석에 따른 ITS 백서 구축」 연구에서 실시한 이용자 만족도 평가 결과에 따르면 VMS, 버스 도착정보 등에 대해 이용자 정보가 유용하며, 정보제공시스템에 대해 상당히 높은 만족도를 보였다.

교통정보제공은 실시간 교통현황을 반영한 교통수단, 통행경로, 출발시간 등을 적재적소에 변경하여 이용자의 통행시간을 단축하고, 대중교통 수단의 대기시간과 접근시간을 감소시키며, 이외에도 안락함, 쾌적성, 신속성 등 정성적인 지표의 여러 편익을 유발한다. 따라서 향후 교통정보 제공에 따른 정량 · 정성적 편익에 대한 연구를 토대로, 이용자의 편의성을 극대화할 수 있는 정보 유형, 제공매체, 제공방식 등을 체계적으로 검토하고 확대해 가야 할 것이다.

표 8-2 주택가 이면도로 보행자 교통사고 발생현황 (단위 : 건수, 명)

연 도	2009			2010			2011		
구 분	발생	사망	부상	발생	사망	부상	발생	사망	부상
건 수	8,312	135	8,564	7,605	120	7,825	7,748	126	7,944

자료 : 합리적 제한속도 운영을 위한 전문가 간담회, 2012.9.20, 서울지방경찰청

표 8-3 도로별 법정속도 (단위 : km/h)

고속도로 (지정권자 : 경찰청장)		자동차전용도로 (지정권자 : 지방청장)		일반도로 (지정권자 : 지방청장)	
최고	최저	최고	최저	최고	최저
80～120	50	90	30	60～80	없음

자료 : 도로교통법 시행규칙 제19조

표 8-4 도시부 제한속도 운영지침 (단위 : km/h)

도시고속도로	주간선도로	보조간선도로	집산도로	국지도로
60～90	50～70	40～50	30～40	20～30

자료 : 경찰청 2011.5

(3) 합리적 제한속도 운영

기존 자동차 중심의 소통우선정책으로 도로의 제한속도 운영이 이루어져 왔으나, 최근 자동차가 아닌 사람을 보호하는 교통규제의 필요성이 제기되고 있다. 주택가 이면도로상 보행자 교통사고 발생현황을 살펴보면 전체 사망자의 22% 수준이며, 보행자 사망자의 약 44%를 상회하는 것으로 경찰에서는 추정하고 있다.

보행자 통행량이 많은 주택가 편도 2차로 이상의 이면도로는 도로교통법상 일반도로로 법정속도가 80 km/h로 규정되어, 보행자 안전을 위해 제한속도의 하향 조정이 필요하다. 통행의 이동성(Mobility)과 접근성(Accessibility) 등 도로 기능과 역할을 충분히 고려하여 합리적인 속도규제가 필요하다.

주간선 및 보조간선도로는 이동성을 우선시하되, 집산 및 국지도로는 접근성이 우선시 되어야 한다. 관련법규 및 지침은 도로교통법 제17조 및 동법 시행규칙 제19조[3]에 따른 도로별 법정속도는 다음과 같다.

교통규제 심의 시 제한속도 지정기준으로 자동차 전용도로는 설계속도 및 도로구조, 교통사고 발생 등을 고려하여 제한속도를 70～90 km/h로 지정하고, 일반도로는 차로 수 및 주행속도, 도로주변 여건 등을 고려하여 편도 1차로 40 km/h, 편도 2차로 60～70 km/h, 어린이, 노인보호, 생활도로 구역은 30 km/h로 지정하고 있다.

이와는 별도로 주간선도로변 보호구역은 제한속도의 하향 조정 제외 구간으로 지정되어 있으며, 주택가 이면도로는 일반도로에 준하여 편도 1차로 40 km/h, 편도 2차로 60 km/h로 지정하고 있다.

주간선도로 및 보조간선도로의 제한속도 하향설정은 도로용량 저하와 같은 문제점 인식은 공감하지만, 과속 단속 시 안전표지가 설치되지 않았거나 설치가 부적절한 곳은 단속의 효율성이 떨어지고, 제한속도에 대한 명확한 정보가 운전자에게 제공되지 않는다. 따라서 이로 인해 법정속도를 적용하는 문제점이 발생하게 된다. 집산도로 및 국지도로는 보행자 통행량이 많은 주택가 이면도로임에도 불구하고, 교통 여건을 고려하지 않은 제한속도 지정으로 보행자의 안전 확보에 문제점을 유발하고 있다.

그러나 현실적인 여건상 보도와 차도의 구분이 명확하지 않은 도로가 많고, 도로 폭이 협소하여 안전표지를 설치하지 못하는 지역이 많다. 또한 주택가 이면도로는 별도의 안전표지나 노면표시가 설치되지 않아 도로교통법상 일반도로에 준하여 제한속도가 시행하고 있다.

---

3) (자동차 등의 속도) 자동차 등의 속도를 제한하려는 경우에는 도로의 구조 및 시설기준에 관한 규칙 제8조에 따라 설계속도, 실제 주행속도, 교통사고 발생위험성, 도로주변 여건 등을 고려해야 한다.

이에 대한 개선방안으로 서울시와 서울지방경찰청이 합동으로 자동차전용도로에 대한 현장점검을 실시하여 안전표지 미흡구간에 대하여 보강설치를 실시 중이며, 주간선 및 보조간선도로는 제한속도가 도로여건이 다름에도 불구하고 동일하게 지정된 구간에 대하여 조정을 지속적으로 추진하고 있으며, 안전표지도 보강하고 있다.

보행자 교통사고에서 가장 큰 문제로 대두되고 있는 주택가 이면도로(생활도로)는 보행자 안전을 위해 제한속도를 편도 2차로의 경우 60 km/h에서 50 km/h로, 편도 1차로의 경우 필요한 구간에 40 km/h 이하로 하향 조정을 추진하였으며, 2012년 제한속도 하향 조정현황을 보면 표 8-5와 같다.

표 8-5 2012년 제한속도 조정현황

관할 경찰서	구 간		길이(km)	속도 조정현황(km/h)		비 고
	시 점	종 점				
서대문	금화터널	사직터널	0.528	60	50	하향
	서울여자간호대	상명대입구	1.15	60	50	하향
용산	원효대교 남단	원효대교 북단	1.4	70	60	하향
동대문	신설동	신설동역	0.34	50	60	상향
마포	망원동	동교동	2.2	40	60	상향
영등포	당서초교	당산역	0.218	60	30	하향
동작	여의상류 IC	(주)케이미트	1.0	80	60	하향
강서	김포	개화 IC	4.8	60	70	상향
종암	방천시장	두산ⓐ	0.53	60	50	하향
서초	잠수교남단	잠수교지하차도앞	0.7	30	40	상향
노원	수락리버시티ⓐ	의정부시계	0.5	70	60	하향

자료 : 합리적 제한속도 운영을 위한 전문가 간담회, 2012.9.20, 서울지방경찰청

3 보행교통환경 개선

(1) 교통약자 이동권 확보

우리나라는 보행 중 사망자 비율이 OECD 회원국과 비교하면 하위 수준에 머물고 있다. 2010년 기준 인구 10만 명당 보행 중 교통사고 사망자수는 4.1명으로 OECD 회원국 평균 1.4명보다 3배 높은 것으로 나타났다. 보행사고(차대사람 사고)는 대체로 후진국에서 많이 발생하는데, 그만큼 우리나라의 교통안전의식, 교통문화수준이 낮다는 것을 의미한다.

최근 10년간(2003~2012년) 교통사고 사망자 중 보행자 사망자수 비율은 감소 추세이나, 여전히 보행자 사망자수의 비율은 높은 수준을 유지하고 있다. 2012년 전체 교통사고 사망자 5,392명 중 보행자 사망자수는 1,977명으로, 보행사망자 비율이 36.7%로 나타났다. 이 수치는 2003년에 비해 약 45%로 크게 감소하였으나, 여전히 선진국과 비교하였을 때 보행자 사망사고 비율은 높게 나타나고 있다.

2012년 보행자 사망사고 유형을 살펴보면, 횡단 중에 발생하는 사고가 전체의 50.7%로 절반을 차지하고, 그 다음으로 차도통행 중, 길가장자리 구역 통행 중, 보도통행 중 순으로 나타났다. 횡단 중에 발생하는 사망사고 유형은 횡단보도나 그 부근에서 일어나는 사고, 무단횡단 등이 가장 많은 비율을 차지하고 있다. 또한 보행자 사고는 주간(37%)보다는 야간사고(63%)가 훨씬 많이 발생하고 있는 것도 우리나라 보행사고의 특성이라 할 수 있다.

따라서 보행자의 교통사고 감소와 보행권을 확보하기 위해 안전한 보행환경 개선이 절실한 시점이다. 특히 최근에는 고령자 사고가 꾸준히 증가하고 있고, 교통약자(고령자, 어린이, 장애인 등)의 이동성, 안전성, 쾌적성을 확보하는 배려문화 확산이 필요한 시점에서 다양한 보행환경개선을 위한 사업이 추진될 필요가 있다. 대표적인 보행우선정책으로 보행우선구역, 보행환경개선지구, 차 없는 거리, 대중교통전용지구 등이 있다.

(2) 보행우선구역

가. 개념 및 목적

보행우선구역은 차보다 보행자의 안전하고 편리한 통행이 우선시되는 보행환경조성을 위한 구역으로써, 구역 내 주요시설 및 장소 등 보행자의 주요 통행경로를 유기적으로 연결하는 보행자 중심의 생활구역을 의미한다. 보행우선구역 사업은 구역 내 도로 및 주변환경을 보행자의 통행안전과 편리성에 초점을 맞춰 개선하고, 차량 진입규제, 속도감속, 보행자의 안전한 도로횡단과 통행공간을 조성한다. 결과적으로 교통약자(어린이, 고령자 등)의 이동편의와 쾌적성을 높이는 보행환경을 조성하는 데 그 목적이 있다.

나. 주요내용

국토교통부에서 추진하고 있는 보행우선구역은 차보다 보행자의 안전하고 편리한 통행을 확보하기 위하여 주요시설 및 장소를 보행도로로 연계함으로써 보행자 중심의 생활영역을 조성하는 구역이다. 이 사업은 2007년 충남 아산시, 제주도 서귀포시, 서울시 마포구를 시작으로 2011년까지 총 5차에 걸쳐 시범사업을 시행되었다.

보행우선구역 내의 도로는 보행자전용도로, 보행우선도로, 보차혼용도로(노면공유), 보차분리도로, 보행자광장 등 구역 특성에 따라 다양한 도로형태를 종합적으로 계획하여 구축되며, 세부내용은 아래와 같다.

첫째, 보행자전용도로는 차량의 이동을 물리적, 시간적으로 제한하여 보행자만 이용할 수 있는 도로를 의미한다. 둘째, 보행우선도로는 차량보다는 보행자가 더 편리하고 안전하며, 쾌적하게 이용할 수 있도록 물리적 환경을 정비한 도로를 의미한다.

셋째, 보차혼용도로(노면공유)는 보행자와 차량의 공간이 분리되지 않은 도로형태로서, 특정 차량(조업차량 등)에게만 일정시간 동안 출입을 허가하는 도로를 의미한다. 넷째, 보차분리도로는 차량의 이동 및 접근을 주목적으로 하는 도로형태로서, 도로양쪽 또는 한쪽에 보행자를 위한 보도가 설치된 도로를 의미한다. 다섯째, 보행자광장은 공연 등의 다양한 문화행사를 병행할 수 있는 보행자 공간을 의미한다.

보행우선구역사업을 통해 효과적인 보행환경 개선을 위해서는 사업구역의 콘텐츠 모델(도로유형별 적용유형)을 개발하여, 면단위(구역단위) 사업특성을 최대한 살려 사업구역 내 특성에 맞는 도로유형별 맞춤형 조성이 필요하다.

또한 사업구역 내 다양한 도로유형별로 맞춤형 시설적 개선 및 교통약자의 이동편의까지 고려한 보행환경을 개선하고, 보행자 이동량이 많은 지역(주거, 상업지역 등)을 중심으로 시설적 콘텐츠 및 운영 차별화를 통해 보행자에게 안전하고, 편리한 통행권을 제공할 수 있다.

이 밖에 보행우선구역은 미관 및 안전성을 고려하여 도로변 장애물(전선, 컨트롤 박스 등)의 지중화를 통해 도로변 장애물을 최소화하는 노력과 함께 교통약자를 위한 시설적(시각장애인 유도시설, 도로와 보도의 단차제거 등) 배려가 포함되어야 한다. 앞에서 언

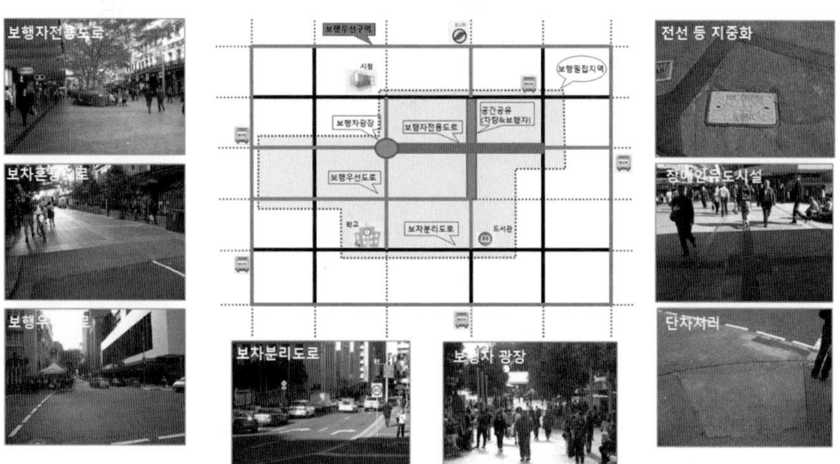

그림 8-3 보행우선구역 개념도

급한 5가지 유형에 대한 개념도는 그림 8-3과 같다.

보행우선구역사업은 2007(1차)~2011년(5차)에 걸쳐 총 26개 사업지를 대상으로 시범사업을 수행하였다. 이 사업은 2012~2013년에 경기 부천시 중동・심곡동과 서울시 광진구 구의3동에서 수행하였다. 따라서 보행우선구역사업은 사업의 성격이 유사한 보행환경개선사업과 통합되어 추진될 계획이다.

기존의 보행안전성 개선과 관련해서 국토교통부의 '보행우선구역사업'과 안전행정부의 '보행환경개선사업'이 대표적인데, 사업 구역 내 차량속도 저감을 위한 교통정온화 기법 적용과 물리적 보행공간 확보 및 교통안전시설 개선 등 사업성격이 유사하다는 지적을 받고 있었다. 그런 가운데 2012년 8월에 공포된 '보행안전 및 편의증진에 관한 법률'에 근거하여 보행환경개선사업이 법적근거가 마련됨에 따라 사업성격이 유사한 보행우선구역사업을 통폐합하여 함께 운영하도록 하였다. 2014년 현재 보행환경개선사업지를 선정할 때 보행우선구역사업 지정 및 사업 설계지에 대해 선정심사에서 가중치를 부여하고 있다.

(3) 보행환경개선지구

가. 개념 및 목적

보행환경개선지구는 자동차 통행 억제, 교통약자 배려, 보행위험요소 제거, 지구특성별 환경 및 경관 조성을 통해 보행자 중심의 안전하고 쾌적한 보행공간을 조성하기 위해서 지정된다. 보행환경개선지구는 보행자 중심의 안전하고 쾌적한 보행공간을 조성하기 위해 자동차 통행억제, 교통약자 배려, 보행위험요소 제거, 지구특성별 환경 및 경관 조성을 통하여 보행환경개선을 도모하는데 그 목적이 있다.

나. 주요내용

보행환경개선지구는 '보행안전 및 편의증진에 관한 법률 제9조'에 의거하여 크게 다음과 같이 4개 유형으로 구분하여 지정할 수 있도록 하였다.

① 보행자 통행량이 많은 구역
② 노인·임산부·어린이·장애인 등의 통행빈도가 높은 구역
③ 역사적 의의를 갖는 전통과 문화가 형성되어 있는 구역
④ 그 밖에 보행환경을 우선적으로 개선할 필요가 있다고 인정되는 구역

이렇게 특별시장 등 지방자치 단체장에 의해 보행환경개선지구가 지정되고 보행환경개선사업이 추진되면 다음과 같이 6가지 기본목표를 토대로 보행권 확보 및 보행안전을 개선하게 된다.

보행환경개선사업의 기본방향은 점·선 단위가 아닌 면단위의 평가와 계획체계를 마련하고, 보행환경별 유형분류를 토대로 보행환경개선 계획안을 수립하도록 하고 있다. 아울러 보행환경개선사업의 효율성을 높이기 위해 사후관리관점에서 지속적인 유지와 관리가 가능하도록 평가시스템을 구축하도록 규정하고 있다.

보행환경개선사업의 시행은 '보행안전 및 편의증진에 관한 법률 제10조'에 의거하여 보행환경조사, 유형분류, 보행환경개선지구 계획방향, 유형별 세부계획을 규정하고 있으며, 세부내용은 표 8-7과 같다. 보행환경사업 유형은 크게 6가지로 나누고 있다.

표 8-6 보행환경개선사업 6가지 기본목표

기본목표	내 용
안전성	• 보행자가 보행공간에서 교통사고, 범죄 발생 등 위험으로부터 생명과 신체의 안전을 보호받으며 걸을 수 있는 정도
이동의 편리성	• 보행자가 보행공간에서 이동시 보행 장애 요소로부터 방해를 받지 않고 편리함을 느끼는 정도
접근성	• 보행자가 보행동선 및 연결정도에 따라 목적지까지 도달하는데 느끼는 거리의 체감정도
편의성	• 보행자가 보행공간을 이용함에 있어 편의시설 설치로 인하여 느낄 수 있는 편한 정도
쾌적성	• 보행자가 보행환경의 청결정도에서 느끼는 쾌적함의 정도
장소성	• 보행자가 보행공간에서 다른 장소와 구분하여 느낄 수 있는 정체성의 정도

자료 : 보행업무편람, 2013, 안전행정부

첫째, 생활안전(보행환경개선)지구는 주민의 일상생활(통학, 통근, 놀이)이 이루어지는 구역으로, 주민의 보행안전 및 보행 공간 확보를 주목적으로 하는 일단의 지구를 말하며, 주로 주거지역이 여기에 속한다.

둘째, 보행유발(보행환경개선)지구는 보행자의 통행이 빈번하고, 반복적 이동이 이루어지는 구역으로, 보행 이동편의 개선을 주목적으로 하는 일단의 지구를 말한다. 주로 상업지역, 업무지역, 보행밀집지역(보행유발시설 설치지역)이 여기에 속한다.

셋째, 농어촌중심(보행환경개선)지구는 타 지역대비 안전성, 편의성, 쾌적성 등 전반적으로 보행환경이 열악한 구역으로, 기본적인 보행권 확보를 주목적으로 하는 일단의 지구를 말하며, 주로 지방부마을통과구간, 낙후지역, 농어촌지역이 여기에 속한다.

넷째, 교통약자(보행환경개선)지구는 교통약자 보호를 위한 제도 및 시설 설치가 중점적으로 필요한 일단의 지구를 말하며, 주로 보호구역(교통약자)이 여기에 속한다.

다섯째, 대중교통(보행환경개선)지구는 타교통수단과의 연계를 위하여 보행동선개선 및 편의성 증진을 주목적으로 하는 일단의 지구를 말하며, 주로 대중교통 결절지역(지하철역, 버스정류장 등)이 여기에 속한다.

여섯째, 전통문화(보행환경개선)지구는 지역 특색 강화를 위하여 미관·쾌적성 증진을 주목적으로 하는 일단의 지구를 말하며, 주로 문화재·관광·휴양지가 여기에 속한다.

표 8-7 보행환경개선사업의 시행

항 목	내 용	비 고
보행환경조사	• 보행환경 조사 및 지구 내 보행환경 평가 – 교통 및 시설물 조사, 지역특성 조사 실시 – 조사 결과를 점수로 환산하여 지구선정기준을 검토하고, 사업 진행의 우선순위를 결정함	평가표 및 보행환경 수준등급표
유형분류	• 보행환경개선지구 기본목표·보행환경별 특성에 따라 6가지의 유형으로 지구 분류 1) 유형1: 생활안전(보행환경개선)지구 2) 유형2: 보행유발(보행환경개선)지구 3) 유형3: 농어촌중심(보행환경개선)지구 4) 유형4: 교통약자(보행환경개선)지구 5) 유형5: 대중교통(보행환경개선)지구 6) 유형6: 전통문화(보행환경개선)지구	두 개 이상의 유형중복 지정가능
보행환경개선 지구 계획방향	• 지구유형별+도로유형별 계획안 – 지구유형별 계획방향 : 보행환경개선지구 기본목표의 강화 정도 – 도로유형별 계획방향 : 도로 폭에 따른 속도 및 통행제한 기법 차이	표준 보행환경 개선사업 유형별 계획(안)
유형별 세부계획	• 유형별 문제점 및 중점 정비방향에 맞춘 세부 추진계획 – 시설측면, 제도측면	

자료 : 보행업무편람, 2013, 안전행정부

이렇게 보행환경개선지구를 6가지로 분류한 것은 보행환경별로 상이하게 나타나는 문제점에 따라 중점적 계획안을 마련하여 효율적으로 보행환경을 개선하기 위한 것이다.

보행환경개선사업의 평가는 평가목표, 평가내용, 평가방법으로 구분할 수 있으며, 세부내용은 표 8-8과 같다.

보행환경개선사업의 평가 목적은 보행서비스의 질적 향상과 지속가능한 보행환경을 유지하기 위하여 성과중심의 정책과 사업관리가 필요하고, 사후평가 결과는 사업의 효과를 극대화하기 위하여 향후 사업의 근거자료로 활용하기 위한 것이다. 마지막으로 보행환경개선사업의 계획 수립절차는 그림 8-4와 같다.

(4) 차 없는 거리

가. 개념 및 목적

차 없는 거리(Car-free street)는 기존 도로의 차량진입을 물리적, 시간적으로 제한하여 조성되는 보행자 공간을 의미한다. 즉, 자동차 통행을 물리적, 시간적으로 제한함으로써 보행의 쾌적성과 안전성을 향상시켜 보행활성화를 유도하기 위한 방안이다. 넓은 의미에서는 사람들의 자동차중심 통행에서 보행자중심 통행으로 패러다임을 전환시킬 수 있다.

나. 주요내용

한국은 특정가로를 대상으로 특정 요일 및 제한된 시간동안 차량을 통제하거나 전면보도를 설치하여 차 없는 거리 사업을 실시하고 있다. 현재 차 없는 거리 사업은 서울시를 포함한 전국 각 지자체에서 운영되고 있고, 서울시는 1997년 명동길을 시작으로 현재까지 총 24개소에서 사업을 시행하고 있다.

차 없는 거리 사업은 사업운영방식, 가로의 물리적 형태, 가로주변의 토지이용에 따라 단일가로형(상업가로), 단일가로형(상업가로 외), 그물망 가로형, 시민홍보형 등 4개 유형으로 구분한다.

'단일가로형(상업가로)'은 가로 상권의 활성화를 위해 차 없는 거리 사업을 실시한 경우, '단일가로형(상업가로 외)'은 상업가로 이외의 가로로 기존 도로의 물리적 환경개선 및 차량제한을 통하여 차 없는 거리 사업을 실시한 경우, '그물망 가로형'은 둘 이상의 사업대상지가 연결 또는 확장되어 가로의 보행통행이 면적으로 이루어지는 차 없는 거리 사업을 실시한 경우, '시민홍보형'은 도로의 차량진입 제한을 통해 시민들에게 탄소

표 8-8 보행환경개선사업의 평가

항 목	내 용
평가목표	• 보행환경개선사업의 효과 파악 • 향후 사업 개선방향 제시
평가내용	1) 보행환경개선을 위한 각종 시설물의 효과 2) 보행의 안전성 · 편리성 및 쾌적성 등에 대한 개선정도: 사업목표 달성도 평가 3) 해당 보행환경개선사업이 지역경제 활성화에 미치는 영향 4) 보행환경개선지구를 통행하는 보행자와 운전자의 만족도 5) 그 밖에 보행환경개선지구 지정 목적 달성 여부를 평가하기 위하여 행정안전부장관 및 국토해양부장관이 필요하다고 인정한 사항 : 사업자체의 효과
평가방법	• Before & After 비교분석방법 • B/C분석방법 • 주민 만족도 조사

자료 : 보행업무편람, 2013, 안전행정부

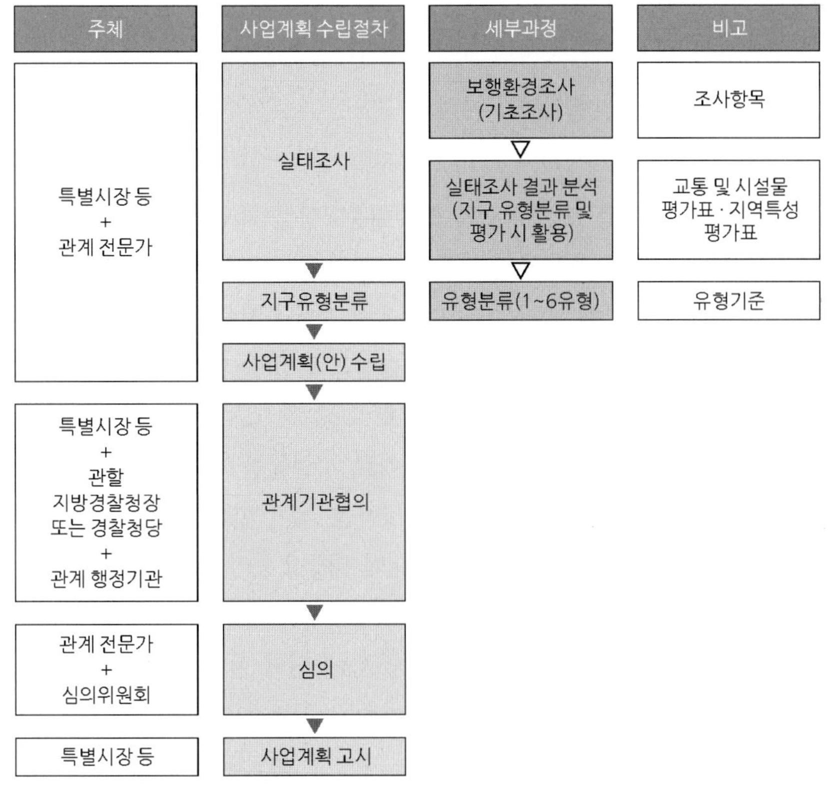

그림 8-4 보행환경개선사업 계획 수립절차

감축 및 환경보호에 대해 홍보를 목적으로 차 없는 거리 사업을 실시한 경우로 유형을 정의한다.

서울시 차 없는 거리 사업은 2011년을 기준으로 총 24개소에서 시행되고 있다. 주로 도심부 상업지역 또는 주거지 생활가로에서 지역상황을 고려하여 일부시간대 또는 매일 차량통제방식으로 시행되고 있으며, 대표적인 서울시 차 없는 거리 현황은 표 8-9와 같다.

(5) 대중교통전용지구

가. 개념 및 목적

대중교통전용지구(Transit mall)는 승용차를 포함한 일반 차량의 진입을 금지시키고, 노면전차, 경전철, 버스 등 대중교통수단과 보행자의 활동만 허용하는 대중교통 중심의 보행자 전용공간을 의미한다.

즉, 보행여건 및 소통이 열악한 도심상업지역에 일반 승용차의 통행을 제한하고, 대중교통수단을 이용한 보행자 접근만을 허용함으로써 차량을 위한 공간을 보행자에게 환원하여 보행환경을 개선함과 동시에 교통수요관리를 시행하는 데 목적이 있다.

나. 주요내용

대중교통전용지구는 주로 도심 상업지구에 대중교통을 제외한 자동차의 진입을 제한함으로써 도심상권 활성화, 쾌적한 보행자 공간조성, 대중교통 활성화를 유도하는 지구로서, 대중교통수단의 통행을 허용한다는 점에서 보행자전용지구와 차이가 있다.

대중교통전용지구를 다시 정리하면 상업공간에 노면전차, 버스만을 통행시키고, 보행자가 차량 등에게 간섭을 받지 않고 편안하게 쇼핑, 통행, 휴식을 할 수 있는 지구를 의미하며, 가로공간에 화단, 시계 등과 같은 가로 시설물을 배치하고, 벤치, 카페 등과 같은 휴식시설을 일반가로 보다 더 많이 배치하는 것이 일반적이다.

대중교통전용지구를 설정하고 해당 지구 내에 대중교통이용 및 보행 편의성을 개선하는 사업을 진행함으로써 향후 교통수요를 줄이고 내부 및 주변지역 활성화를 도모하는 것이다. 대중교통전용지구는 운행되는 대중교통수단에 따라 버스형, 궤도형, 혼합형 대중교통전용지구로 분류할 수 있으며 세부내용은 표 8-10과 같다.

국내에서는 대구 중앙로에서 2009년 12월에 최초로 운영되었다. 전체적으로 보면 동성로(보행자전용도로)와 약령길(한방거리) 등 주변거리를 네트워크화하여 거리를 활성화하는 거점을 만들고, 연계공간으로서의 중앙로 정체성을 확립하는데 초점을 맞추었다. 서울시 경우 2012년 서울시 대중교통전용지구 종합계획을 수립하고, 2013년부터 시범사업을 시행하고 있다.

표 8-9 차 없는 거리 운영사례

유 형	거리명	자치구	시행연도	규 모(m)		운영방법
				폭	길이	
단일 가로형 (상업가로)	관철동길	종로구	1997	15	150	매일/전일제
	인사동길	종로구	1997	9	340	주말/시간제
	낙원동길	종로구	1999	15	200	주말/시간제
	대명거리	종로구	2001	10	350	주말/시간제
	마로니에길	종로구	2004	6~8	1,050	주말/시간제
	남대문시장길	중구	2010	10	1,040	매일/전일제
단일 가로형 (상업가로外)	원마을길	서초구	2004	6	133	주말/시간제
	청계천로	종로구	2005	10	880	주말/시간제
	우이천길	노원구	2008	8	383	주말/시간제
	봉화산로	중랑구	2011	4,8	400	주말/시간제
그물망 가로형	명동길	중구	1997	6~9	480	주말/시간제
	중앙길	중구	1997	6~9	1,080	매일/시간제
	창동길1	도봉구	1998	6~8	210	매일/전일제
	종로	중구	2007	22~30	2,800	9월 22일 (승용차 없는 날)
	청계천로	종로구	2008	10~12	1,300	
	테헤란로	강남구	2009	42~48	2,400	

출처 : 서울시 홈페이지(http://traffic.seoul.go.kr) 내부 자료

표 8-10 대중교통전용지구 유형

구 분	특 징
버스형 대중교통전용지구	노선버스, 셔틀버스만을 통행
궤도형 대중교통전용지구	• LRT(Light Rail Transit), 노면전차 등 궤도계 대중교통수단 • 기존 노면전차 노선 주변 또는 LRT 등의 도입 시 조성
혼합형 대중교통전용지구	• 버스와 노면전차 등 궤도계 대중교통수단 같이 통행

출처 : '대중교통 전용지구' 설계 및 운영지침, 국토교통부, 2011.12

표 8-11 대중교통전용지구 운영사례

사업지	운영시기	주요 내용
대구광역시 중앙로	2009.12	• 2003년 사업 구상하여 2008년 설계 후 2009년 12월 시행하기까지 민원, 지구지정 등 오랜시간 소요된 국내 최초의 적용 사례 • 중앙로 교통상황 개선 및 주변상권 활성화 유도 • 문화공연장을 늘리고, 주변 공원과 약령시 등을 연결해 문화전용지구 추진
서울특별시 연세로	2014.1	• 문화의 거리를 조성하여 지역활성화 유도 • 완전한 보행자전용지구 전환을 통해 '보행친화도시'라는 서울 대표거리 자리매김 • 관 주도형을 탈피하고, 민·관이 함께 참여형 사업으로 추진

4 교통정책 조사 및 평가

(1) 교통문화지수 조사

가. 평가 목적

교통문화지수 실태조사는 교통안전법 제57조 및 시행령 제48조에 근거하여 매년 전국 230개 시·군·구를 대상으로 국민의 교통안전의식 및 교통문화 수준을 객관적으로 측정하여 교통문화 향상을 위한 정책개발의 기초자료 및 근거로 활용할 통계자료(통계청 승인통계)를 제공하는 데 목적이 있다. 교통문화지수는 선진 교통문화의 조기정착을 위한 목표 설정을 가능하게 하고, 목표달성을 위한 합리적인 대안을 마련하는 기초자료를 제공한다.

나. 조사대상

교통문화지수는 전국 230개 지자체(시·군·구)를 대상으로 실태조사가 시행되고 있다. 조사대상은 인구규모, 행정구역 등에 따라 크게 4개 그룹으로 나누어진다. A그룹은 '인구 30만 이상 시' 단위가 속해 있는데, 도시규모별 비교분석이 용이하도록 인구 50만을 기준으로 두 하위그룹으로 구분하고 있으며, 해당 지자체는 총 25개이다. B그룹은 인구 30만 미만 시에 해당하고 총 52개 지자체가 속해 있다. C와 D는 행정구역 단위 군, 구에 해당하고, 지자체수는 각각 84개, 69개가 해당 그룹에 속해 있다.

표 8-12 조사 범위 분류

<table>
<tr><th>그 룹</th><th colspan="2">분류 기준</th><th colspan="2">지자체수</th></tr>
<tr><td rowspan="2">A</td><td rowspan="2">인구 30만 이상 시</td><td>인구 50만 이상 시</td><td rowspan="2">25</td><td>15</td></tr>
<tr><td>인구 50만 미만 ~ 30만 이상 시</td><td>10</td></tr>
<tr><td>B</td><td colspan="2">인구 30만 미만 시</td><td colspan="2">52</td></tr>
<tr><td>C</td><td colspan="2">군</td><td colspan="2">84</td></tr>
<tr><td>D</td><td colspan="2">구</td><td colspan="2">69</td></tr>
<tr><td colspan="3">합 계</td><td colspan="2">230</td></tr>
</table>

자료 : 2013년도 교통문화지수 실태조사 보고서, 2013. 12.국토해양부

다. 조사항목 및 조사방법

교통문화지수의 조사영역은 크게 운전행태영역, 보행행태영역, 교통안전영역, 교통약자영역 등 4가지 영역으로 구분하여 조사를 시행하고 있다. 세부적으로 살펴보면 운전행태영역은 횡단보도 정지선 준수율, 안전띠 착용률, 신호 준수율, 방향지시등 점등률, 이륜차 승차자 안전모 착용률 등 5개 현장조사로 구성된다.

교통안전영역은 자동차 1만 대당 교통사고 사망자수, 인구 10만 명당 교통사고 사망자수, 인구 10만 명당 보행 중 교통사고 사망자수 등 인명피해 사고심도(사망자수)와 더불어 자동차 1만 대당 교통사고 사고건수와 인구 10만 명당 교통사고 사고건수 등과 같은 사고빈도(발생건수) 등 총 5개의 교통안전지표를 설정하고 있으며, 조사는 통계(문헌)조사로 이루어진다.

보행행태영역은 현장조사인 보행자 횡단보도 신호 준수율 조사로 구성되며, 교통약자영역은 불법주차 자동차의 스쿨존 내 점유율 산출을 위한 스쿨존 불법주차 자동차 대수 조사와 통계(문헌)조사인 인구 10만 명당 보행 중 노인 및 어린이 교통사고 사망자수 조사로 구성된다. 교통문화지수는 앞에서 언급한 4개 영역(운전행태, 교통안전, 보행행태, 교통약자)을 토대로 영역별, 지표별 가중치를 부여하여 점수화한 것이며, 100점 만점으로 환산하여 지수로 표현하고 있다.

교통문화지수 실태조사는 4개 영역 외에 지수를 산정하는데 적용은 하지 않고 있지만, 추가적으로 교통안전의식이나 운전행태를 파악하기 위해 별도의 조사도 시행하고 있다. 이러한 기타영역에는 고속도로 안전띠 착용률(유아용 카시트 포함), 운전 중 휴대전화 사용률 등을 조사하고 있다.

특히 도시부도로 운전행태를 파악하기 위해 유아용 카시트 착용률과 운전 중 거치식 DMB 시청률을 조사하고 있다 2013년 실태조사에는 응급구난체계와 관련하여 사고발생 시 응급차량 평균 도착시간을 문헌을 토대로 조사하고 있다. 기타영역은 교통문화지수에 활용되는 다른 조사항목과 별도로 현재 이슈가 되고 있거나 교통정책상 필요에 따라 기획하여 수행되고 있다.

(2) 대중교통현황 조사

가. 조사 목적

대중교통 현황조사는 「대중교통의 육성 및 이용촉진에 관한 법률」 제16조의 법적근거를 가지고 매년 교통안전공단에서 시행하고 있다.

대중교통의 육성 및 지원을 위한 정책의 효과적인 수립에 필요한 기초자료를 조사하고 결과를 제공함으로써, 지역별 대중교통 육성을 통한 대중교통수단의 이용 및 촉진을 도모하고, 도시규모 및 특성, 장래 도시 교통여건 변화 등을 고려한 최적의 대중교통체계의 발전을 유도하는 데 그 목적이 있다.

이러한 대중교통 현황조사는 정부의 각종 대중교통 지원정책의 근거를 제공하고, 국내 대중교통시설, 수단 및 이용실태 등을 외국과 비교함으로써 정책적인 시사점을 도출할 수 있다.

표 8-13 대중교통 현황조사 조사방법

구 분	조사항목	조사방법
문헌 조사	• 교통관련 사회경제 지표 • 대중교통운영자 일반 현황 • 대중교통 운임제도 • 지역별 대중교통수단 현황 • 대중교통운행 일반 현황 • 지역별 대중교통관련 교통사고 현황 • 교통카드이용 현황 • 정부(중앙/광역) 대중교통정책 및 추진전략 • 해외대중교통수단 및 시설 현황	• 매년 정기적으로 조사 및 발표되는 통계자료 및 DB 조사 • 전년도 자료가 집계되지 않은 경우, 가장 최신의 자료 활용
관측 (수집)조사	• 지역별 정류장 설치 현황 • 정류장(역)별 승·하차 인원 • 대중교통수단의 운행속도 및 운행시간 • 대중교통 vs 승용차 통행시간 및 통행비용 비교 조사 • 지역별 대중교통 온실가스 배출량	• 교통카드 자료수집 및 활용 • 지역별 BIS정보 수집 및 활용 • 조사원에 의한 관측조사
설문 조사	• 대중교통 이용 현황 • 대중교통 지출비용 현황 • 대중교통 환승실태 • 환승 및 이용자 만족도	• 교통카드 자료수집 및 활용 • 조사원에 의한 1:1 면접 설문조사(또는 온라인 조사)
우편 (방문)조사	• 대중교통운영자 경영여건 • 대중교통 종사자 현황 • 지역별 대중교통 운행 현황 • 특별교통수단 운행 현황 • 지역별 차고지면적 현황 • 지역별 환승시설 현황 • 지역별 터미널 현황 • 버스전용차로제 운영 현황 • 비수익노선 운행 현황 • 대중교통전용지구 운영 및 계획 현황 • 지역별 버스정보시스템 운영 현황 • 신 교통시스템 운영 및 계획 현황	• 조사표를 작성하여 대중 교통운영자(버스, 철도, 터미널) 및 관리관청을 대상으로 한 우편 또는 방문조사

자료 : 2012년도 대중교통 현황조사 종합결과 보고서, 2013.3, 국토해양부

나. 조사방법

대중교통 현황조사의 조사방법은 문헌조사, 관측조사, 설문조사 등의 방법을 이용하여 조사내용과 조사목적에 부합하도록 적합한 방법을 선택하여 조사를 실시한다. 2012년도 대중교통 현황조사는 관측조사를 최대한 지양하고, 교통카드 자료를 수집하여 이를 분석함으로써 조사결과의 신뢰성을 강화하였다.

다. 조사 내용

대중교통 현황조사는 5개 조사부문, 9개 조사지표, 13개 조사항목 및 37개 세부조사사항으로 구성된다. 5개 조사부문은 대중교통관련 사회경제 지표, 대중교통관련 운영자 경영여건, 대중교통수단 및 시설현황, 대중교통 이용실태, 기타 대중교통 개선을 위해 필요한 사항으로 구분된다.

대중교통 조사의 일반현황과 분석을 위한 기초조사 항목은 인구 현황, 자동차 현황, 대중교통관련 교통사고 현황, 행정구역 현황, 국내 총생산, 도로 현황, 철도 현황 등이 있다.

대중교통산업의 경쟁력과 경영현황 분석을 위한 조사항목은 대중교통수단을 운행하거나 시설을 경영·관리하는 대중교통 운영자의 경영 현황, 종사원 현황, 교통수단별 운행거리, 운행 현황, 요금, 수익금 및 연간 운영비용 등 경영수지에 영향을 미치는 사항 등이 해당한다.

대중교통수단 및 시설현황 분석을 위한 조사항목은 대중교통시설 이용자에 대한 편의 제고, 도시 규모 및 특성에 적합한 대중교통시설의 확충, 대중교통수단의 운행에 필요한 시설 또는 공작물의 일반적인 운영실태 등 대중교통 수요판단을 위한 항목으로써 대중교통수송 및 환승시설, 버스전용차로, BRT 운영, 대중교통 운영관리 정보체계(BIS, BMS), 버스정류소, 교통약자 이동편의시설 등을 포함한다.

대중교통 수요자의 대중교통수단 또는 대중교통시설 이용현황 등 적정 대중교통수단 체계 구축과 대중교통 환승시설의 개선을 위한 조사항목은 수송분담률, 수송인원, 운행횟수, 대중교통 이용현황, 정류장(역)별 승·하차인원, 대중교통 환승실태, 교통카드 시스템 이용현황 등이 있다.

대중교통의 개선을 위하여 필요한 조사항목은 교통복지지표와 녹색교통/안전지표로 구분되며, 대중교통수단 및 시설 이용자 만족도, 지역별·노선별 대중교통 관련 교통사고 현황, 대중교통(버스) 온실가스 배출량, 해외 대중교통수단 및 시설현황 등이 해당된다.

표 8-14 대중교통 현황조사 조사내용

조사부문	조사지표	조사항목	세부조사 사항
사회 경제 지표	사회 경제 지표	일반 현황	• 인구 현황 • 자동차 등록대수 • 대중교통 관련 교통사고 현황 • 지역면적 • 총생산(GDP) • 도로 현황 • 철도 현황 등
운영자 경영 여건	대중교통 운영지표	대중교통 운영자 현황, 운행 현황	• 대중교통운영자(시외·시내버스, 철도) 일반 현황 • 연간 교통수단별 운행거리, 노선수, 노선연장, 노선별 정류장수, 차량보유대수, 노선별 1일 운행대수, 주행거리, 노선밀도(km) 등
	재정적 지표	대중교통 경영 현황	• 경영여건(경영 현황, 조사원 현황 등) 현황 • 수입 대비 지출 현황(연간 수익금, 연간 운영비용, 연간 재정지원금) 등
대중 교통 수단 및 시설 현황	공급성 지표	대중교통 수단 현황	• 대중교통 운임제도(일반인, 학생, 노인) • 지역별 대중교통 수단 현황 • 지역별 대중교통 운행 현황 • 특별교통수단 운행 현황 • 비수익노선 운행 현황 등
		대중교통 시설 현황	• 지역별 버스정류장 설치 현황 • 버스전용차로제 운영 현황 • 버스정보시스템 운영 현황 • 차고지 설치 현황(개소, 면적) • 대중교통전용지구 설치 및 계획 현황 • 신 교통시스템(BRT 등) 운영 및 계획 현황
대중 교통 이용 실태	수송실적 지표	대중교통 분담률	• 대중교통 수단별 수송 실적 • 대중교통 수송분담률
	이용 활성화 지표	대중교통 이용률, 대중교통과 승용차 대비 소요시간 및 비용	• 대중교통 이용 현황(이용횟수 및 이동거리 등) • 대중교통 지출비용 현황 • 노선별/정류장(역)별 승하차 인원 • 교통카드 시스템 및 이용 현황 등 • 지역별 대중교통(버스) 및 승용차 이용시간, 소요비용 비교조사
	이동성 지표	대중교통 환승 현황	• 환승시설 현황 • 대중교통 환승 실태(유형 및 횟수) • 대중교통 환승 비율 등
기타 개선사항	교통복지 지표	대중교통 서비스 만족도	• 대중교통 수단 이용자 만족도 • 대중교통 시설 이용자 만족도 등
	교통사고 온실가스 배출량	교통사고 온실가스 배출량	• 지역별, 노선별 대중교통 관련 교통사고 현황(신규) • 대중교통(버스) 온실가스 배출량(신규) • 해외 대중교통 수단 및 시설 현황 등(신규)

자료 : 2012년도 대중교통 현황조사 종합결과 보고서, 2013.3, 국토해양부

(3) 대중교통시책 평가

가. 평가목적

대중교통시책 평가는 「대중교통의 육성 및 이용촉진에 관한 법률」 제17조의 법률적 근거를 가지고 시행되고 있으며, 교통안전공단에서 홀수년에 격년으로 시행하고 있다.

정기적인 평가를 통해 효과적이고 체계적인 대중교통계획 및 시책 수립을 유도하고, 대중교통정책의 합리적인 목표 수립과 체계적인 시책 마련을 유도할 수 있도록 환류체계를 구축하는 데 그 목적이 있다.

나. 대상 및 절차

전국 162개 시, 군 및 제주특별자치도를 대상으로 인구 규모 및 도시철도 유무에 따라 A그룹부터 E그룹까지 총 5개 그룹으로 평가한다.

① A그룹 : 특별시, 광역시(7개 시)
② B그룹 : 도시철도 운행 도시(24개 시)
③ C그룹 : 인구 30만 이상 도시철도 비운행 도시(11개 시)
④ D그룹 : 인구 30만 이하 도시철도 비운행 도시(39개 시)
⑤ E그룹 : 군(81개 군)

시행절차는 평가 준비단계, 실시단계 그리고 보고서 작성단계로 이루어진다.

평가 준비단계에서는 지자체 담당자가 쉽게 이해하고 작성할 수 있도록 대중교통 시책평가 지침(훈령)에 따른 매뉴얼을 작성하고, 자료수집의 제약 및 현실성 여부 등을 고려하여 평가 그룹별로 1개 내지 2개 시군을 대상으로 평가항목 및 방법을 동일하게 하여 예비조사를 실시하고 있다.

평가 실시단계에서는 학계, 시민단체 등으로 평가단을 구성하여 서면평가 및 현지 실사를 하고, 주민만족도 조사를 하여 공정하고 객관적인 평가를 실시한다.

평가단은 학계 및 연구기관(교통, 행정, 경영, 통계), 시민단체 전문가 등 그룹별로 구성된 외부전문가와 교통안전공단의 내부전문가 등으로 평가단을 구성・운영하고 있다.

다. 평가항목

대중교통시책평가는 8개 평가부문의 서면평가와 주민만족도 조사로 구분된다. 서면평가 항목은 크게 8개의 평가부문과 17개 평가항목, 31개 평가지표 등으로 구분된다.

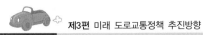

표 8-15 평가지표별 평가기준과 평가방법

평가부문	평가항목	평가지표
지방 대중교통계획	계획의 목표 및 추진전략	연차별 시행계획 수립여부
		연차별 시행계획 추진 노력과 성과
대중교통수단 및 시설 개선 및 확충	적정 대중교통 체계 구축	노선버스 운행 정도
		도시철도 운행 정도(울산 제외한 A그룹)
		노선버스 이용률
		도시철도 이용률(울산 제외한 A그룹)
	대중교통 시설확충	유개 버스정류장 비율
		공영차고지 확보율(A, B 그룹)
	대중교통환승체계 구축방안	대중교통환승체계 구축 노력(A, B, C 그룹)
대중교통 서비스 향상 및 경쟁력 강화	인접도시와 협력 체계	인접도시와 협력 노력
	대중교통 서비스 향상	노선버스 서비스 개선 노력
		도시철도 서비스개선 노력(울산 제외한 A그룹)
	대중교통 구조조정 및 경쟁력 강화	노선버스 경영개선 노력
		도시철도 경영개선 노력(울산 제외한 A그룹)
	대중교통 안전성 제고	노선버스 교통사고 현황
		대중교통사고 감소를 위한 정책지원
	대중교통 이용정보 제공	정류장에서의 버스운행정보 제공률
	교통카드 서비스 제고	교통카드 이용률
교통약자 및 교통오지의 대중교통 이용편의 증진	교통약자 대중교통 이용편의 증진	교통약자 이동편의 종합현황
		저상버스 도입률
		교통약자 이동편의 증진을 위한 노력
	교통오지 주민 대중교통 이용편의 증진	오지주민 이동편의 증진을 위한 노력(D, E 그룹)
교통수요관리	대중교통 원활화를 위한 교통수요관리	교통유발부담금 경감률(인구 30만 이상 도시)
		대주교통 원활화를 위한 교통수요관리 노력(A, B, C 그룹)
대중교통부문 투자 규모 및 행정적 지원	대중교통 부문 투자	대중교통 부문 투자율
	대중교통 부문 행정적 지원	교통인력 확보율
		교통인력 전문화를 위한 지원 노력
		대중교통 활성화를 위한 기관장의 의자와 노력
		대중교통 정보공유 노력
대중교통 우수시책		대중교통 우수사례
주민만족도		주민만족도

자료 : 2011년도 대중교통시책 평가 매뉴얼, 2011.국토해양부

계량지표 16개 중 '연차별시행계획 수립 여부' 및 '교통약자 이동편의 시설 개선율'을 제외한 14개의 계량평가지표는 개선 정도를 반영하며, 비계량지표 15개는 평가지표 세부 내용들로 구성된 체크리스트로 평가한다. 주민만족도 평가는 조사자가 해당 평가대상기관의 주민에게 직접 면접하여 설문조사를 수행한다.

평가항목을 구성할 때 도시기반시설 여건이 우수한 도시가 매년 평가 우수기관으로 반복 선정되는 단점을 보완하기 위해, 비계량지표 평가 시 노력사항 등을 그룹별로 감안하여 평가하고, 계량지표의 경우 우수한 대중교통시책 발굴 및 전파를 위해 평가지표의 개선도(또는 증가율)를 반영하여 평가한다. 평가지표는 수치형 평가 자료인 경우에는 계량평가항목으로 평가하는 것을 원칙으로 하되, 계량평가만으로 파악이 어려운 경우는 평가가 가능한 비계량평가항목으로 평가하여 평가항목을 보완한다. 각 평가지표의 특성에 따라 평가방법은 상대 평가방법, 단계별 평가방법 및 절대 평가방법으로 실시하고 있다.

라. 평가결과 활용

평가결과를 바탕으로 우수 지자체를 선정하고 우수 사례화함으로써 타 지자체에 본보기를 보여 준다. 더불어 각 지자체를 평가한 결과를 162개 시군에 배부하여 각 지자체에서 대중교통 개선 정책 수립에 반영할 수 있도록 유도하고 있으며, 2011년도부터 평가의 결과를 분권 교부세[4]에 반영하는 데 활용하고 있다.

(4) 대중교통운영자 경영 및 서비스 평가

가. 평가목적

대중교통운영자 경영 및 서비스 평가는 「대중교통의 육성 및 이용촉진에 관한 법률」 제18조의 법적근거를 가지고 교통안전공단에서 짝수 년마다 격년으로 수행하고 있다.

대중교통운영자의 경영상태와 대중교통운영자가 제공하는 서비스에 대한 평가를 통해 대중교통운영자에 대한 합리적인 지원 근거를 마련하고, 재무구조의 건전화 및 자율경쟁 등을 통한 서비스 개선을 도모하여 건전한 대중교통발전 및 대중교통 이용을 활성화하는 데 그 목적이 있다.

4) 분권교부세란 국고보조금 사업의 일부를 지방으로 이양하기로 하고, 이양사업을 추진하는데 필요한 재원을 합리적으로 보전하기 위해 마련한 제도이다. 분권교부세는 국고보조를 이양받은 자치단체에 2014년 12월 31일까지 한시적으로 교부하는 재원을 말한다.

표 8-16 평가 체계

주 관	유 형	평가대상기관
국토교통부 장관	도시철도 및 철도	• 도시철도법에 의한 도시철도사업 • 철도사업법에 의한 철도사업(도시교통정비촉진법 제4조의 규정에 따라 지정 고시된 교통권역 안에서 전동차로 여객을 수송하는 노선에 한함)
	고속버스	• 여객자동차 운수사업법에 의한 시외버스 운송사업(고속형에 한함)
시도지사	시내/시외 버스	• 여객자동차 운수사업법에 의한 시내버스 운송사업 및 시외버스 운송사업(고속형 제외)
	여객터미널	• 여객자동차 운수사업법에 의한 여객자동차 터미널 사업

자료 : 2008년도 대중교통운영자에 대한 경영 및 서비스평가 매뉴얼, 2008.국토해양부

나. 대상 및 절차

「대중교통의 이용촉진 및 육성에 관한 법률」 시행령 22조 2항에 의한 평가대상기관은 평가를 주관하는 기관에 따라 다음과 같이 구분하고 있다.

① 국토해양부장관 주관 평가는 철도 및 도시철도 사업자 및 시외버스 운송 사업자(고속형에 한함)

② 시도지사 주관 평가는 시내버스 운송사업자, 시외버스 운송사업자(고속형 제외), 여객자동차터미널 사업자

평가 시행 절차는 평가시행계획 수립, 평가계획 통보, 평가단 구성 및 평가 시행, 평가결과 종합으로 이루어진다.

평가시행계획은 평가시행 1개월 전까지 평가업무 대행기관의 장 또는 시도지사가 수립하고, 평가대상기관에 평가일정, 평가내용, 평가항목 등 평가계획을 평가시행 15일 전까지 통보하도록 되어 있다. 평가업무 대행기관의 장 또는 시도지사가 평가 업무를 효율적으로 시행하기 위하여 교통관련 기관 및 단체, 학계 전문가 등으로 평가단을 구성 후에 서면평가, 방문평가, 현장평가, 고객만족도 조사 등으로 평가를 시행한다. 그리고 평가업무 대행기관의 장 또는 시도지사가 평가결과를 종합하여 평가보고서를 당해 년도 11월말까지 작성하여 국토해양부 장관에게 제출한다.

다. 평가 항목

대중교통운영자에 대한 경영 및 서비스 평가는 경영부문과 서비스부문에 대한 평가를 50 : 50의 가중치로 합산하여 종합평가 결과를 산출한다. 평가항목은 평가부문－평

표 8-17 평가 대상 기관

평가 대상	평가 방식	
대중교통운영자	종합평가 점수 = (경영평가 점수 × 0.5) + (서비스평가 점수 × 0.5)	
	경영평가점수(100점)	서비스평가점수(100점)
철도 및 도시철도 사업자	경영 관리(60점)	공급성(10점)
		신뢰성(15점)
	재무건전성(40점)	안전성(30점)
		고객만족(45점)
여객자동차 운송사업자	경영 관리(60점)	신뢰성(15점)
		안전성(40점)
	재무건전성(40점)	고객만족(45점)
여객자동차 터미널사업자	경영관리(60점)	안전성(55점)
	재무건전성(40점)	고객만족(45점)

자료 : 2008년도 대중교통운영자에 대한 경영 및 서비스평가 매뉴얼, 2008.국토해양부

가영역 - 평가항목 순으로 구성되며, 경영부문은 경영관리, 재무건전성 영역으로 구성되고, 서비스 평가부문은 공급성, 신뢰성, 안전성, 고객만족 영역으로 구성된다.

① 철도 및 도시철도 운영자 : 공급성, 신뢰성, 안전성, 고객만족 영역
② 여객자동차운송사업자 : 신뢰성, 안전성, 고객만족 영역
③ 여객자동차터미널 사업자 : 안전성, 고객만족 영역

경영평가부문의 평가영역은 모든 대중교통운영자에 동일하게 적용되나, 서비스평가부문의 평가영역은 대중교통운영자의 특성에 적합한 영역에 대해서만 평가하고 있다.

표 8-18 경영평가부문의 평가 항목

평가 대상자	평가 영역	평가 항목	평가 기준
도시철도 및 철도 사업자	경영관리	운영 인력비율	단위 영업연장당 운영인력수를 평가
		현업 인력비율	임직원 중 현업인력의 비율을 평가
		매출액 증가율	임직원 1인당 매출액 증가율을 평가
		부대수입비율	임대수입, 광고수입 등 부대수입 비율 평가
		수송승객 증가율	수송승객 증가율을 평가
		차량운행비율	보유차량의 1일 운행빈도를 평가
		여객실차율	열차 용량 대비 여객탑승비율을 평가

(계속)

평가 대상자	평가 영역	평가 항목	평가 기준
도시철도 및 철도 사업자	경영관리	경영개선노력	매출증대노력, 원가절감 등 경영개선을 위한 노력을 평가
	재무건전성	부채비율	부채비율과 개선도를 평가
		유동비율	유동비율과 개선도를 평가
		영업수지비율	영업수지비율과 개선도를 평가
여객자동차 운송사업자	경영관리	체불임금	급여, 상여, 제수당 등 급여 지급 시기 적정성을 평가
		자동차 현대화율	버스의 현대화 정도를 평가
		운전자관리	사업용자동차운전자 자격요건을 준수한 운전자의 비율을 평가
		운전자 확보율	보유대수 대비 운전자 확보율을 평가
		운전자 이직률	입사 3년 이내에 이직한 운전자의 비율평가
		운전자 임금비율	전체 임직원 중 운전자의 임금비율 평가
		경영개선노력	매출증대노력, 원가절감 등 경영개선을 위한 노력을 평가
	재무건전성	부채비율	부채비율과 개선도를 평가
		유동비율	유동비율과 개선도를 평가
		영업수지비율	영업수지비율과 개선도를 평가
여객자동차 터미널 사업자	경영관리	터미널 편의시설 제공	홈페이지 운영, 안내방송 및 전광 안내장치 설치, 고객용 컴퓨터 설치, 고객용 TV 설치 등 고객 편의 제공 현황을 평가
		경영개선노력	매출증대노력, 원가절감 등 경영개선을 위한 노력을 평가
	재무건전성	부채비율	부채비율과 개선도를 평가
		유동비율	유동비율과 개선도를 평가

표 8-19 서비스평가부문의 평가 항목

평가 대상자	평가 영역	평가 항목	평가 기준
도시철도 및 철도 사업자	공급성	열차운행횟수	노선별 운행횟수를 산정하여 평가
		평균운행속도	노선별로 각 노선의 시·종점구간 평균운행속도를 평가
		혼잡도	첨두시를 기준으로 평균 혼잡도를 평가
	신뢰성	정시성	연간 총 운행 거리 대비 지연된 열차 정도 평가
		운행 취소율	총 계획 열차편수 대비 운행취소 정도평가
		차량고장률	열차운행 100만km당 차량 고장 횟수 평가
	안전성	열차운행관련 사상자수	10억 인·km당 사상자수를 평가
		차량/시설 현장 점검	차량, 승강장, 역 시설, 승객안내 등에 대한 적정성을 현장 평가

(계속)

평가 대상자	평가 영역	평가 항목	평가 기준
도시철도 및 철도 사업자	안전성	산재보험료율	근로복지공단의 산재보험료율
		안전시설 설치율	승객사고 방지를 위한 스크린도어 및 안전펜스 설치 정도를 평가
	고객 만족	고객만족도	이용승객의 만족도 및 전년 대비 개선도 평가 • 매표의 용이성 • 역 시설 이용 편리성 • 역무원의 친절도 • 열차의 쾌적성 • 정보제공 적정성 등
		서비스개선노력	고객서비스 향상을 위한 노력
여객 자동차 운송 사업자	정시성	배차계획 준수율	배차계획 준수율을 평가
	안전성	사업용 자동차의 장치 및 설비기준	여객자동차 운수사업법에 의한 차량의 장치 및 설비의 적정 가동 여부를 평가
		위반지수	여객자동차 운송사업자의 준수사항을 위반한 내용에 대해 평가
		교통사고지수	운송사업자의 연간 교통사고지수를 평가
		사상자수	운송사업자의 연간 교통사고로 인한 사상자수를 평가
		산재보험료율	근로복지공단의 산재보험료율
		운전자교육	운전자에 대한 안전운전 및 서비스 개선 교육의 적정성을 평가
	고객 만족	고객만족도	이용승객의 만족도 및 전년대비 개선도 평가 • 운전자 친절도 • 차량 내·외부 청결도 • 차량 쾌적성 및 편의성
여객 자동차 터미널 사업자	안전성	정류장소의 안전성	이용객들의 안전성을 보장할 수 있도록 승강장, 여객통로를 승차용 및 하차용으로 구분 여부를 조사
		운행관리원 배치여부	터미널 내 진·출입하는 자동차를 유도하는 운행관리원 배치 여부를 조사
		버스정차대수	승객의 탑승을 위한 정차대(베이)수의 적정성을 평가
		차고지면적	버스의 회차·박차를 위한 차고지 면적의 적정성을 평가
		산재보험료율	근로복지공단에서 결정한 산재보험료율
	고객 만족	고객만족도	이용고객의 만족도 및 전년대비 개선도 평가 • 터미널 내·외부 청결도 • 매표원 및 직원의 친절도 • 안내표지와 예매 시스템의 적절성
		서비스 개선노력	고객 서비스 향상을 위한 노력

자료 : 2008년도 대중교통운영자에 대한 경영 및 서비스 평가 매뉴얼, 2008.국토해양부

라. 평가 결과 활용

평가 결과를 종합 후에 평가 우수기관에 대한 포상을 실시하고, 새로운 노선 개발 및 기존노선 조정 시 우선권 부여 여부, 노선여객자동차 운송사업에 대한 면허 등을 행하는 행정기관의 장이 결정하는데 근거로 사용할 수 있다.

그리고 대중교통수단의 우선통행을 위한 조치 소요자금 보조 및 융자, 저상버스 도입 등 대중교통 수단의 고급화 및 다양화 소요자금 보조 및 융자, 환승시설 등 대중교통시설의 확충 및 개선 소요자금 보조, 융자 등 대중교통 육성을 위한 재정지원에 우선권을 주는데 활용하고 있다.

제9장 친환경 온실가스 감축정책

1 국가 온실가스 인벤토리

(1) 온실가스 배출량

2011년도 수송부문 온실가스 배출량은 85,038천 톤CO_2eq이다. 국제 벙커링 부문의 배출량을 포함하지 않은 배출량이며, 국제 벙커링 온실가스 배출량은 38,167천 톤CO_2eq이다.

수송부문에서는 도로부문의 배출량이 전체의 94.8%를 차지하고, 기타 수송이 0.5%로 가장 작은 부문을 차지한다. 국제 벙커링에서는 국제해운이 전체의 69.0%, 국제항공이 31.0%를 차지하고 있다.

(2) 온실가스 관리체계 및 감축목표

기후변화협약[1)]은 지구온난화를 막기 위하여 인위적으로 배출되는 온실가스를 규제하는 국제협약으로, 우리나라는 1993년 12월에 가입하여 1994년 3월부터 적용받았다. 지구온난화를 발생시키는 온실가스에는 탄산가스, 메탄, 아산화질소 등이 있는데, 1997년 기후변화협약 제3차 당사국총회에서 채택된 교토의정서는 선진국의 온실가스 감축 목표[2)]을 규정하였다.

감축 대상 가스는 이산화탄소(CO_2), 메탄(CH_4), 아산화질소(N_2O), 과불화탄소(PFCs), 수소불화탄소(HFC), 육불화황(SF_6)이며, 우리나라는 제3차 당사국총회 당시 개발도상국

1) 기후변화에 관한 유엔 기본협약(United Nations Framework Convention on Climate Change)
2) 2008~2012년 사이 미국, 일본, 유럽연합(EU) 등 총 38개 회원국을 대상으로 각국 감축목표를 -8~+10로 규정하였으며, 1990년과 비교하여 평균 5.2 감축해야 함

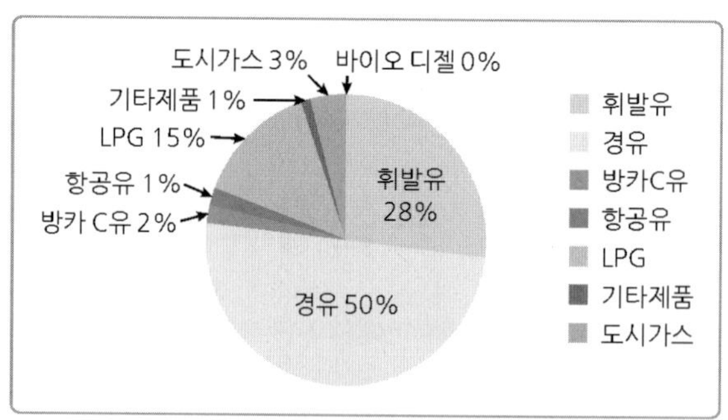

그림 9-1 2011년 연료별 온실가스 배출량 비중

으로 인정되어 온실가스 감소 의무는 유예되었다.

하지만 2011년 제17차 당사국총회에서 2020년 이후 개도국을 포함한 모든 당사국이 참여하는 새로운 기후변화체제를 설립하는데 합의하고, 2015년까지 협상을 완료하는 '더반 플랫폼'을 채택하였다. 개도국의 온실가스 감축에 대한 압력이 거세지는 가운데 우리나라는 세계 7위(2010년 기준)의 온실가스 다배출국이자 OECD 가입국으로서 향후 배출규제가 불가피한 실정이다.

우리나라는 기후변화 관련 정책수립 및 이행을 위하여 국가 온실가스 배출량·흡수량, 배출·흡수계수, 온실가스 관련 각종 정보 및 통계를 개발·검증·관리하는 체계를 갖추고, 그 결과를 매년 공표하도록 규정하고 있다.

'녹색성장기본법'에 따라 환경부가 국가 온실가스 인벤토리 총괄업무를 이행하고, 부문별 관장기관을 지정하여 국가 온실가스 종합정보관리체계가 효율적·체계적으로 운영될 수 있도록 하고 있다.

농업·산림 부문은 농림축산식품부, 에너지·산업공정 부문은 산업통상자원부, 폐기물 부문은 환경부, 건물·교통 부문은 국토교통부가 관장기관으로 지정되었다. 부문별 관장기관은 소관 부문별 온실가스 정보 및 통계를 매년 6월 30일까지 환경부에 제출해

표 9-1 조사 추진 근거 및 내용

추진 근거		내 용
저탄소녹색성장기본법	제42조 (시행령 제26조)	(기후변화대응 및 에너지 목표관리) 관리업체 지정, 관리업체별 감축목표 설정, 이행관리 등
	제45조 (시행령 제36조)	(온실가스 종합정보관리체계의 구축) 부문별 관장기관은 소관 부문별 온실가스 정보 및 통계 매년 6월 30일까지 온실가스종합정보센터 제출 * 국토해양부: 건물·교통
지속가능교통물류발전법 (제16조 및 시행령 제47조)		교통부문 온실가스 배출량 조사 및 온실가스 배출계수 개발 업무를 교통안전공단에 위탁

표 9-2 부문별 온실가스 감축목표 (단위 : 백만톤CO2eq)

구 분	2007년 배출량	2020년 배출전망치	감축량	감축후 배출량	감축률(%)
산업	314.1	455.18	82.9	372.3	(18.2)
수송	87.7	107.25	36.8	70.4	(34.3)
건물	138.1	178.96	48.1	130.9	(26.9)
공공기타	16.2	18.85	4.7	14.2	(25.0)
농림어업	30.0	29.10	1.5	27.6	(5.2)
폐기물	17.1	13.83	1.7	12.1	(12.3)
6대 부문	610	813	175.7	637.3	(21.6)
전환			68.2		
총계			243.9	569.1	(30.0)

자료 : 환경부 보도자료(2011.7.12)

야 한다. 교통안전공단은 '지속가능교통물류발전법'에 따라 국가 및 지방자치단체의 교통부문 온실가스 통계 산정 · 보고 · 검증, 배출계수 개발, 관련 자료 작성 업무를 국토해양부로부터 위탁받아 수행하고 있다.

2009년 11월 정부에서는 국가 온실가스 감축목표[3)]를 발표한 바 있으며, 이를 달성하기 위하여 산업 · 전환, 건물 · 교통, 농축산 등 부문 및 부문 내 세부 업종별로 감축목표를 확정하였다. 교통 부문은 2020년까지 BAU 대비 34.3%로 가장 높은 목표치를 설정하였다.

아울러 정부는 기후변화, 에너지 위기 및 환경보호 요구 등 교통물류 여건변화에 대응하고, 지속가능한 교통물류체계의 발전을 촉진하고자 2011년 6월에 '제1차 지속가능 국가교통물류발전 기본계획'을 확정 · 고시하였다. 이 계획은 교통부문 온실가스 감축목표 달성, 저탄소 · 에너지 고효율 교통물류체계 구축 등을 목표로 5대 추진전략과 74개 추진과제를 선정하여 교통체계를 대중교통 · 그린카 · 자전거 · 보행과 같은 녹색교통 중심으로 개편하는 데 노력을 기울이고 있다.

3) 2020년 BAU(배출전망치) 대비 30% 감축. 2005년 온실가스 배출량(594백만 톤CO_2) 대비 4 감소

2 온실가스 감축 주요시책

(1) 에너지목표관리제

가. 관리업체 지정 근거

온실가스·에너지 목표관리제는 매년 온실가스 감축목표를 설정하고, 이에 대한 이행실적을 관리해 나가는 제도로서, '저탄소 녹색성장 기본법'을 기본법으로 도입되었다. 또한 제도의 세부적인 이행방법 및 절차를 정하기 위하여 '온실가스·에너지 목표관리 운영 등에 관한 지침'이 제정되었다.

1) 저탄소 녹색성장 기본법

'저탄소 녹색성장 기본법'은 2010년 4월 14일에 공포되었다. 경제와 환경의 조화로운 발전을 위하여 저탄소 녹색성장에 필요한 기반을 조성하고, 녹색기술과 녹색산업을 새로운 성장동력으로 활용함으로써 국민경제의 발전을 도모하며, 저탄소 사회 구현을 통하여 국민의 삶의 질을 높이고, 국제사회에서 책임을 다하는 성숙한 선진 일류국가로 도약하는 데 이바지함을 목적으로 하고 있다.

동 법 제5장 제42조 및 같은 법 시행령 제26조2)에 의하여 '온실가스 에너지 목표관리 제도'가 시행되었다. '저탄소 녹색성장 기본법' 시행령의 목표관리제와 관련한 조항은 국가 온실가스 감축목표와 제도의 총괄 및 부문별 관장기관 선정, 관리업체 지정기준, 목표관리 방법 및 절차, 명세서 보고 절차 등을 규정하고 있다. 또한 동 법의 체계는 표 9-3과 같다.

2) 온실가스·에너지 목표관리 운영

온실가스·에너지 목표관리제도 총괄기관을 맡고 있는 환경부는 2011년 3월 16일자로 '온실가스·에너지 목표관리 운영 등에 관한 지침'(환경부 고시 제2011-29호)을 확정·고시하였다. 이 지침은 '저탄소 녹색성장 기본법' 제42조 및 같은 법 시행령 제26조의 온실가스·에너지 목표관리제 운영 등에 관한 세부사항과 절차를 정하는 것을 목적으로 하고 있다. 관리업체 지정, 목표 설정, 산정·보고·검증, 검증기관 관리 등에 관한 사항을 포괄적으로 담고 있는데, 그 내용은 다음과 같다.

표 9-3 녹색성장법 기본체계

제1장 총칙	목적, 용어정리, 추진원칙, 주체별 책무 등
제2장 녹색성장 국가전략	국가전략 및 추진계획 수립 및 시행, 점검/평가
제3장 녹색성장위원회 등	위원회 구성과 운영, 기능 등
제4장 녹색성장 추진	녹색경제/산업육성, 자원순환, 녹색기술/금융, 환경친화적 세제개편, 녹색일자리 창출 등
제5장 저탄소 사회의 구현	기후변화에너지 기본계획 수립, 목표관리, 배출량 보고, 총량제한 배출거래제, 소송부문관리, 적용대책 등
제6장 녹색생활 및 지속가능한 발전 실현	국토/물/녹색교통/건축/농업/생산 및 소비, 생활운동 등
제7장 보칙	재정지원, 국제협력증진, 국가보고서 작성 등
제8장 벌칙	과태료

나. 관리업체 지정

목표관리제는 환경부가 총괄업체로 관리하고 있으며, 각 관장기관별로 소관업체 부문이 구분되어 있다. 환경부는 온실가스·에너지 목표관리제 폐기물 부문을 관장하고 있다. 지식경제부는 산업발전 부문, 국토해양부는 건물교통 부문, 농림수산식품부는 농축산 식품업의 관장기관으로서, 대통령령으로 정하는 기준량 이상의 온실가스 배출 및 에너지 소비업체를 관리대상으로 지정·관리하고 있다.

1) 관리업체 구분

보고 및 목표관리의 주체, 즉 관리업체로는 온실가스 감축 등에 필요한 실질적인 통제력을 행사할 수 있는 법인 개인사업자, 회사, 공공기관 등을 포함한다. 운수회사 명의로 등록된 개인 소유의 차량 등도 운수회사, 렌터카를 장기 임차하여 사용할 경우도 수송 부문의 법인 기준으로 보고 및 목표관리 주체로 설정한다. 또한 건물부문은 건축물대장과 등기부를 기준으로 판단하고 있다.

온실가스와 소비한 에너지의 최근 3년간 연평균 총량이 다음의 기준을 초과한 경우 관리업체로 선정하며, 기업의 감축방법의 다양성 및 자율성을 제고하기 위해 업체 기준

표 9-4 온실가스·에너지 목표관리 운영 등에 관한 지침의 관리업체 선정기준

구 분	2011.12.31까지		2012.1.1부터		2014.1.1부터	
	업체 기준	사업장 기준	업체 기준	사업장 기준	업체 기준	사업장 기준
온실가스(Co_2 ton)	125,000	25,000	87,500	20,000	50,000	15,000
에너지소비(tera joules)	500	100	500	90	200	80

표 9-5 관장기관별 소관 관리업체 구분

구 분	업 종
농림수산식품부 (농 · 축산분야)	농업, 임업 및 어업, 제조업(식품)
산업통상자원부 (산업 · 발전분야)	광업, 제조업, 전기, 가스, 증기 및 공기조절 공급업, 방송통신 및 정보 서비스업
국토교통부 (수송 · 건물분야)	건설업, 도매 및 소매업, 운수업, 숙박 및 음식점업, 금융 및 보험업, 출판, 영상, 부동산업 및 임대업, 전문 · 과학 및 기술 서비스업, 교육 서비스업, 보건업 및 사회복지 서비스업, 예술 · 스포츠 및 여가관련 서비스업, 협회 및 단체, 수립 및 기타 개인 서비스업
환경부(폐기물 분야)	수도사업, 환경복원업

을 우선 적용한 후에 사업장 기준을 적용하도록 지정하였으며, 그 내용은 다음과 같다.

첫째, 업체 기준을 초과할 경우 업체 내 각 사업장의 기준 초과여부와 관계없이 모두 포함하여 하나의 관리업체로 지정 · 관리한다.

둘째, 업체 기준에는 초과하지 않으나 사업장 기준을 초과하는 사업장이 있을 경우 그 사업장을 각각의 관리업체로 관리한다.

셋째, 단일 사업장으로 구성된 업체는 사업장 기준 초과 시 하나의 관리업체로 관리한다.

에너지 목표관리제는 환경부가 총괄업체로 관리하고 있으며, '저탄소 녹색성장 기본법' 시행령 제26조 제3항의 관장기준 원칙하에 법인의 설립목적, 주력산업(온실가스 배출원) 등을 기준으로 관장기관을 세부적으로 구분하고 있다. 그리고 세부적인 조정은 총괄 · 관장기관간 협의를 거쳐 조정이 가능하도록 하고 있으며, 관장기관별 소관 관리업체를 관리하고 있다.

2) 관리업체 지정 절차

관리업체 지정을 위한 온실가스 배출량 및 에너지 소비량의 산정은 명세서를 기준으로 판단하나, 새로 지정되는 업체의 경우 기존 자료를 활용할 수 있으며, 필요시 기초자료 요청이 가능토록 규정하고 있다. 공공기관도 관리업체 지정기준 이상일 경우에는 관리업체에 포함하여 관리하도록 하고 있으나, 건물 등 기관운영과 관련된 부문의 배출량 등 통계는 공공기관 목표관리제(환경부)와 공유 · 관리하도록 하고 있다.

또한 중앙행정기관 및 지방자치단체는 관할 환경기초시설만 기준 초과 시 관리업체에 포함시키고, 건물 부문 등은 공공기관 목표관리에서 별도로 관리하도록 하고 있다.

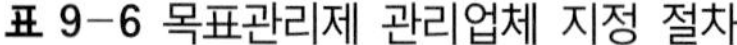

표 9-6 목표관리제 관리업체 지정 절차

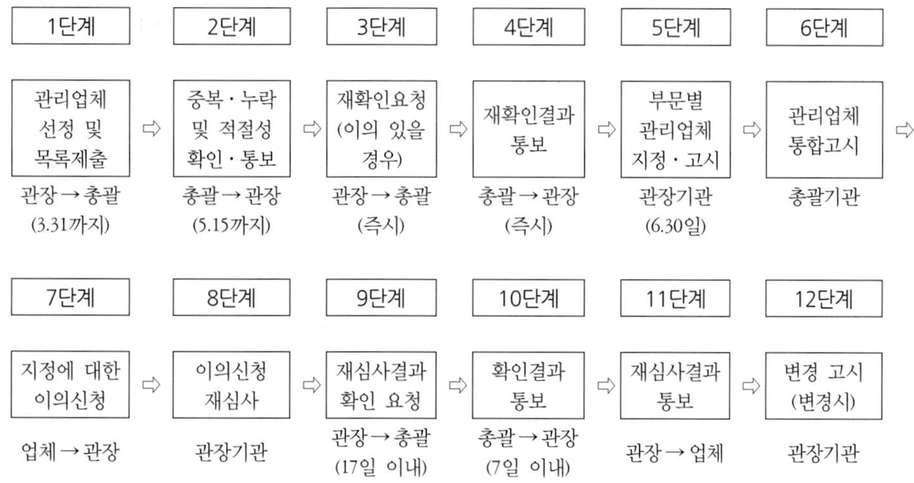

단계	내용	주체 (기한)
1단계	관리업체 선정 및 목록제출	관장→총괄 (3.31까지)
2단계	중복·누락 및 적절성 확인·통보	총괄→관장 (5.15까지)
3단계	재확인요청 (이의 있을 경우)	관장→총괄 (즉시)
4단계	재확인결과 통보	총괄→관장 (즉시)
5단계	부문별 관리업체 지정·고시	관장기관 (6.30일)
6단계	관리업체 통합고시	총괄기관
7단계	지정에 대한 이의신청	업체→관장
8단계	이의신청 재심사	관장기관
9단계	재심사결과 확인 요청	관장→총괄 (17일 이내)
10단계	확인결과 통보	총괄→관장 (7일 이내)
11단계	재심사결과 통보	관장→업체
12단계	변경 고시 (변경시)	관장기관

관리업체 지정 시 표 9-6과 같은 절차를 거쳐 관리업체를 선정하고 있다.

(2) 배출권 거래제

배출권 거래제란 기업에게 온실가스 배출권을 할당하고, 할당범위 내에서 배출행위를 허용하고, 여분 또는 부족분에 대해 타기업과 거래를 허용하는 제도이다. 각 기업체는 자신의 감축 여력에 따라 온실가스 감축 또는 배출권 매입 등을 자율적으로 결정하여 배출허용량을 준수해야 한다.

배출권 거래제도는 유럽연합(EU) 27개 국가를 비롯한 유럽 31개국, 호주, 뉴질랜드 등에서 의무적으로 시행하고 있다.

우리나라의 경우 배출권 거래제 도입이 본격적으로 추진되기 시작한 시점은 2010년 '저탄소 녹색성장 기본법'을 시행하면서이다. 물론 법률이 제정되기 이전 시점에도 우리나라의 기후변화대응책으로서 배출권 거래제 도입 논의가 활발하게 진행되었으나, 녹색성장 기본법 제정을 통하여 명문화된 배출권 거래제 도입 근거를 마련하고, 본격적인 법률제정 작업이 시작되었다고 볼 수 있다. 정부는 배출권 거래제 도입을 위한 운영요소별, 법률적 쟁점 등에 대한 연구용역을 실시하고, 관계부처간 협의, 경제단체 및 전문가 의견 청취과정을 거쳐 2010년 11월, 2013년부터 배출권 거래제를 도입하는 내용의 '온실가스 배출권 거래제도에 관한 법률안'에 대한 입법예고를 하였다.

법률안 입법예고로 배출권 거래제 도입을 위한 공식적인 법제정 절차가 개시되면서, 제도 도입을 둘러싼 찬반 논쟁이 공론화되었다. 특히 산업계를 중심으로 배출권 거래제

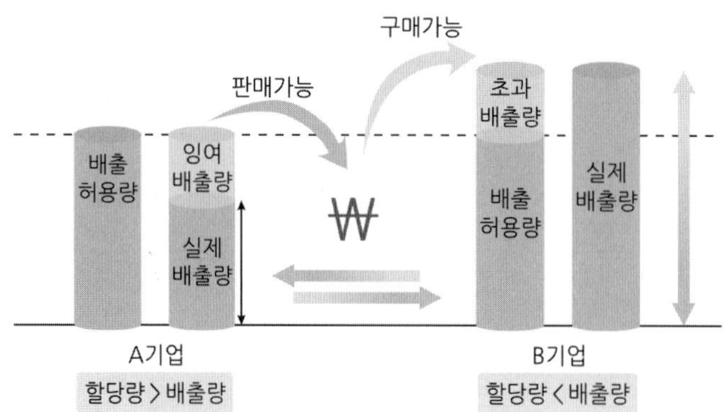

그림 9-2 배출권 거래제 개념도
출처 : www.plusnews.co.kr

도입에 반대하는 의견이 강하게 제기되었다.

주요 언론매체들을 통해서도 우리나라 산업의 경쟁력 저하를 우려하는 입장과 기후변화 대응 및 온실가스 감축의 당위성을 강조하는 입장이 동시다발적으로 제기되며, 찬반 논란은 더욱 가속화되었다. 시민단체들 역시 이유는 제각기 다르지만 현실적인 대안으로서 배출권 거래제를 옹호하는 입장과 더욱 강력한 규제가 필요하다는 입장 등으로 제도도입을 둘러싸고 적지 않은 온도차를 보여 주었다.

제10장 성장중심 교통물류정책

1 국내 물류환경

(1) 육상운송

2008년부터 2012년까지 최근 5년간 우리나라 국내 화물 수송실적 추이를 살펴보면 2008년 729억 톤에서 2012년 892억 톤으로 연평균 5.1% 증가한 것으로 조사되었다. 동 기간 항공을 제외한 철도와 해운의 수송분담률은 감소하였으며, 도로를 통한 수송 비중이 증가하여 전체 수송량의 80% 이상을 차지하고 있다.

도로 수송분담률은 계속적인 증가추세를 보이고 있다. 1970~1980년대에는 50~60% 정도였으나 1997년 이후부터 전체의 70% 이상을 유지한 뒤 2012년 82%를 차지하고 있다. 1980년대 철도 수송분담률은 20% 이상이었으나, 1995년 이후부터는 10% 미만을 차지하고 있다. 1990년대 수송분담률 20%대를 유지하던 해운의 경우 2000년 이후 분담률

표 10-1 국내화물 수송량 및 운송수단별 수송분담률 추이 [단위 : 화물(천 톤/년), 분담률(%)]

구 분	도로(공로*)	철 도	(연안)해운	항 공	계
2008	555,801(76.16)	46,805(6.41)	126,964(17.40)	254(0.03)	729,825(100.0)
2009	607,480(79.24)	38,897(5.07)	120,031(15.66)	268(0.04)	766,678(100.0)
2010	619,529(79.10)	39,217(5.01)	124,225(15.86)	261(0.03)	783,233(100.0)
2011	621,474(78.93)	40,011(5.08)	125,588(15.95)	281(0.04)	787,355(100.0)
2012	732,918(82.12)	40,308(4.52)	119,057(13.34)	265(0.03)	892,550(100.0)

주 : 1. ( )은 수송분담률임
2. 공로부문은 비영업용을 제외한 실적임

자료 : 국토해양부, 국토해양통계누리(stat.mltm.go.kr)

표 10-2 국내화물 수단별 수송실적 추이(톤-km 기준) (단위 : 백만 톤-km, %)

구 분	도 로			철 도	해 운	항 공	계
	영업용	비영업용	소계				
2007	38,078(26.39)	67,144(46.54)	105,222(72.93)	10,927(7.57)	27,998(19.41)	128(0.09)	144,275(100)
2008	36,708(25.72)	64,729(45.36)	101,437(71.09)	11,565(8.10)	29,590(20.74)	103(0.07)	142,695(100)
2009	35,859(26.82)	63,230(47.29)	99,089(74.10)	9,273(6.93)	25,249(18.88)	110(0.08)	133,721(100)
2010	37,204(27.43)	65,604(48.36)	102,808(75.79)	9,452(6.97)	23,281(17.16)	106(0.08)	135,647(100)
2011	37,808(26.66)	66,669(47.01)	104,477(73.68)	9,996(7.05)	27,220(19.20)	114(0.08)	141,807(100)

주: 1. ( )는 전체 대비 비중
2. 영업용/비영업용 도로수송실적이 별도로 분리되지 않아 전년도 비율을 적용하여 분할함

자료 : 국토해양부, 「항공통계」, 한국교통연구원 『전국 지역간 화물통행량 분석』 각년도 한국철도공사 「화물수송통계」

이 점차 낮아져 2012년 13.3%였다. 전체적으로 항공 수송분담률은 0.05% 수준으로 다른 운송수단에 비해 상당히 적은 비중을 차지하고 있다[1].

톤-km 기준 수송수단별 수송실적을 살펴보면 도로부문이 평균 70% 이상을 차지하고 있다. 해운, 철도, 항공 부문의 톤-km 기준 수송분담률이 톤 기준보다 큰 것은 모드의 특성상 해운, 철도, 항공 부문이 장거리 운송을 주로 담당하고 있기 때문이다.

도로 수송분담률이 월등히 높은 것은 도로가 타수송 수단에 비해 접근성 및 편리성에서 우위인 것으로 보인다. 이로 인해 물류사업자들도 상대적으로 비용이 적게 들고 운영이 손쉬운 육상운송을 선호하고 있는 것으로 생각된다. 그러나 이러한 도로중심의 수송구조는 전국 차원의 도로혼잡과 이로 인한 각종 내외적 비용을 발생시킨다.

화물자동차는 크게 영업용과 비영업용으로 구분되고, 비영업용은 다시 관용과 자가용으로 구분된다. 1995년 이후 화물자동차 등록대수는 연평균 4.53%씩 증가하고 있다. 2012년의 경우 전년 대비 0.54% 증가하였다. 최근 5년간 자동차 총 등록대수가 연평균 2.96% 가량 증가한데 비하여, 화물자동차의 등록대수 증가율은 0.65%로 낮은 편이다. 영업용이 연평균 1.11% 증가한데 비해, 비영업용인 관용이 1.57%, 자가용이 0.59% 증가하였다.

1) 공로부문의 비영업용 차량의 수송실적을 제외한 값임. 비영업용을 포함할 경우 도로부문의 수송실적은 2004~2008년 동안 95.21~96.2%로 절대적인 비중임 · 철도 1.0~1.29%, 연안해운 2.93~3.49%, 항공 0.01%임(국토해양부, 도로업무편람(2010))

표 10-3 자동차등록대수 추이 (단위 : 대, %)

구분 \ 업종	화물자동차					자동차 총 등록대수
	비영업용			영업용	총 계	
	관 용	자가용	소 계			
1995	20,472	1,646,664	1,667,136	149,446	1,816,582	8,468,901
2000	21,616	2,245,679	2,267,295	243,697	2,510,992	12,059,276
2005	24,480	2,755,991	2,780,471	321,700	3,102,171	15,396,715
2008	25,535	2,796,092	2,821,627	338,711	3,160,338	16,794,219
2009	25,970	2,789,797	2,824,767	341,745	3,166,512	17,325,210
2010	26,306	2,831,697	2,858,003	345,805	3,203,808	17,941,356
2011	26,680	2,848,544	2,875,224	351,197	3,226,421	18,437,373
2012	27,177	2,862,737	2,889,914	354,010	3,243,924	18,870,533
연평균증감률 (2008~2012)	1.57	0.59	0.60	1.11	0.65	2.96

자료 : 국토해양부, 국토해양통계누리(stat.mltm.go.kr)

표 10-4 영업용 화물차량(화물+특수) 등록대수 추이 (단위 : 대)

구 분	1999	2003	2004	2007	2008	2009	2010	2011	2012
소 계	236,863	349,504	357,276	373,647	378,603	381,977	387,200	395,032	400,479
증감률(%)	16.8	4.5	2.2	2.6	1.3	0.9	1.4	2.0	1.4
화물자동차	210,011	314,864	321,104	334,584	338,711	341,745	345,805	351,197	354,010
특수자동차	26,852	34,640	36,172	39,063	39,892	40,232	41,395	43,835	46,469

주: 면허제 → 등록제(1999.7) → 허가제(2004.4)
자료 : 국토해양부, 국토해양통계누리(stat.mltm.go.kr)

'저탄소 녹색성장'이 경제발전의 화두가 되면서 친환경·에너지저감형 운송에 대한 정책적 지원이 적극적으로 이루어지고 있으며, 이러한 수단에 대한 화주의 선호도 또한 높아지고 있어서 친환경수단으로의 전환요구 등의 흐름은 장기적으로 화물수송 패턴의 변화를 가져올 것으로 보인다.

(2) 물류산업

2012년 기준 국내에 등록된 물류사업체는 총 167,362사로, 2008년 이후 연평균 0.08% 정도로 증가하고 있다. 이 중 운송업체가 155,600개로 전년대비 1.91% 감소했고, 물류시설운영업이 1,160개로 6.2% 감소했으며, 물류서비스업이 10,602개로 4.96% 증가하였다. 화물운송업체수가 2008년 기준 93.23%, 2012년 92.97%로 절대적인 비중을 차지하고 있다.

표 10-5 물류산업별 추이

구 분		2008	2009	2011	2012	연평균증가율
업체수 (개)	전 체	166,805	165,746	169,974	167,362	0.08%
	화물운송업	155,518	154,563	158,636	155,600	0.01%
	물류시설운영업	1,346	1,296	1,237	1,160	▽3.65%
	물류서비스업	9,941	9,887	10,101	10,602	1.62%
종사자수 (명)	전 체	481,131	484,600	505,350	500,840	1.01%
	화물운송업	398,865	400,464	422,948	413,623	0.91%
	물류시설운영업	13,298	13,322	14,042	13,738	0.82%
	물류서비스업	68,968	70,814	68,360	73,479	1.60%
업체당 종사자수 (명)	전 체	2.88	2.92	2.97	2.99	0.92%
	화물운송업	2.56	2.59	2.67	2.66	0.90%
	물류시설운영업	9.88	10.28	11.35	11.84	4.64%
	물류서비스업	6.94	7.16	6.77	6.93	▽0.03%
매출액 (십억 원)	전 체	97,659	82,130	101,121	104,702	1.76%
	화물운송업	87,702	71,241	88,489	91,893	1.17%
	물류시설운영업	1,741	1,642	2,085	2,130	5.17%
	물류서비스업	8,215	9,248	10,546	10,679	6.78%
업체당 매출액 (백만 원)	전 체	585	496	595	626	1.67%
	화물운송업	564	461	558	591	1.16%
	물류시설운영업	1,294	1,267	1,686	1,836	9.15%
	물류서비스업	826	935	1,044	1,007	5.07%
부가가치 (십억 원)	전 체	29,245	22,925	29,340	28,925	▽0.027%
	화물운송업	23,366	17,079	22,452	21,978	▽1.52%
	물류시설운영업	1,098	991	1,213	1,283	3.97%
	물류서비스업	4,780	4,856	5,675	5,664	4.33%

주: 1. 화물운송업: 일반화물자동차운송업, 용달화물자동차운송업, 개별화물자동차운송업, 외항화물운송업, 내항화물운송업, 내륙수상화물운송업, 항만내운송업, 정기항공운송업, 부정기항공운송업, 파이프라인운송업
2. 물류시설운영업: 일반창고업, 냉장 및 냉동 창고업, 농·수산물 창고업, 위험물품보관업, 화물차전용터미널, 항구 및 기타해상터미널운영업
3. 물류서비스업: 항공 및 육상화물취급업, 수상화물취급업, 철도운송 지원서비스업, 도선업, 기타 수상운송 지원서비스업, 항공운송 지원서비스업, 육상운송주선업, 복합운송주선업, 기타운송관련서비스업

자료 : 통계청의 '운수업조사보고서(2008년)'를 물류정책기본법 시행령의 물류사업의 범위체계를 기준으로 정리

2012년 물류산업의 총매출액은 104.7조 원으로 연평균 1.76%씩 성장세를 보이고 있다. 전 물류산업의 업체당 매출액 또한 증가 추세이며, 화물운송업은 전체(6.26억 원)보다 적은 5.91억 원, 물류시설운영업이 18.36억 원, 물류서비스업이 10.07억 원 수준이다.

한편 우리나라 물류산업의 문제점으로 '자가물류 중심', '물류기업의 영세성', '글로벌 경쟁력 부족' 등이 지적되고 있다. 자가물류 위주의 시장구조는 수요변동에 대응하기 어렵고, 물류시장 형성을 원천적으로 불가능하게 하여 전문물류기업의 성장 저해요소로 작용한다. 전문물류기업은 여러 기업의 물류활동, 물동량을 모아 처리함으로써 규모의 경제 실현으로 원가를 절감하고, 축적된 노하우로 전문적인 서비스를 제공할 수 있다.

우리나라의 물류기업수는 16만 개를 넘고 있으나 평균 매출액 6.0억 원, 종업원 10명 미만인 영세기업이 전체의 97% 이상을 차지하고 있으며, 국내시장 위주의 사업으로 과당경쟁이 지속되고 있다. 소규모 개인사업자 위주의 영세 물류산업 구조로는 규모의 경제효과를 이루기 어렵고, 투자여력 부족으로 신기술 도입 등 운영 현대화가 미비하여 국제경쟁력을 갖추기 어렵다.

또한 한정된 규모의 국내시장 중심의 영업구조로 시장경쟁력이 높은 대형물류기업이 물량을 독점하여, 중소형 물류기업은 이들 하단에서 단순 실행기능을 전담하는 다단계 구조가 고착화되어 있다. 특히 화주 → 운송업체(물류회사, 주선업체) → 지입차주의 형태로 이어지는 화물운송시장의 다단계 구조는 심각한 문제로 지적되고 있다.

이러한 거래형태는 각 단계 주체간의 불공정거래와 분쟁발생 등으로 운송시장의 안정성을 약화시키고, 부가가치의 증대 없이 중간단계의 소요비용만 가중시키는 결과를 낳고 있으며, 화주가 지급한 운송비용의 일부만이 차주에게 지급되어 차주의 영세성 지속과 서비스 품질저하 요인이 되고 있다.

(3) 녹색물류

지구온난화 문제를 해결하기 위해 1997년 채택된 국가간 이행협약인 '교토기후협약서(교토의정서)'를 중심으로 전지구적 차원에서 온실가스 감축방안을 마련하고 있다. 교토의정서의 온실가스 감축 1차 의무 공약기간이 완료되는 2012년 이후의 새로운 온실가스 감축체제에 관한 논의가 국제적으로 이루어지고 있다.

우리나라는 개도국으로 분류되어 감축의무에서 면제되었으나, OECD 회원국으로 세계7위 수준의 온실가스 배출국(1인당 총배출량 9위)[2)]이다. 화석연료 의존도가 높고 에

---

2) 출처 : IEA/OECD, CO_2 Emission from Combustion, 2009(에너지 부문 CO_2 배출량임)
참고) 1위 미국, 2위 일본, 3위 독일, 4위 캐나다, 5위 영국

표 10-6 주요 국가의 온실가스 중기(2020) 감축목표

구 분	주요 내용
우리나라	• 2020년까지 온실가스 배출전망치(1억 2천만 톤)의 30%
미국	• 중기목표 제시전망 불명확, 장기계획 중심 • 2020년까지 2005년 대비 17% 감축을 담은 청정에너지·안보법안(Waxman-Markey (2009.6 하원통과) • 10년간 신재생에너지 산업 1,500억 달러 투자계획(2009.1)
일본	• 2020년까지 2005년 대비 15% 감축(2009.9.22 UN 정상회의) • 저탄소혁명전략 등을 담은 미래개척전략(J Recovery plan, 2009.4) • 저탄소 사회구축을 위해 「Cool Earth 50」 발표(2007.5)
EU	• 2020년까지 1990년 대비 20% 감축 • EU 기후변화 종합법(Directives) 발효(2009.4) • 자동차 온실가스 배출규제 도입(2009) • 배출권 거래제(EU-ETS) 도입 및 시행(2005)
캐나다	• 2020년까지 2006년 대비 20% 감축
영국	• 2020년까지 1990년 대비 34% 감축목표(2009.4 재무부) • 1990년 대비 36% 감축(저탄소전환계획 의회 제출, 2009.7, 기후변화에너지부) • 세계 최초로 기후변화 법안 도입, 감축목표 명시(2008.12)
중국	• 2020년까지 선진국의 40% 감축 전제없이는 중기감축목표 설정 불가
인도	• 특정 수준의 감축의무 강제 수용불가

자료 : 녹색성장위원회 홈페이지. '국가온실가스 중기(2020년) 감축목표 설정 추진계획', 2009.8.

너지 다소비 산업구조로, 1990년 이후 제조업 중심의 경제성장으로 온실가스 배출량이 급격히 증가하였으나, 감축을 위한 녹색산업이나 기술수준은 취약한 형편이다.

OECD 회원국의 감축의무국 편입, 다른 개도국과의 차별화되는 감축행동 등에 대한 요구가 높아지고 있어 이에 대한 적극적인 대응이 필요하다.

정부에서는 수송부문의 탄소배출저감을 위해 도로수송에서 에너지효율이 우수한 수단으로 전환, 저공해 차량 및 장비 도입 등을 지원하고 있다. 물류기업·화주기업·관련단체·학계 및 전문가와 정부가 공동으로 참여하여 환경친화적인 물류활동에 대한 유대관계를 지속하는 '녹색물류 파트너십'을 구축하고, '녹색물류 인증제도'(국토해양부, 2010년)를 도입하여 기업의 온실가스 저감 우수사례를 발굴하고 보급할 계획이다. 현재의 대량생산·소비지향, (폐자원)재사용·재활용 중심의 정책에서 제품 설계에서부터 라이프사이클 전단계를 고려하여 자원사용량을 줄이고, 재사용·재활용 용이성을 높이고, 관리하는 정책으로 전환하여 자원순환형 사회로의 전환을 유도하고 있다.

저탄소 녹색성장이 이슈로 등장하고, 국내외의 대응책이 발표되면서 환경문제를 비용요소로 인식하던 기업도 환경경영을 기업의 핵심전략으로 채택하는 등 적극적으로 대

처하고 있다. 일례로 기업 활동에 따른 CO_2 발생량을 측정하고, 장기적으로 전사적 단위의 탄소배출량 감축목표를 설정하여 관리하고 있다.

2 미래대응형 교통물류정책

(1) 물류기업 경쟁력 강화

가. 종합물류기업 인증제

종합물류기업이란 화물운송업 · 물류시설운영업 및 물류서비스업을 종합적으로 영위하면서, 화주기업 등으로부터 물류업무를 일정 기간 유상으로 위탁 대행하는 물류전문기업이다.

인증제도는 자가물류 중심의 물류구조와 영세물류기업 중심의 기능별 물류서비스를 경쟁력 있는 물류전문기업 중심의 종합물류서비스로 개편하기 위한 목적으로 도입되었다. '물류정책 기본법 제38조 ~ 제42조', '종합물류기업 인증 등에 관한 규칙(부령)', '종합물류기업 인증 요령(훈령)'에 따라 시행되고 있다.

종합물류기업이 도입된 것은 '동북아물류중심로드맵'(동북아시대위원회, 2003.8) 및 '국가물류체계개선대책'(2004.3)에서 인증제 도입방안 VIP 보고가 된 것이 계기로, '화물유통촉진법'(2005.1.27) 개정을 통해 인증제의 법적 근거가 마련되었다. 또한 건교부 · 산자부 · 해수부 공동부령으로 인증규칙(종합물류업자 인증 등에 관한 규칙)을 제정

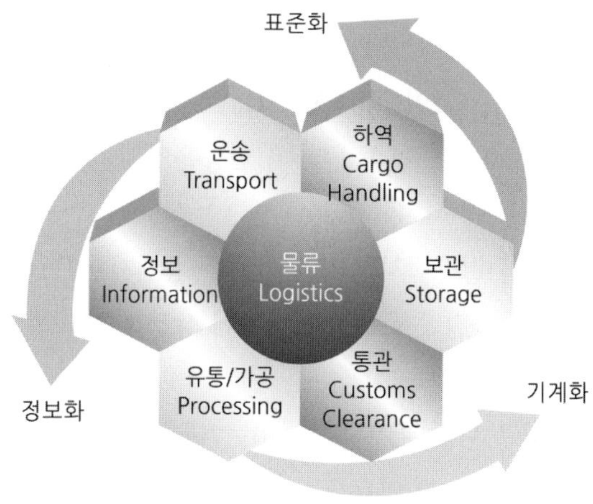

그림 10-1 종합물류기업

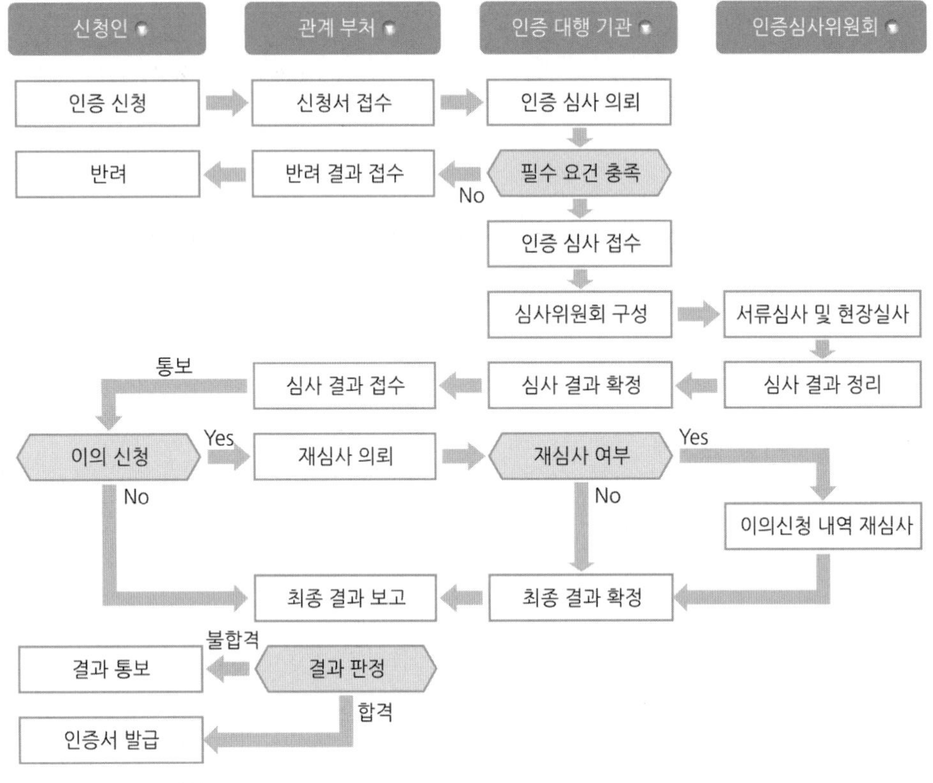

그림 10-2 인증 절차도

(2005.12.30)하였으며, 세부인증절차・기준(종합물류업자 인증요령)을 고시로 제정(2006.1.2)하였다.

전략적 제휴 지원센터(2005.12, 국제물류지원단), 인증센터(2006.1, KOTI)를 설치・가동하였으며, 전략적 제휴 불인정 및 3자물류 매출비중과 매출액 기준 증대 등 종합물류기업 인증 기준을 강화(2011.9) 하였다. 2006년 1월부터 인증제를 본격적으로 시행한 후 2012년 현재 총 26개 기업군이 인증을 획득하였다.

인증기관으로는 종합물류기업 인증센터(KOTI, 2006.1)가 있으며, 인증제 운영을 전담할 전문인증기관으로 지정되었다. 인증센터 및 인증운영위원회 운영을 위해 예산지원이 되고 있다.

인증심사로는 서류심사와 현장심사를 병행하여 인증심사단이 심사결과를 인증기관에 보고한 후, 인증기관에서 심사결과를 인증위원회에 상정하여 최종합격 여부를 결정하게 된다.

단독 기업형에 대한 인증신청 요건은 표 10-7과 같다.

인증평가 기준으로는 다양성, 기업규모, 발전가능성을 평가항목으로 설정하며, 자세

한 평가항목 및 평가지표는 표 10-8과 같다.

인증기업의 지원내용은 물류시설 우선입주, 자금지원, 첨단기술 및 제품 범위에 포함, 유통물류합리화 자금지원, 통관취급 허용, 세제지원 등이 있다.

물류시설 우선입주는 국가 또는 지자체가 공급하는 화물터미널, 유통단지, 산업단지 등 물류시설에 우선입주가 가능하며, 자금지원은 물류시설 및 시스템 구축, 첨단물류기술개발, 해외시장 구축 등 소요자금 융자 및 부지 확보를 지원한다.

첨단기술 및 제품 범위에 포함되는 것은 산업기술개발자금, 산업기반 자금 각종 자금 지원 시 우대, 세금감면 혜택 등이 있으며, 유통물류합리화 자금지원은 집・배송센터 등 하드웨어와 물류정보 시스템, 물류신기술 등 소프트웨어 확충을 추진하는 경우에 50

표 10-7 인증신청 요건

유 형	신청 요건
단 독 기업형	① 영위업종 : 3가지 대분류사업(화물운송업, 물류시설운영업, 물류서비스업) 모두 영위 ※ 대분류사업인정기준 : 해당 세분류사업 중 물류사업 총매출액의 3% 또는 30억 원 이상인 사업이 1개 이상 ② 제3자물류 매출비율 40% 이상 또는 제3자물류 매출액 4,000억 원 이상 ※ 제3자물류 : 자회사 등을 제외한 제3자로부터 1년 이상 위탁계약한 물류

표 10-8 인증평가 기준

유 형		신청 요건
다양성	네트워크	국내 지점수, 해외 지점수
	매출구조	영위업종수
	대상고객	고객수, 최대고객 매출비중
기업 규모	자본	자본금
	자산	운송수단, 시설, 기타 물류자산
	매출	물류(컨설팅)부문 매출액, 3자물류 매출액, 일괄위탁물류 매출액
발전 가능성	제3자 물류화	3자물류 매출비중, 3자물류 매출비중 증가율, 일괄위탁물류 매출비중, 일괄위탁물류 매출비중 증가율
	국제화	해외투자규모, 해외매출실적
	정보화	정보시스템자산보유액 매출액 대비 정보화(R&D 포함) 투자율 공용정보망 가입
	안정성	부채비율, 장기위탁계약 비중(2자물류 + 3자물류) 매출액 대비 이익률
	인력확보	전문인력 보유수준, 교육시스템
	품질경영	물류(컨설팅)부문 관련인증 취득여부, 관련인증 보유기간

그림 10-3 인증마크

억 원 이내에 자금융자를 지원한다.

관세사법상 통관취급법인 등록대상에 통관취급을 허용하며, 물류 솔류션 도입 시 생산성 향상 임시투자세액공제, 전년대비 증가하는 제3자 물류비의 3%에 대해 법인세액을 공제하는 세제지원을 하게 된다.

나. 글로벌물류기업 선정 · 육성

글로벌물류기업 선정 · 육성은 국내 물류기업의 해외시장 진출 촉진과 DHL과 같은 글로벌 Top10 물류기업 육성을 목적으로 시행되고 있다.

<글로벌물류기업 육성대상 선정 기준(규정 제6조)>

1. **종합물류기업 인증**을 받은 물류기업일 것
2. **해외매출이 총 매출의 10% 이상**(2개 대륙 2개국 이상에서 발생한 매출)
3. **해외진출 사업계획 평가에서 우수등급** 이상을 획득할 것

※ 해외진출 사업계획은 해외시장 진출의지와 글로벌 성장 잠재력을 판단하기 위해 사업모델의 우수성 등 총 14개 항목에 걸쳐 평가(등급은 90점 이상 '최우수', 90~80점 '우수', 80~70점 '보통', 70~60점 '미흡', 60점 미만 '매우 미흡')

육성대상기업에 대한 지원은 금융지원 해외물류전문인력 양성지원이 있다. 금융지원의 경우 해외거점 · 네트워크 확충 등을 위한 투자자금에 대해 수출입은행 대출금리를 최대 0.5%P 우대(2011.12월 수출입은행 협의 완료)하며, 해외물류 전문인력 양성지원의 경우 해외 인턴 파견, 현지 채용인력 국내교육 비용지원이 있다.

향후 해외진출사업 타당성조사, 진출국가 맞춤형 컨설팅, 서비스종합보험요율 인하, 별도의 정책자금 조성 등 지원방안을 지속적으로 확대 추진할 예정이다.

육성대상기업 선정절차는 총 4단계로 구분된다. 1단계는 제출서류검토, 심사단이 구성되며, 2단계는 서류심사, 현장실사, 인터뷰를 하게 된다. 3단계에서는 심사결과 2차 검증, 심사보고서 작성을 하게 되고, 4단계에서는 최종심의 · 승인을 하게 된다. 각 단계

별로 자세한 내용은 표 10－9와 같다.

다. 제3자물류 컨설팅

제조・유통업 등의 제3자물류 활용을 높여 물류체계 효율화를 통한 기업의 경쟁력을 강화하는 한편, 물류시장 규모 확대로 물류산업을 활성화하기 위해 제3자물류 컨설팅 지원을 추진한다.

이를 통해 물류기업 수요증대와 서비스・경쟁력 향상, 제3자물류 활용 증가로 이어지는 물류시장의 선순환 구조를 형성하게 된다.

제3자물류 컨설팅 지원사업은 물류정책기본법 제37조에 근거하여 시행되고 있다. 화주기업의 제3자물류 컨설팅 비용을 지원하여 제3자물류로의 전환을 유도하기 위한 목적으로 시행되고 있다.

한국무역협회에서 사업을 위탁받아 시행하고 있으며, 물류컨설팅 수행 업체 선정, 수혜 화주기업 선정, 화주기업－컨설팅 업체－제3자물류 업체를 매칭하는 역할을 한다.

표 10－9 육성대상기업 선정절차

유 형	내 용	담당조직
1단계	제출서류 검토, 심사단 구성	인증센터(교통연)
2단계	서류심사, 현장실사, 인터뷰	심사단, 인증센터
3단계	심사결과 2차검증, 심사보고서 작성	심사단, 인증센터
4단계	최종 심의・승인	위원회 심의(국토부)

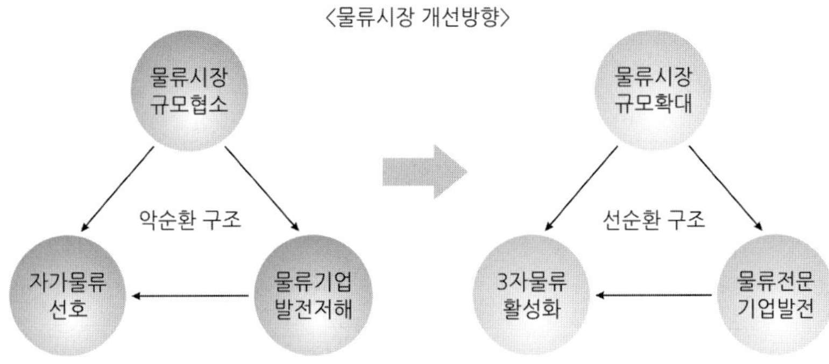

그림 10－4 물류시장 개선방향

(2) 녹색물류 확산

가. 물류에너지 목표관리제

정부는 2020년까지 국가 온실가스 감축목표(배출 전망치 대비 30%)를 달성하기 위해 '저탄소 녹색성장기본법' 제42조에 따라 에너지 목표관리제를 시행하고 있다. 에너지 목표관리제는 기업의 자발적인 참여를 통해 온실가스를 감축하는 자발적 방식과 일정 규모 이상의 온실가스를 배출하는 기업을 대상으로 의무적으로 감축시키는 강제적 방식이 있다.

먼저 자발적 물류에너지 목표관리제의 경우 2010년부터 화물자동차가 100대 이상인 화물운송업체(385개)와 대형 화주(연 3천만 톤－km)를 대상으로 자발적 협약에 의한 물류에너지 목표관리제를 시행하였다.

물류에너지 목표관리제는 관리범위 설정, 에너지 등 산정, 감축목표 설정, 전환사업 실시, 실적 및 효과분석이 있으며, 주요 내용은 표 10－11과 같다.

강제 협약에 의한 물류에너지 목표관리제는 2014년부터 시행되었으며, 목표관리제에 따른 관리업체 지정기준은 표 10－12와 같다. 지정업체는 정부와 협의하여 목표를 설정·관리하고, 연간 실적과 에너지 사용량 명세서를 정부에 보고해야 한다. 목표 준수실적이 미흡한 관리업체에 대해 개선명령(불이행 시 과태료 부과), 개선명령 이행결과에 대해 외부기관의 검증을 받아 보고 및 공개하고 있다.

표 10－10 에너지 목표관리제 시행 방식

	자발적 협약 (VA, Voluntary Agreements)	정부 강제 협약 (NA, Negotiated Agreements)
목표 설정 및 이행	기업의 자발적 참여	정부에서 대상기업 지정
패널티 부여	미부과	개선명령 후 부과(과태료)

표 10－11 자발적 물류에너지 목표관리제 주요 내용

구 분	실시방안
관리범위 설정	기업 물류경영활동의 전 과정에 걸쳐 녹색물류경영 범위를 설정
에너지 등 산정	범위 내 물류에너지 사용량, 온실가스 배출량, 화물수송량 수정, 이해관계자간 자료 제공 및 교환
감축목표 설정	물류 온실가스, 에너지 감축 또는 효율화 목표를 정부와 협의 설정
전환사업 실시	목표를 달성하기 위한 녹색물류 기술과 산업에 대한 투자 및 고용 확대
실적 및 효과분석	녹색물류 전환실적 및 온실가스 감축효과 분석, 정부 보고 및 검증

표 10-12 에너지 목표관리제 관리업체 지정기준

구 분	~2011.12.31	2012.1.1~	2014.1.1~
에너지 소비량(TJ)	500	350	200
온실가스 배출량(kilotonnes CO_2-eq)	125	87.5	50
화물차(허가대수)	5,400	3,800	2,200

나. 녹색물류기업 인증제

물류부문 에너지 절약, 온실가스 감축 등을 추진하기 위한 녹색물류 전환사업에 기업의 적극적인 참여가 필요하지만, 우리나라 물류기업의 경우 대부분 녹색물류경영 능력이 부족하고, 대형 화주는 2자물류에 위탁하며, 물류기업은 차량과 운전자를 직접 관리하지 않아 기본적으로 업체단위의 에너지 측정도 곤란한 실정이다.

따라서 녹색물류기업 인증제는 기업의 자발적이고 적극적인 참여를 유도하기 위한 효과적인 수단이 되고 있다.

녹색물류기업 인증은 협약이나 법률에 따라 물류에너지, 온실가스 저감 또는 효율화 사업을 실시하여 우수한 실적과 효과를 낸 물류기업과 화주기업을 대상으로 녹색물류기업으로 인증을 부여하고 있다.

녹색물류기업 인증업체 지원으로는 업체의 차량 등에 인증마크 부착 및 홍보 권한을 부여하며, 인증 효과로는 기업 이미지 및 브랜드가치 제고, 녹색물류산업 및 기술에 대한 사업 기회가 창출되며, 환경규제 강화 및 에너지 가격 상승 등 기업물류환경 변화 대응력 강화, 녹색시장 선점 및 경쟁우위 확보가 된다.

(3) 물류표준화

물류표준화의 목표는 일관수송 중심의 물류 표준체계를 확립함에 있다. 우리나라 물류표준화 현주소를 파악하여 이를 기반으로 미래의 물류미래상을 구상하며, 물류표준화를 통한 선진국 수준(8%)으로 물류비를 획기적으로 절감함에 있다. 또한 국제물류 표준화 협력 및 동북아를 선도하여 국제물류 표준활동(ISO 등)에 적극적인 참여를 통한 국제표준화에 대응해 한·중·일 동북아 물류협의체 운영 선도에 목표가 있다.

물류표준화의 사업내용은 다음과 같다. 첫째, 물류표준화 선진국 진입을 위해 국가물류 전반에 대한 표준화를 추진하고, 국가물류비 절감을 통한 국가경쟁력 강화, 둘째, 종합적이고 체계적인 물류표준화 추진을 통한 국가물류비 절감과 선진국과의 물류표준화

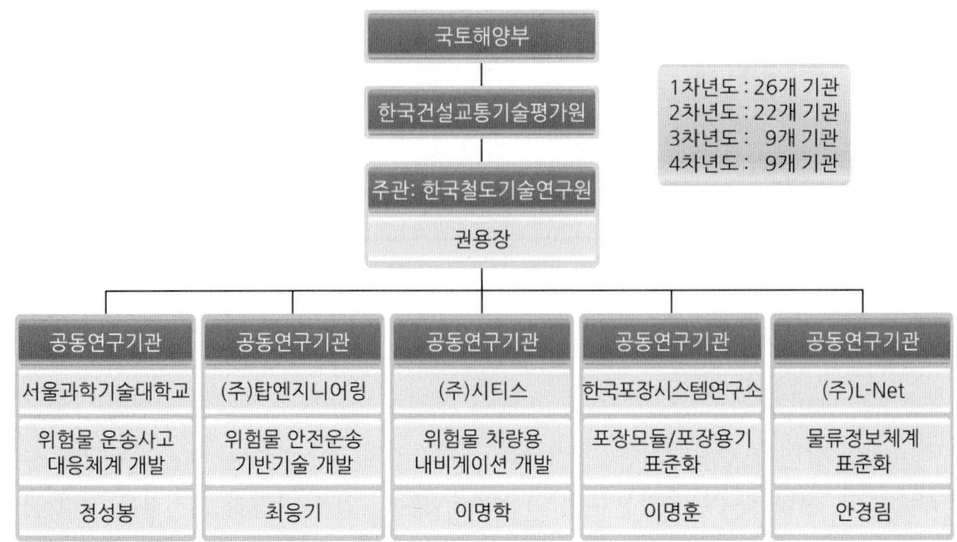

그림 10-5 물류표준화 추진체계

부문에서 경쟁우위 확보, 셋째, 개발된 물류표준화 기반기술의 국제표준화 추진 및 해외 시장 진출을 통해 국제 물류표준화 선도가 주 사업 내용이다.

국가물류 표준 종합시스템 개발을 통하여 다음과 같은 이점이 있다. 첫째, 일관수송시스템 구축을 통한 물류비용 절감이 가능하다. 포장, 수송, 보관, 운반・하역 등 물류 단위활동과 단위활동간 인터페이스 표준화를 통한 물류 효율성 증대 및 물류비용을 절감할 수 있다.

둘째, IT기술을 활용한 물류정보 표준체계를 구축할 수 있다. 물리적인 물류활동에 수반되는 물류정보의 일관화를 위한 데이터 연계 표준화 및 물류보안 표준 프로세스 구축을 통한 국제 물류표준화를 선도할 수 있다.

셋째, 물류표준화 기반을 조성함으로써 국제물류 표준화 활동에 적극적으로 대응하고, 친환경 물류인프라 설계 등을 통한 국가경쟁력 강화가 가능하다. 물류표준화 추진체계는 그림 10-5와 같다.

그림 10-6 국가물류 표준 종합시스템 개발

(4) 화물운송실적관리 시스템 운영

가. 화물자동차 운수사업 구조

우리나라의 '화물자동차 운수사업법'을 통해 명시되어 있는 화물자동차 운수사업은 크게 화물자동차 운송사업, 화물자동차 운송주선사업, 화물자동차 운송가맹사업으로 구분된다.

화물자동차 운송사업은 다른 사람의 요구에 응하여 화물자동차를 사용하여 화물을 유상으로 운송하는 사업을 의미하며, 다음과 같이 3개의 업종으로 구분하고 있다.

① 일반화물자동차 운송사업 : 5톤 이상의 화물자동차 1대 이상을 사용하여 화물을 운송하는 사업

② 개별화물자동차 운송사업 : 1톤 초과 5톤 미만의 화물자동차 1대를 사용하여 화물을 운송하는 사업

③ 용달화물자동차 운송사업 : 1톤 이하의 소형화물자동차를 사용하여 화물을 운송하는 사업

화물자동차 운송주선사업은 다른 사람의 요구에 응하여 유상으로 화물운송계약을 중개·대리하거나, 화물자동차 운송사업 또는 화물자동차 운송가맹사업을 경영하는 자의 화물운송수단을 이용하여 자기명의와 계산으로 화물을 운송하는 사업을 의미한다. 허가기준상의 차이를 두어 일반화물주선과 이사화물주선으로 구분한다.

화물자동차 운송가맹사업은 다른 사람의 요구에 응하여 자기의 화물자동차를 사용하여 유상으로 화물을 운송하거나, 소속 화물자동차 운송가맹점에 의뢰하여 화물을 운송하는 사업을 의미한다.

우리나라 화물운송시장의 가장 큰 특징은 개별차주 또는 지입차주(화물자동차의 실제 소유주는 차주이나 운송업체 명의로 등록하는 운영하는 형태) 중심으로 영업이 이루어진다는 것이다.

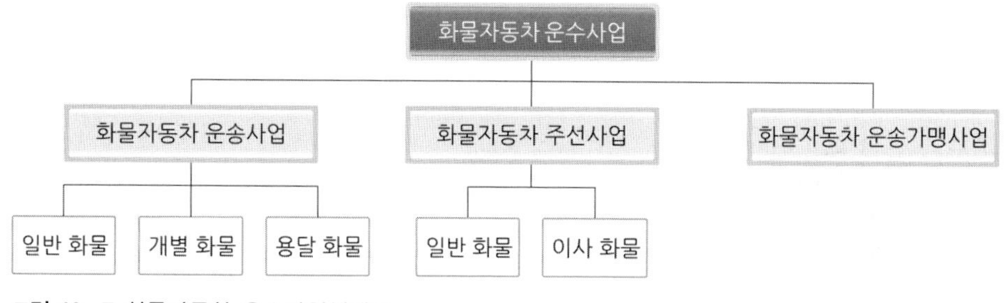

그림 10-7 화물자동차 운수사업체계도

표 10-13 화물자동차 운송사업 세부업종별 자동차등록대수 추이

구 분	계		일반화물		개별화물		용달화물	
	대	비중(%)	대	비중(%)	대	비중(%)	대	비중(%)
2000	227,575	100.0	152,061	66.8	36,782	16.2	38,732	17.0
2001	269,862	100.0	167,082	61.9	47,313	17.5	55,467	20.6
2002	290,068	100.0	173,045	59.7	54,394	18.8	62,629	21.6
2003	365,554	100.0	211,010	57.7	67,303	18.4	87,241	23.9
2004	351,755	100.0	201,073	57.2	65,148	18.5	85,534	24.3
2005	351,856	100.0	198,711	56.5	67,812	19.3	85,333	24.3
2006	348,286	100.0	198,930	57.1	65,871	18.9	83,485	24.0
2007	358,854	100.0	209,425	58.4	67,064	18.7	82,365	23.0
2008	321,166	100.0	170,798	53.2	67,283	20.9	83,085	25.9
2009	338,268	100.0	189,107	58.9	66,835	20.8	82,326	25.9
2010	327,585	100.0	179,212	54.7	65,416	20.0	82,957	25.3
2011	327,585	100.0	179,212	54.7	65,416	20.0	82,957	25.3
2012	332,167	100.0	176,272	53.0	68,302	20.6	87,593	26.4
2013	330,624	100.0	177,278	53.6	68,294	20.7	85,052	25.7

자료 : 국토교통부, '국토해양통계연보', 각년도.

개별화물자동차 운송사업자 및 용달화물자동차 운송사업자는 전적으로 1대의 차량만을 보유하여 영업하는 개별차주로서, 이들 사업자의 보유차량은 대략 15만 대이며, 전체 영업용화물자동차 등록대수 36만 대(2013년 기준) 중 약 46%를 차지하고 있다. 그리고 2004년 이전 5대 이상의 차량을 보유해야만 사업자등록이 가능하였던 일반화물자동차 운송사업자들도 보유대수기준이 다소 완화되었다. 하지만 일정 대수 이상의 차량을 보

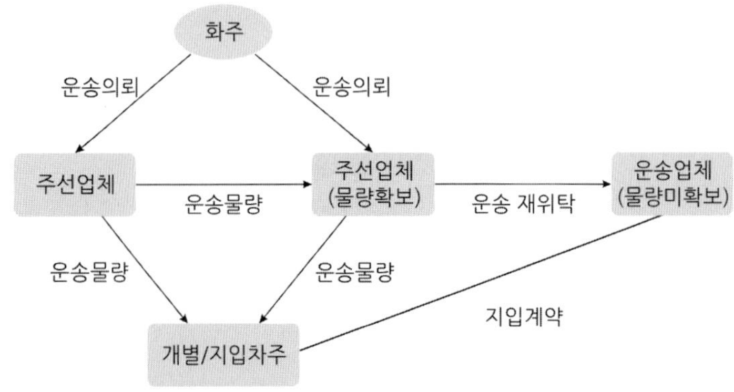

그림 10-8 화물자동차 운송시장의 운송거래 구조

유한 운송사업자의 경우, 대부분 소유차량을 실소유자의 지입(지입차주)에 의해 확보하고 있는 상태로 실질적인 운송업무가 지입차주 단위로 이루어지고 있는 상황이다.

화물자동차의 지입형태는 일반화물 차량(5톤 이상)이 많은 편이며, 개별(1～5톤) 및 용달화물(1톤 이하)의 경우는 지입비율이 낮은 편이다.

나. 화물운송시장의 운송거래 구조

일반적으로 화물운송거래 형태는 화주(운송할 화물이 있는 사람)가 주선업체 또는 운송업체를 통해 화물운송을 의뢰하고, 이를 개별 또는 지입차주를 활용하여 운송하게 된다. 이때 운송업체의 경우 기본적으로 자사차량을 사용하여 운송을 하게 되나, 보유차량만으로 운송물량을 처리하기 어려운 경우에는 다른 운송사에 부분적인 위탁운송을 의뢰하거나, 개별 또는 지입차량을 통해 운송차량을 확보하게 된다. 화물운송차량을 충분히 보유하지 못한 운송업체와 개별 및 지입차주로 이원화되어 있는 화물운송시장의 구조가 다단계 거래구조를 형성하는 요인으로 작용하게 된다.

그로 인해 화주로부터 운송의뢰 이후 개별 및 지입차주에 의해 실제 운송이 이루어지기까지 주선업체, 운송업체를 혼용하여 이용할 수밖에 없는 구조이며, 화물운송이 이루어지기까지 다수의 거래 단계가 발생한다.

다. 정부 화물운송 정책

화물자동차 운송사업 운송거래의 일반적인 유형은 화주로부터 화물운송을 의뢰받은 화물운송사업자가 일정 부분을 자사차량으로 직접 운송하고, 자사차량으로 운송물량의 처리가 어려운 경우 다른 운송사에 화물운송을 위탁하는 형태로 이루어진다.

화물운송 주선사업의 운송거래는 화주로부터 운송의뢰를 받은 주선사업자는 직접적인 운송기능이 없기 때문에 다른 화물운송사업자를 통해 운송거래를 다시 의뢰하게 되는데, 이때 주선사업자는 운송사업자에게 운송의뢰를 직접하거나, 다른 주선사업자를 거쳐 의뢰하기도 한다.

화물운송 가맹사업자는 주선사업자와 운송사업자를 회원사로 가입시켜 화물운송거래를 할 수 있도록 화물운송정보를 제공한다. 이때 가맹사업자에게 회원사로 가입한 운송 및 주선사업자간 운송거래는 직접거래가 아닌 가맹망을 통해 거래를 진행하게 된다.

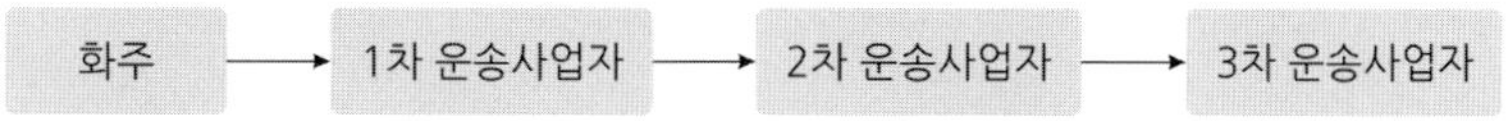

화주 → 1차 운송사업자 → 2차 운송사업자 → 3차 운송사업자

그림 10-9 화물자동차 운송사업자의 운송거래 흐름

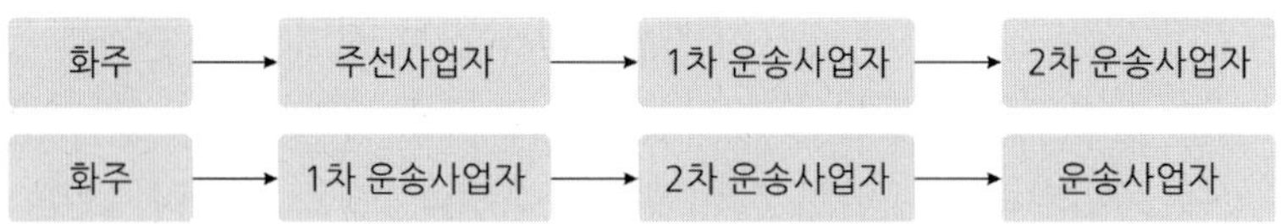

그림 10-10 화물자동차 운송주선사업자의 운송거래 흐름

화물운송을 의뢰한 화주로부터 화물의 최종 목적지로 운송하기까지 화물운송거래가 다수로 발생하면, 운송거래 시마다 수수료가 발생하게 되어 결과적으로 실제 운송비용을 하락시키는 원인으로 작용하게 된다.

실제 운송비용의 하락은 운송거래 단계별로 실제 운송을 수행하는 화물자동차 운송사업자의 수익을 떨어뜨려 수익구조를 악화시키는 문제를 야기한다.

화물운송 분야에 있어 운송행위에 따른 수익구조의 악화는 실제 화물자동차를 운전하는 운전자의 수입에도 직접적인 악영향을 미치게 되며, 화물자동차 운전자에게 수익구조 악화에 따른 운송수입을 늘리기 위해 무리한 운행을 유발하는 원인으로 작용한다. 결과적으로 화물자동차의 교통안전성을 악화시키게 되는 악순환이 반복된다.

이러한 다단계 운송거래 구조로 인해 발생하는 문제 개선 등 화물운송시장을 선진화하는 방안들이 2011년 '화물자동차 운수사업법' 개정을 통해 제도로 마련되었다. 주된 제도로는 직접운송의무제, 최소운송 기준제, 위탁화물관리책임제, 화물운송실적신고제 등과 같은 제도들이 도입되었다.

직접운송의무제는 화물의 일괄위탁에 따른 다단계운송거래를 방지하기 위해 화물자동차 운송사업자로 하여금 수탁화물의 일정비율 이상을 자기차량으로 직접 운송하도록 의무화한 제도이다. 운송사업자의 직접운송의무비율은 '화물자동차 운수사업법' 제11조의 2 그리고 시행규칙 제21조의 3에 따라 운송사업자의 경우는 연간 총 계약금액의 50% 이상, 운송과 주선을 겸업하는 운수사업자의 경우는 연간 총 계약금액의 30% 이상을 직접 운송해야 한다.

최소운송 기준제는 화물운송사업자로 하여금 최소한의 운송 기능을 수행하도록 유도하는 제도로써, '화물자동차 운수사업법' 제47조의 2 제②항 및 동법 시행규칙 제44조의 2 제②항에 따라 운송사업자는 연간 화물운송시장의 평균 운송매출액에 대비하여

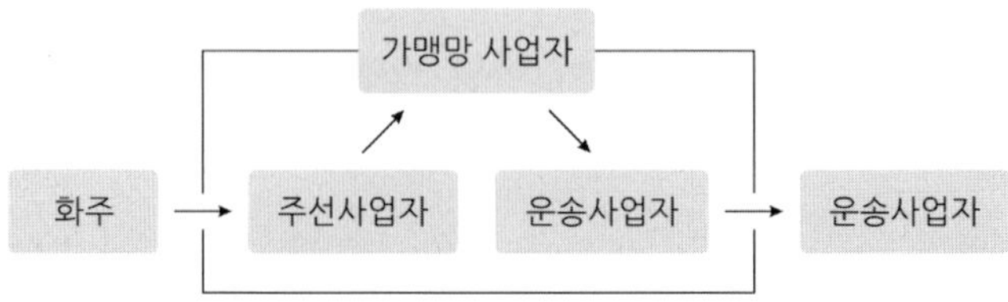

그림 10-11 화물자동차 운송가맹사업자의 운송거래 흐름

연차별로 다음과 같은 일정기준 이상을 운송해야 한다.

① 2014년까지는 연간 시장평균 운송매출액의 100분의 10 이상
② 2015년에는 연간 시장평균 운송매출액의 100분의 15 이상
③ 2016년부터는 연간 시장평균 운송매출액의 100분의 20 이상으로 적용

위탁화물관리책임제는 운송사업자 또는 주선사업자가 다른 운송사업자에게 화물운송을 위탁하는 경우 다른 운송사업자의 차량 보유현황 등 운송능력을 확인하도록 의무화한 제도이다. 이때 다른 운송사업자에게 화물운송을 위탁하는 운수사업자는 직접운송을 위한 화물자동차 보유여부, 화물자동차 운전자의 채용여부, 최근 6개월 이내에 운송실적 등을 통해 직접운송능력을 확인하고, 운송을 의뢰한 물량에 대한 직접운송 여부까지 확인하도록 하고 있다. 운송을 의뢰받은 운송사업자는 위탁화물에 대한 출발, 도착 관련 정보 및 화물수령자의 수령확인 등 직접운송 내용에 대한 자료를 운송완료일로부터 10일 이내에 화물운송을 의뢰한 운수사업자에게 송부하도록 하고 있다.

화물운송실적신고제는 화물운수사업자의 운송이나 주선실적을 신고받아 직접운송의무제, 최소운송 기준제, 위탁화물관리책임제 등의 화물운송 관련 제도별 의무사항에 대한 준수여부를 확인 및 판단할 수 있도록 신고의무를 부과하는 제도이다. '화물자동차 운수사업법' 제47조의 2 제①항에 의한 화물운수사업자의 법적 의무사항으로 적용된다.

라. 화물운송 정보관리

화물운송실적신고제를 통해 화물운수사업자들은 영업행위로 발생하는 운송 또는 주선실적을 신고하도록 하고 있는데, 화물운수사업자의 화물운송실적 신고를 받아들이기 위해 정부는 '화물자동차 운수사업법' 제47조의 2 제③항에 근거하여 2013년부터 화물운송실적관리시스템(Fright Performance Information System)을 구축하여 운영 중이다.

화물운송실적관리시스템은 모든 화물운수사업자의 화물운송실적을 신고받아 관리하는 역할을 수행한다. 기본적으로 화물운수사업자별로 신고한 운송정보를 기반으로 직접운송의무제, 최소운송기준제, 위탁화물관리책임제 등의 제도별 준수 여부를 확인할 수 있게 된다. 이러한 화물운송제도의 시행 및 화물운송실적관리시스템 운영을 통해 국내 화물자동차로 운송되는 화물정보에 대한 수집 및 관리를 위한 제도와 인프라가 구축됨에 따라 향후 육상물동량 정보에 대한 체계적인 관리가 가능해지고, 화물운송시장의 선진화를 위한 화물운송정책의 추진력을 강화할 수 있을 것이다.

화물운송정보를 체계적으로 관리함으로써 예상되는 효과는 다음과 같다.

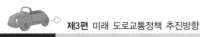

① 운송사업자의 수입증대에 기여 :
화물운송거래의 다단계 구조로 인해 발생하는 수수료 때문에 운송료의 손실이 발생하고 있다. 다단계 운송거래구조의 개선을 통해 운송사업자의 수입증대에 기여할 수 있다.

② 화물운송시장의 수급불균형 해소에 기여 :
화물운송사업자의 수급불균형 문제는 화물운송물량에 대한 정보를 적시에 필요로 하는 운송사업자에게 제공하지 못하는 데서 그 원인을 찾을 수 있다. 즉, 화물운송물량에 대한 정보의 독점을 방지하고, 보다 많은 운송사업자들이 화물운송물량에 대한 정보를 접할 수 있도록 제공함으로써 수급불균형 문제를 완화하는 데 기여할 수 있을 것이다. 이를 위해서는 화물운송실적관리시스템을 통해 관리되는 정보 이외에 우수화물인증망제도와 같이 화물운송물량을 제공하고, 운송거래를 투명하게 유도할 수 있는 제도를 강화해 나가는 것이 필요할 것이다.

③ 표면화되지 않은 화물운송시장의 문제점 파악에 기여 :
화물운송정보에 대한 관리를 통해 현재 나타난 문제점 이외에 표면화되지 않은 문제점들에 대해서도 지속적으로 파악해 나갈 수 있을 것이다. 문제점들에 대한 개선을 위해 실효성 있는 화물운송정책을 개발하는데도 효과적으로 활용할 수 있을 것이다. 이를 통해 궁극적으로는 국가의 물류경쟁력을 강화하는 데 기여할 수 있을 것이다.

그림 10-12 화물운송실적관리시스템 구성도

PART

04 미래 철도교통정책 추진방향

CONTENTS

제11장 철도교통정책 추진방향

1 선진국 철도교통정책 동향

(1) 유럽연합

EU는 유럽 2020 전략의 핵심인 스마트, 지속가능, 사회통합 성장을 위해 철도중심의 범유럽 교통망(TEN-T) 계획을 추진하고 있다. 총 30개의 프로젝트 중 22개가 철도 관련 프로젝트이며, 이 중 14개 노선은 일부 또는 전체를 고속철도 수준으로 계획하고 있다.

14개 노선의 사업비는 2,690억 유로(1996~2020년)로 추정하고 있으며, 고속철도망은 2,300 km(1995년) → 22,140 km(2020년) → 30,750 km(2030년)로 확대할 예정이다.

경기부양, 녹색일자리 창출, 지속가능한 교통을 위해 정부주도의 철도투자 정책으로, 유럽고속철도망 확대, 화물수송을 위한 용량부족 구간 개선, 노후화된 기존 철도 인프라 유지보수 및 철도 서비스 개선 등을 추진하고 있어 철도운영의 효율성 제고가 기대된다.

여객 및 화물수송에 있어서 고객에게 최상의 이동성을 제공하는 고객 중심의 정책 추진으로, 여객의 경우 단절 없는 대중교통을 공급하기 위해 타교통수단과의 통합을 추진하고 있다.

화물의 경우 고속의 전용선 건설 및 스마트 제어, Marco Polo II 프로그램과 같은 철도

표 11-1 범유럽 교통망 투자 계획(2007~2013년)

구 분	철 도			도 로	기 타	합 계
	고속철도	일반철도	소 계			
투자액(억 유로)	624.2	533.4	1,157.6	145.7	202.7	1506.0
비율(%)	41.5	35.4	76.97	9.7	13.4	100.0

자료 : 유럽연합

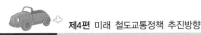

화물수송 활성화 정책을 통해 철도와 항만간의 연계성 개선 등 화물수송의 지속 가능성을 위해 통합물류(Green Corridor) 시스템을 구축할 예정이다.

유럽의 경우 철도 역할 증대에 따라 다양한 기술 요구사항이 발생할 것으로 예상됨에 따라 차량 경량화, 구조물 자재 관련 성능표준 정의, 차량구조와 구성품 관련 기술개발을 추진하고, 통합운영을 위한 기술적 장애요소 제거 및 유럽 통합철도망 구축을 위해 차상 데이터 통신망을 개발 중이다.

또한 통합 원격 모니터링, 첨단 검사장비의 활용 등 혁신적인 저노동 기술의 개발을 통해 유지보수 기술의 경쟁력을 강화하고 있다.

(2) 프랑스

프랑스 '국가교통시설계획(SNIT, 2011.1)'에서는 교통시스템의 최적화, 성능향상, 에너지 절감, 탄소배출 저감 등을 목표로 도로와 항공 투자는 최소화하고, 철도 및 대중교통에 대한 투자를 확대하는 정책을 시행 중이다(철도 62%, 대중교통 18%).

2020년까지 2,000 km의 고속철도망 건설을 목표로 1시간 이내에 고속철도망 접근 가능 인구를 2009년 53%에서 2020년 77% 수준으로 높이고, 2020년 이후 85% 수준으로 높일 계획이다.

최근 '철도여객운송시장 경쟁도입 방안' 정부보고서를 중심으로 2014년 이후 철도여객운송시장 경쟁도입을 목표로 제도개선을 검토하고 있다.

경쟁도입의 목적은 생산성 및 서비스 개선, 철도교통의 역할 확대 및 세계화 경쟁 준비 등을 위해 경쟁도입의 조건으로 선로배분제도의 명확성 확립과 철도차량 임대 등의 매몰비용 관련 문제들이 핵심 추진 사항이다.

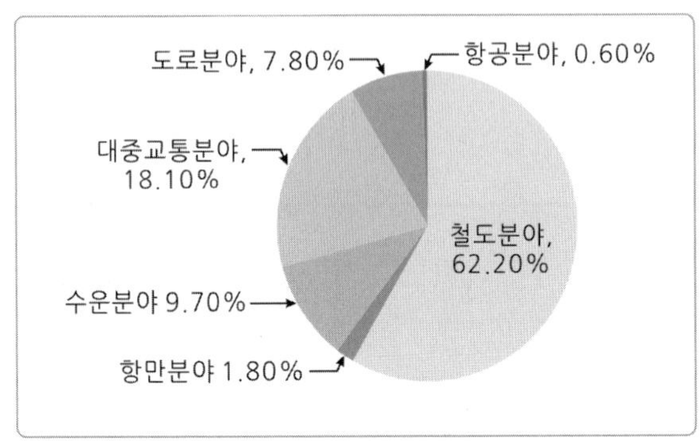

그림 11-1 프랑스 국가교통시설계획(2011)

표 11-2 프랑스의 2020년 이전 추진사업(2,000 km)

프로젝트	연장(km)
(1) LGV SEA Tours-Bordeaux	302
(2) LGV SEA Bordeaux-Toulouse	221
(3) LGV SEA Bordeaux-Espagne	246
(4) LGV SEA Poitiers Limoges	115
(5) LGV Bretagne Pays-de-la-Loire	182
(6) Contournement Nimes Montpellier	61
(7) Ligne nouvelle Montpellier Perpignan	155
(8) LGV Provence Alpes Cote d'Azur et son prolongement vers l'Italie	200
(9) LGV Est seconde phase	106
(10) LGV Rhin Rhone 2nde phase branche est	50
(11) LGV Rhin Rhone branche Ouest	94
(12) LGV Rhin Rhone branche Sud	165
(13) Interconnexion Sud Ile-de-France	entre 18 et 31
(14) Lyon Turin	entre 214 et 270
(15) Contournement ferroviaire de l'agglomeration lyonnaise	70
(16) LGV Paris-Normandie	200
(17) Liaison ferroviaire Roissy-Annemasse	entre 6 et 11
(18) Desserte de Vatry	24
(19) CEVA liaison Geneve-Annemasse	2
TOTAL	au moins 2 411

(3) 일본

일본은 대도시권 3시간대 연결을 위한 신칸센의 지속적인 정비를 추진하고 있으며, 환경친화적이고 고령화에 대비한 양질의 철도네트워크 구축 및 정부의 재정여건을 감안한 효율적인 시설 정비를 목표로 하고 있다.

간선철도의 정책목표는 신칸센 정비, 재래 간선철도와 신칸센 접근성 향상이다. 기본방향은 신칸센의 지속적인 정비, 재래 간선철도의 표정속도 120 km/h 수준으로 제고, 5대 대도시와 지방도시간 3시간 연계 체계를 구축하는 것이다.

경쟁력을 갖춘 경제사회 구축의 일환으로 신칸센의 정비와 재래선의 고속화를 추진

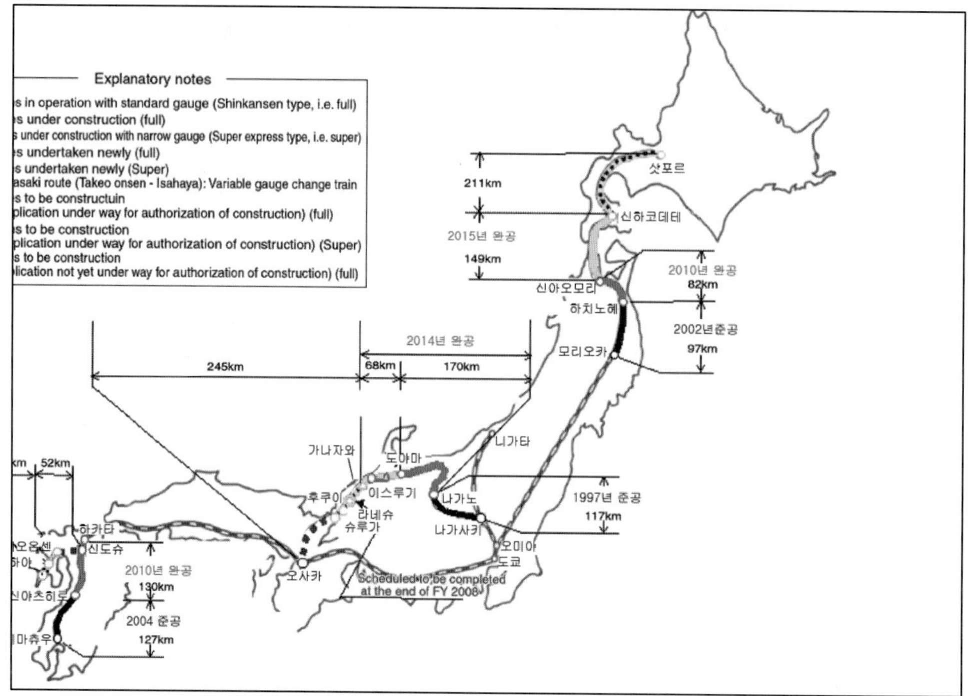

그림 11-2 일본 신칸센 정비계획(2010~2015)

하여, 2015년까지 도쿄, 나고야, 오사카, 삿포르, 후쿠오카 등 5대 도시권을 3시간대로 연결하는 것을 목표로 신칸센 약 600 km를 계획·건설 중이다.

일본의 3대 도시인 도쿄, 오사카, 나고야를 연결하는 700~800 km 연장의 초고속 자기부상철도를 계획하여, 도쿄 등 대도시권의 국제경쟁력 강화를 위해 공항 철도의 접근성 향상 및 공항 연결 급행철도 신설, 기존 철도의 용량 증대 및 환승 편의성 제고를 위한 철도역 시설 개선 등을 추진 중이다.

미래 사회환경 변화에 요구되는 미래철도, 실용화, 기초 기술 연구에 중점을 둔 철도기술 연구개발을 추진하여 향후 5~10년 이내에 실용화할 수 있는 기술을 개발하되, 경쟁력을 좌우하는 핵심기술 분야에 초점을 두고 있다.

일본 JR 운영회사의 요구조건 등에 시의적절하게 대응할 수 있도록 공학 위주의 기술개발을 추진하고, 신기술, 신소재 등 철도와 관련된 다양한 문제를 해결하기 위해 필요한 요소들에 대한 연구를 수행 중이다.

일본은 미래 사회환경의 변화에 따라 요구되는 사항을 수용할 수 있는 철도기술개발을 추진하여 안전과 신뢰성 향상을 위해 사고재해 위험 저감기술과 열차제어 지능화 기술을 개발하고 있다.

에너지 효율 향상과 탄소 배출 저감을 위해 차량의 경량화, 신에너지 활용, 초전도

기술 응용 등 철도운영비용 저감을 위해 차량・시설의 자가진단 기능 강화, 철도구성요소의 표준화 등을 추진 중이다.

철도이용수요 창출을 위해 철도의 고속화, 수단간 통합운영, 물리적・정보적 장애 제거, 고품질의 철도이용 서비스 제공, 지역사회와의 융합을 위한 지원기술 등을 개발 중이다.

(4) 미국

미국은 여객철도 투자 및 개선에 관한 법령(PRIIA)을 제정하여 지역간 여객철도 구축 활성화를 목표로, 고속철도 교통축 개발 등 여객 철도서비스 교통축 투자비 지원 프로그램을 추진하고, 11개 고속철도망 사업 13,760 km를 발표하였다.

2009년 '국가철도 사전계획(Preliminary National Rail Plan)'을 수립하고, 현재 '국가철도 계획(National Rail Plan)'을 그림 11－3과 같이 수립하였다.

핵심 고속교통축으로서 시속 125～250마일의 고속열차를 통해 500마일 이상 떨어진 대도시를 2～3시간 이내에 연결하고, 지역 교통축으로서 시속 90～125마일의 열차를 통해 중간 규모의 도시들을 편리하게 통행할 수 있도록 운행횟수를 증대할 계획이다.

지선 교통축으로서 지역 내 도심구간을 연결하는 공용노선 열차 속도를 시속 90마일까지 향상시키고, 지역 내부 연계는 여객철도의 편리한 접근성 확보를 위해 대중교통,

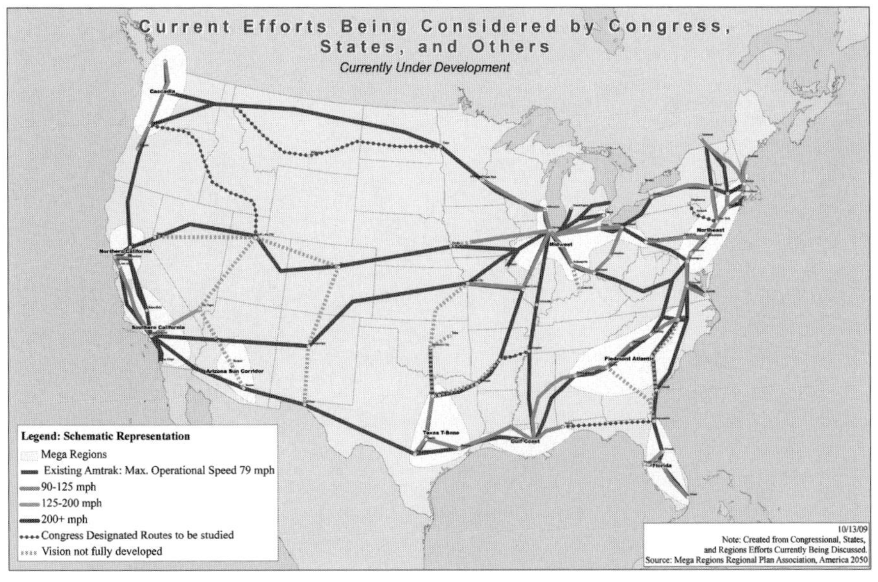

그림 11－3 미국 철도망계획

공항, 타교통수단과의 통합을 추진 중이다.

국가경쟁력 제고, 일자리 창출, 안전성 제고, 친환경 및 에너지 절감 등을 도모하고, 정시성 향상, 고속화 및 열차공급 확대 등을 통해 철도분담률을 향상시키고자 한다.

(5) 중국

중국은 국민경제와 사회발전 수요에 부응하기 위해 2008년 중·장기철도망계획(2003~2020)을 조정하여 2020년 기준 인구 20만 이상 도시와 전국 행정구역의 95% 이상을 포괄하는 철도 네트워크 구축을 목표로 하고 있다.

2020년까지 약 5조 위안의 예산을 투입하여 8종 8횡의 주간선을 강화하고, 4종 4횡의 여객전용 고속철도를 건설하여 인구 50만 이상의 대도시와 연결하고, 전국 인구의 90% 이상을 포괄하는 고속 여객전용 철도망을 구축할 계획이다.

- 철도 영업노선 연장 증가 : 당초 100,000 km → 120,000 km
- 신설철도 연장 증가 : 당초 16,000 km → 41,000 km
- 여객 전용선 및 도시간 철도 증가 : 당초 1.2만 km→1.6만 km
- 복선화율과 전철화율은 당초 50%에서 60%로 제고

그림 11-4 중국 중·장기 철도망계획(2003~2020)

• 연간 석탄 수송능력 : 당초 18억 톤 이상 → 23억 톤 이상

철도망 확충을 통해 철도 제조업체의 세계 진출을 목표로 하고 있다. 단적인 예로 중국 철도차량 회사(CSR, CNR)는 2009년 기준 세계 5위권 내 수준으로 성장하였다.

2 철도부문의 미래정책 수립방향

(1) 철도시설

철도역의 접근성 개선이 철도 이용편리 및 경쟁력 확보를 위한 중요한 요인으로 부각되고 있다. 철도역 연계교통에 대한 기본계획 수립 및 고속철도역 중심의 광역교통체계 구축이 필요하다.

KTX 경제권 실현을 위한 고속철도역 중심의 지역산업의 재배치 또한 모색될 필요가 있다. 또한 도시재생사업, 전세난 등을 해결하기 위한 방안으로 철도부지 활용의 중요성이 부각되고 있다.

철도시설의 지하화, 데크화 등 철도부지 개발을 통하여 도심에 상대적으로 저렴한 비용으로 필요시설을 공급할 수 있다.

이를 위해 철도부지 활용을 위한 기본계획을 수립하고, 철도부지를 활용한 도심재개발 사업의 원활한 추진을 위한 타당성 평가체계 개선 등이 요구된다.

철도투자의 중심이 대도시권 광역철도로 전환될 것이며, 특히 기존 광역철도 또는 도시철도를 연장하는 지자체의 요구가 증가하고 있다.

수도권은 현재와 같은 방사형 광역철도 이외에 순환형 광역철도의 필요성이 제기되고 있으며, 수도권 광역급행철도의 외곽 지자체 연장을 통한 대중교통의 수혜지역을 확대해야 한다.

세종시, 새만금지역 등 신도시지역과 중소도시에 적용 가능한 새로운 궤도교통수단의 도입방안이 절실하다.

노면전차(Tram), PRT(Personal Rapid Transit) 등 신교통수단을 중심으로 시스템 도입을 위한 제도적, 기술적인 요건에 대한 재검토가 필요한 시점이다.

국내 철도인프라사업의 한계로 인하여 국내 관련 기업은 성장 잠재력이 높은 해외철도시장의 진출 노력을 기울이고 있으며, 국내 철도산업의 해외진출을 활성화하기 위해서는 대상국가와의 네트워크 구축이 필수적이다.

개발도상국 관계자들을 대상으로 '철도 교육훈련 프로그램'을 마련하여 우리나라 철도정책/기술에 대한 교육 및 훈련을 지속적으로 추진해야 한다. 특히 효율적인 교육훈련 수행과 구축된 네트워크 및 정보의 효율적인 관리를 위하여'해외 철도교육훈련 센터'를 설립할 필요가 있다.

(2) 철도운영

현재 공적 독점체제(철도공사)인 철도운영부문에 신규 민간사업자의 진입이 예상된다. 이를 위해서는 철도운송시장의 경쟁체제 구축에 대비한 관련 법, 조직체계 등의 개편, 유지보수업무, 관제업무 등의 이관에 대한 논의가 필요하다.

철도이용수요 확대를 위한 실질적인 대안 마련을 위해 교통카드 및 환승할인제 도입을 통한 대중교통 이용을 장려하고, KTX 자유석 확대 등을 통한 좌석공급 확대정책이 요구된다.

철도물류 확대를 위하여 현재 진행 중인 전환보조금을 철도 관련 시설 확충에 따른 보조금 형태로의 전환도 필요하다.

고령화 시대를 맞이하여 교통약자의 이용편의에 대한 요구가 늘고, 고령자의 무임승차로 인한 운영자의 재무건전성 확보 문제가 부각되고 있다. 따라서 고상홈 설치 등 교통약자를 위한 철도시설의 구축과 경로운임 감면제도의 개선 등이 필요한 시점이다.

(3) 철도기술 및 안전

한파, 폭우, 폭설 등 기후변화시대에 대비하는 철도시설의 건설 및 유지관리 방안이 요구되며, 철도운송의 여건 변화에 대비한 비상철도 수송계획을 수립할 필요가 있다. 특히 에너지 부족에 따른 열차운행횟수 감축 시 최적의 수송방안을 수립해야 한다.

철도 인프라 등을 이용한 에너지 생산에 관한 기술개발이 필요한 시점에서, 철도 전력 인프라를 이용한 전기자동차 충전 인프라 기술, 철도 선로변 안전 관련 시설물 등을 활용한 태양열 집전 방안, 열차의 동적하중을 활용한 에너지 생산 기술에 관한 연구 등이 요구된다.

철도안전법 개정에 따라 철도차량 및 용품 안전승인에 관한 명확한 기준설정 및 체계를 구축하고, 철도 사고 위험 구역의 안전제고를 위한 기술 및 관리체계가 구축되어야 한다.

또한 철도역 내부 보행자 이동의 안전을 위한 보행자 안전관리체계 구축과 철도역 안전지표 설정 및 평가 시스템이 필요하다.

수도권을 중심으로 교통정체가 악화되고, 토지 이용의 제약으로 대심도 철도가 검토 중이다. 따라서 이에 대응한 기술로 대심도 지하역 등에서 이동성 향상을 위한 여객 이동 시스템에 관한 기술, 철도역 내부에서의 교통약자 이동성 및 안전성 향상을 위한 시스템 구축, 수평 및 수직 이동 겸용 운송시스템 구축 등이 요구된다.

철도기술개발 연구과제 선정 등 기술정책의 타당성을 합리적으로 평가할 수 있는 체계를 구축하여, 철도기술개발에 따른 사회경제적 가치, 산업적 가치 등에 대한 계량화 및 철도기술정책간의 비교평가를 위한 일반적인 방법론 구축이 필요하다.

3 철도시설 확충

(1) 철도 경쟁력 확보

철도는 도로에 비해 소음 발생 및 대기오염물질 배출이 적고, 보다 안전하며, 신뢰성이 높은 수단으로서 향후 교통수단으로서의 중요성이 지속적으로 강화될 것으로 전망된다. 그러나 현재 철도수단은 도로에 비해 속도, 접근성, 비용 등의 측면에서 경쟁력이 떨어지므로 이용률이 저조한 실정이다. 따라서 철도이용률을 높이기 위한 정책 마련이 필요하며, 철도의 경쟁력 확보를 위해 시설투자 측면에서의 노력이 중요하다.

철도는 도로에 비해 노선밀도가 낮고, 역사의 수가 적으므로 접근성이 떨어진다. 따라서 경쟁력을 확보하기 위해서는 무엇보다 속도의 향상이 중요하다. 이를 위해 차량의 고속화 및 이를 지원하는 선로・구조물・신호・통신・차량 시설의 개선이 뒷받침되어야 한다. 선진국에서는 고속철도를 통해 대도시간을 유기적으로 연결하려는 사업에 과감히 투자하고 있으며, 우리나라에서도 고속철도 확대를 추진하고 있다.

고속철도는 간선교통수단이므로 고속철도 정차역과 이용객의 출발지나 목적지간의 지선교통서비스를 담당하는 타교통수단들과의 연계체계가 구축되어야 고속철도의 효율성을 높일 수 있다. 고속철도와 연계되는 지역 내 철도는 면적, 인구 규모, 토지이용 특성 등 그 지역 여건에 맞는 시스템 결정이 필요하다.

철도와 연계한 토지이용계획의 수립도 필요하다. 최근 고속철도역을 중심으로 개발되는 복합환승센터가 대표적인 예이다. 복합환승센터는 열차, 항공기, 선박, 지하철, 버스,

택시, 승용차 등 타교통수단간의 원활한 연계 및 환승과 상업, 업무 등 사회경제적 활동을 복합적으로 지원하기 위하여, 환승시설 및 환승지원시설이 상호연계성을 가지고 한 장소에 모여있는 시설을 말한다.

복합환승센터 개발을 통해 에너지 다소비, 온실가스 다배출인 자동차 중심의 교통체계를 녹색교통체계로 전환하는 데 기여할 수 있다. 또한 대중교통 편의 및 접근성 제고를 통해 승용차 이용억제와 대중교통 이용활성화를 유도하여 도시교통문제를 해소하고 도시재생을 활성화할 수 있다.

(2) 고속철도

생활수준이 향상되고 이동성에 대한 요구가 증대됨에 따라 고속철도 기술개발에 대한 경쟁이 심화되고 있다. 일반적으로 고속철도는 200 km/h 이상으로 달리는 철도를 지칭한다.

우리나라는 2004년 경부고속철도를 완공하고 운영을 시작하였으며, 2008년 독자기술로 개발한 KTX－산천 양산에 성공함으로써 고속철도 기술을 보유하게 되었다. 일본, 프랑스, 독일 등이 고속철도 기술의 선두국가이며, 최근에는 중국 등 후발주자들도 세계 고속철도 시장에 진입하기 위해 기술개발에 주력하고 있다.

현재 일본은 360 km/h급 고속철도 차량(FASTECH 360)을 개발 · 시험 중이며, 독일은 최고속도 350 km/h급 차량(VELARO)을 개발 중이다. 프랑스도 360 km/h급 차세대 AGV 차량을 개발 · 시험하는 등 주요 선진국에서 세계 고속철도 시장에서의 경쟁력 확보를 위해 기술개발을 추진하고 있다.

우리나라에서도 국내외 고속철도 시장에 능동적으로 대응하고, 고속철도기술의 경쟁력을 확보하기 위해 최고시속 400 km/h급 동력분산형 고속열차시스템 및 핵심기술을 개발하고 있다.

고속철도와 관련된 제반기술로서 동력분산 기술 등 에너지 효율성 향상 기술, 감속시 선로와의 마찰열을 연료전지에 저장하는 등의 친환경성 강화 기술이 개발되고 있다.

터널 내부에서의 미기압 상태에 대응하기 위한 기술과 지진 및 자연재해에 대비하여 탈선검지 및 경보시스템 등의 기술개발도 추진되고 있다. 또한 첨단 신호시스템, IT 및 통신기술의 접목, 유지보수 기술 등에 대한 투자도 이루어지고 있다.

향후 세계 고속철도 시장에서 경쟁력을 확보하기 위해서는 고속화 기술과 함께 위와 같은 제반기술의 개발이 수반되어야 한다. 또한 국제 표준에 부합하는 차량을 개발함과 동시에 국제표준 개발에 적극 참여하여 기술개발의 우위를 선점하기 위한 노력도 필요하다.

(3) 자기부상열차

자기부상열차는 자석간의 잡아당기는 힘과 밀어내는 힘을 이용하여 부상하고 움직이는 열차이다. 선로와의 접촉 없이 주행하므로 고속화, 저소음, 저진동, 저분진의 특성을 가진다.

주로 초고속 자기부상열차와 도시형(중저속형) 자기부상열차를 중심으로 연구개발이 진행되고 있다. 전자의 경우 일본과 중국이 앞선 기술을 보유하고 있고, 후자의 경우 일본, 중국, 한국이 경쟁적으로 기술개발을 추진 중이다.

독일은 2004년 중국 상하이에서 초고속 자기부상열차 시범노선을 개통하였으며, 일본은 2025년까지 도쿄－오사카 노선에 500 km/h급의 자기부상열차 노선을 건설할 계획으로 기술개발을 추진 중이다.

국내에서의 초고속 자기부상열차 연구개발은 2006년부터 하이브리드(영구자석 + 전자석) 부상방식과 신형동기전동기 추진의 요소기술을 중심으로 시작되었다. 현재는 하이브리드 부상방식을 적용하여 550 km/h급 자기부상열차의 개발을 목표로 차량, 선로, 신호통신, 전력시스템이 통합된 시스템 모델을 개발 중이다.

도시형 자기부상열차는 일본이 선두주자로서, 1972년 나리타공항 연결노선 적용을 위해 일본항공(JAL) 주도로 개발을 시작하여, 세계 최초로 도시형 자기부상열차 실용화에 성공하였다. 2005년에는 동부구릉선 39 km 노선이 개통되어 운행되고 있다.

현재는 일본뿐만 아니라 중국과 미국에서도 도시형 자기부상열차의 개발 및 상용화를 추진하고 있다. 특히 중국에서는 1990년대 중반부터 중저속 도시형 자기부상열차 개발을 시작하여 기술을 쌓아가고 있다. 시험차량 개발을 수행 중이며, 베이징에서 10 km의 노선을 건설 중이다.

우리나라도 1980년대말부터 시속 100 km/h급 도시형 자기부상열차 기술을 개발해 왔으며, 2006년부터는 실용화 사업을 추진 중이다. 인천공항 일대에 6.1 km 길이의 시범노선이 추진 중이며, 여러 도시에서 도입을 검토하고 있다.

현재 아시아와 유럽, 미국을 포함하여 많은 지역에서 자기부상열차 건설을 기획 또는 검토 중이며, 친환경적 특성으로 향후 더욱 확대될 것으로 전망된다. 이에 자기부상열차 기술개발 및 상용화를 통해 세계 철도시장에서의 경쟁력 확보가 필요하다.

(4) 친환경 철도차량

도로부문뿐만 아니라 철도부문에서도 하이브리드 기술을 이용한 친환경 차량의 개발이 추진되고 있다. 일본에서는 디젤엔진과 연료전지를 동력으로 사용하는 하이브리드 전동차를 개발하여 2007년부터 운행 중이다. 각국에서 연료전지·배터리 하이브리드 기술과 배터리 탑재형 전동차 등 에너지 고효율 차량기술개발을 추진하고 있다.

연료전지는 수소 연료를 이용한 것으로 전기에너지와 물을 생성하는 매우 깨끗한 전력원으로 주목받고 있다. 연료전지는 발전 효율이 화력발전 대비 520%나 높으며, 폐열을 활용할 경우 에너지 효율이 최대 83%에 달한다.

연소과정이 없으므로 대기오염물질 배출도 없다. 배터리 탑재형 전동차는 탑재된 2차전지를 주 동력원으로 사용하여 매연이나 소음이 없으며, 차량 경량화가 가능하여 경량전철(LRT)에 적합한 차량으로 활발히 개발되고 있다.

제12장 친환경 철도교통정책

1 친환경 철도개발

(1) 해외 그린 철도차량 기술개발 정책 동향

미국, 중국, 유럽 등 선진국들은 세계적인 경제위기와 21세기에 불어닥친 저탄소 녹색성장 시대에 부응하는 국가 발전을 위해, 도로 투자보다 철도로의 투자를 확대하고 있으며, 그러한 공감대가 전 세계적으로 형성되고 있는 추세이다.

가. 일본

일본의 고속철도 기술은 일본의 지역 특성을 고려하여 초기부터 동력분산식으로 개발되었다. 기본적으로는 기술의 발전을 반영한 열차의 성능을 향상시키는 방향으로 고속철도의 기술개발이 진행되고 있다.

일본의 고속철도 기술은 지역 특성상 터널이 많기 때문에 터널에서의 미기압파 대책에 대한 많은 연구개발이 이루어졌으며, 잦은 지진 발생으로 인한 지진대책으로 탈선검지 및 경보시스템(EQAS) 등의 연구가 수행되고 있다.

ATS-P 신호시스템에 IT 및 통신기술 접목, 환경친화형 기술개발(하이브리드, 전차선 충전지, 연료전지 기술 등), 레일과 도로를 동시에 주행하기 위한 차량 시스템, 열차의 성능을 향상시키기 위한 기술(점착력 향상, Active Suspension 적용 등) 및 유지보수 기술 등에 중점적으로 투자되고 있다.

최근 가와사키(Kawasaki) 중공업에서는 고속철도의 해외진출을 목표로 차세대 고속열차인 efSET 차량을 개발하고 있는데, 이 열차는 에너지 효율이 높고, 환경친화적이며, 국제표준인 ISO(International Organization for Standardization) 규격, IEC(international Electro-technical Commission) 규격 및 유럽 고속철도 관련 기술 사양인 TSI(Technical Specification for Interoperability)에 적합하도록 개발 중이다.

일본철도종합기술연구소(RTRI)에서는 에너지 절약을 위하여 연료전지・배터리 하이브리드 시험차, 모터의 효율성 향상, 전력공급설비의 고도화, 재래선 차량의 공기저항 저감방안, 초전도를 이용한 에너지 저장, 인터모달 화물수송 등 다양한 분야에서 기술을 개발하고 있다. 연료전지・배터리 하이브리드 시험 전동차의 경우 연료전지는 수소연료를 이용한 것으로, 전기에너지와 물을 생성하는 매우 깨끗한 전력원으로서 주목받고 있다. 2006년 4월에는 100 kW급 연료전지를 탑재한 '쿠야R291'의 주행시험을 시작하였으며, 2008년 12월에는 '쿠모야R290'에 배터리와 충방전장치를 탑재한 '연료전지・배터리 하이브리드 시험전동차'의 구성이 완성되었다.

전기에너지는 본질적으로 저장하기가 힘들고 발생과 사용이 동시에 이루어지는 성질을 갖고 있다. 자차의 주행용 에너지를 자기탑재할 필요가 없기 때문에 경량화가 가능하고, 가선으로부터 필요할 때 소요전력을 받을 수 있는 장점을 가진다. 직류 1,500 V와 직류 600 V의 복전압가선에도 응용가능하도록 한 영업선주행 가능 가선・배터리 하이브리드 LRV(Light Rail Vehicle)로서, 2007년 10월에 RTRI에서 공개되었다. 플라이휠 축전장치를 중심으로 하이브리드화 개발이 발전되어 온 것이다.

1972년 나리타 공항 연결노선 적용을 위해 일본항공(JAL) 주도로 개발을 시작하여, 세계 최초로 도시형 자기부상열차 실용화에 성공하였다. 그리고 2005년 3월 89 km 노선(동부구릉선 : Tobu Kyuryo선, 차량 : Linimo)이 나고야시에서 개통・운행되고 있다.

나. 유럽연합

유럽은 환경 및 에너지 문제를 해결하기 위해 철도교통의 중요성을 인식하고 정책을 펼치고 있다. EU는 철도투자를 전체 교통 투자의 85% 수준으로 확대할 계획을 가지고 있다. 'Macro-Polo' 프로그램에 의하면 도로에서 철도로 운송수단을 전환할 때 500 km・ton당 1유로를 지원하고 있다.

표 12-1 연료전지 배터리 하이브리드 시험전동차 효과

사 양	하이브리드화 전	하이브리드화 후
차량수	1량	2량
편성출력	최대 120 kW	최대 480 kW
회생전력 유효이용	불가	최대 360 kW까지 가능
에너지 효율	약 50%	약 65%
보조 전력	가선으로부터 받음	연료전지・배터리 이용
연비	1량 편성 시 7 km/kg	2량 편성시 5 km/kg

유럽의 고속철도는 프랑스와 독일이 기술과 투자를 주도하고 있으며, 스페인, 이태리, 스위스 등에서도 고속철도에 대한 투자가 활발히 이루어지고 있다. 2009년도 고속철도 총 연장은 5,764 km에서 2020년에는 21,280 km로 확충하는 고속철도 건설계획을 수립하였다.

유럽연합은 국가체계 연구개발에서 유럽철도의 규격화 계획(Modtrain EU Project)과 같이 유럽 통합차원에서의 개발중심으로 이동하고 있다.

유럽연합은 유럽철도연구자문위원회(ERRAC)를 설립하여 18개국 66개 기관에서 참여하고 있으며, 2007년부터 2013년까지 약 3억 5,000만 유로를 연구개발에 투자하는 내용이 'EU Program FP7'에 포함되기도 하였다. 중점적인 투자와 기술개발이 이루어지는 분야는 고속선과 기존선의 정보처리 상호운영 및 신호(ERTMS)통일, Intelligent mobility(GPS, WiFi 인터넷, mooviTER 등 IT기술의 접목), 안전, 환경(소음저감, 에너지 소비량 표시, 연료전지 활용) 등이다.

다. 중국

중국은 '시장을 이용한 기술도입 → 기술 추격을 통한 국내시장 장악 → 해외시장 진출'이라는 정책을 추구하고 있다. 고속철도 후발주자이지만 가장 최신의 기술로 분류되는 슬래브 궤도, CTCS-3 (ERTMS-Lev3급) 신호시스템 및 Siemens SiCat1.0을 기반으로 하는 전차선을 고속철도에 적용하였고, 고속철도 차량은 독일, 일본, 캐나다의 기술을 바탕으로 단시간에 기술을 습득하였다.

1990년대 중반부터 교통대학, 국방대학 등에서 중저속 도시형 자기부상열차 개발을 시작하여 자기부상열차 개발 기술을 쌓아가고 있다. 특히 국방대학에서는 CMS-03 차량과 개량형, 도시형 자기부상열차 차량을 개발하여 16 km 길이의 시험선에서 시험을 수행하고 있다. 도시형 자기부상열차에 대한 연구 시작은 늦었지만 상용화를 위한 발걸음은 빠르게 전개되고 있다. 베이징의 스먼잉(石門營)역에서 핑궈위안(平果園)역을 연결하는 10 km의 도시형 자기부상열차 노선 착공식이 2011년 2월에 있었다.

라. 미국

인구분포가 낮아 철도차량에 관심이 없었던 미국은 대도시들이 밀집한 동부지역과 서부지역 일부에 자기부상열차의 필요성이 대두되고 있어 1990년대 말부터 개발이 시작되었다. 미연방정부(DOT : Department of Transportation) 주관으로 자기부상열차방식에 대한 타당성 검토연구를 실시하여 GA(General Atomics)사 등이 참여하는 영구자석반

영구자석 반발식 대차

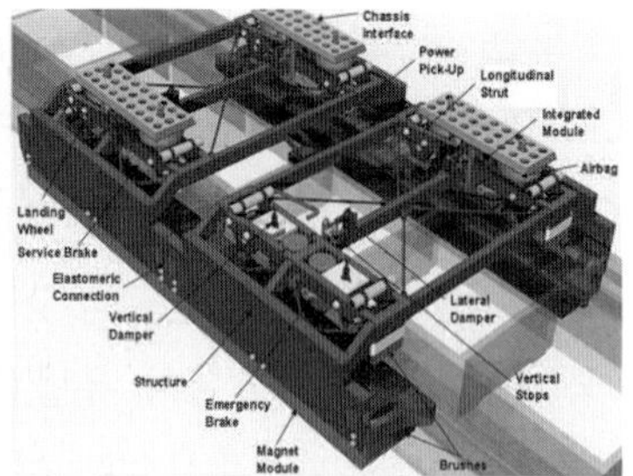

대차(Bogie) 구조도

그림 12-1 미국의 도시형 자기부상열차

발식 자기부상열차 개발국책연구계획을 확정하여 현재 개발 중에 있다.

(2) 국내 철도차량 기술개발 현황

우리나라의 고속철도 기술은 1992년 경부고속철도 건설을 위해 프랑스와 기술이전을 실시하면서 시작되었다. 1996년 12월부터 산학연 129개 기관이 선도기술개발사업(G7)으로 한국형고속열차 개발사업을 추진 중이다. 고속화와 수송수요의 증가로 동력분산식 개발이 요구됨에 따라 동력집중식인 KTX-산천과 동력분산형 고속열차를 개발하는 차세대 고속철도 기술개발 사업이 2007년부터 시작되었다.

우리나라 자기부상열차의 본격적인 개발은 1989년 12월 과학기술부 국책연구주관기관으로 기계연구원이 선정되면서 시작되었다. 한국형 자기부상열차 기술개발은 관계기관과의 협력을 통해 추진되어 왔으며, 국내 최초로 1.3 km의 자기부상열차 전용 시험선로를 구축하고, UTM-01이라는 도시형 자기부상열차를 개발하여 주행시험을 수행하여 왔다. 현대로템(주)이 정부 중기거점사업으로 UTM-02를 개발하여 기계연구원의 시험선에서 성능시험을 완료하였다. 그림 12-2는 2008년 4월부터 국립중앙과학관과 엑스포공원을 연결하는 1 km 노선에서 운용 중인 UTM-02이다.

도시형 자기부상열차의 기술은 2006년부터 국토부 대형국가연구개발 사업으로 수행 중인 도시형 자기부상열차 실용화사업을 통해 안전한 승객 운송시스템으로 확실한 면모를 갖추게 되었다. 기계연구원에서는 2009년 기존 기계연구원 시험선로를 전면 개보수하여 운행 시험을 위한 준비를 마무리하였고, 2010년부터 시제차량으로 개발된 열차로 기계연구원 시험선로에서 차량 성능시험을 수행하고 있다.

정부의 미래철도기술개발 보고서에 따르면 초고속 자기부상열차 기술개발 사업의 최종 목표는 시속 550 km급 초고속 자기부상열차 시스템 모델 개발, 차량, 선로, 신호통신,

그림 12-2 과학관 노선의 UTM-02

전력시스템 성능 향상을 포함한다. 중점 과제는 차량 시스템 기술개발, 초고속 자기부상 열차 궤도 및 선로시스템 기술개발, 신호/통신시스템 기술개발, 시험선 건설 및 시험평가 기술개발 등이다.

같은 보고서에서 제시한 일반 철도 및 차량 관련 기술개발 내용은 다음과 같다.

미래철도기반 기술개발 사업의 최종 목표는 메카트로닉열차 기술개발, 신재생에너지 응용기술개발, 신개념 에너지 전송기술개발, 수송력 향상 철도시스템 기술개발 사업, 한국형 중・장거리 2층열차 기술개발, 화물수송력 증대를 위한 고속화차 기술개발 등이다.

가계부담 증가에 따라 대중교통 이용량이 증가하였고, 연료비 절감효과가 뛰어난 하이브리드 자동차로의 관심이 높아지고 있는 상황이다. 그러므로 에너지 자원의 한계와 대기오염을 우려한 화석연료 소비의 절감대책으로서 연료전지를 이용한 하이브리드 추진시스템이 적용된 친환경적 대중교통 구현이 절실히 요구된다.

현재 국내의 공공 수송부문인 철도시스템에는 연료전지를 이용한 하이브리드 시스템의 적용 사례가 없다. 국내 자동차회사에서 개발 중인 연료전지 하이브리드 자동차는 2020년 연료전지 자동차 양산을 목표로, 실용화 가능성 검증과 기술개발 방향 및 전략을 수립하고, 연료전지 자동차 및 수소생산, 공급, 충전설비 관련 기술표준화 작업을 추진 중에 있다.

효율성 측면에서 검증된 하이브리드 추진시스템은 일반 자동차보다 연비가 2배 이상 높은 고효율 하이브리드 추진시스템이다. 이 시스템은 출발과 저속 주행 시에 엔진에 연료(디젤 혹은 가스)를 차단하여 사용하지 않고, 배터리 전원을 이용하여 전기모터로 구동한다.

연료전지 발전효율은 화력발전 대비 520%나 높다. 연소과정이나 구동장치가 필요없는 연료전지가 발전할 때 발생하는 폐열 활용 시 최대 효율은 83%에 달한다. 연소과정이 없으므로 기관지염, 폐기종, 폐암 등 호흡기 질환의 원인인 SOx(황산화물), NOx(질소산화물) 배출이 없어, 대기오염 염려가 없는 연료전지 발전시스템을 적용하면 청정 철도교통시스템 구현이 가능해질 것으로 기대된다.

(3) 정책 방향

KTX 도입과 KTX－산천 개발을 통해 어느 정도 고속철도 기술이 확보되었으나 고속철도의 가장 기본이 되는 '원천기술'의 확보가 절실하다. 또한 팽창하는 고속철도 세계시장을 선점하기 위해서 보다 공격적인 해외진출이 필요하다. 해외시장 발굴 및 진출을 위해 타당성 조사부터 전체 시스템 패키지에 이르기까지 여러 분야에 대한 전문가 육성과 체계적인 기술 완성이 수반되어야 한다.

시장 요구에 능동적으로 대응하기 위하여 차내 공간 활용을 최적화하여 좌석수를 증가시키고, 속도를 향상시켜 통행시간을 단축할 필요가 있다. 속도의 증가를 위해서는 주행저항 감소와 경량화가 필수적이어서 최근 모든 고속열차가 경량 소재인 알루미늄 합금을 주재료로 사용하고, 각 장치의 경량화 연구에도 적극적인 관심을 기울이고 있다.

미래기술에 대한 대응으로 초고속열차 개발에 더욱 매진해야 한다. 중국은 이미 항공기 속도에 맞먹는 600 km/h의 초고속열차를 개발, 실험 중이고, 일본은 자기부상열차를 2020년 이후 상용화할 예정이다.

우리나라도 고속철도에 대한 지속적인 기술개발을 준비할 단계이다. 휠/레일 방식의 장점은 살리고 단점은 최소화하는 무가선급전, 자기부상 등에 대한 기술개발을 목표로 장기적인 계획이 필요하다.

2 그린철도 운영시스템

(1) 철도 경쟁력 확보 필요성

20세기 후반부터 전 세계적인 환경위기와 에너지 문제는 국제기구 및 국가간 협의를 중심으로 다양한 논의가 진행되고 있다. 이러한 국제적 조류는 교통산업에도 영향을 끼치게 되었다. 우리보다 먼저 도로교통의 한계를 깨달은 유럽 선진국들은 친환경 교통수단인 철도에 눈을 돌리게 되었고, 1980년대 후반부터 철도를 중심으로 국가 교통망을 재편하는 작업에 착수하였다.

1992년 '리우선언'에서 발표된 '의제21(Agenda21)'이라는 구체적인 행동지침은 철도산업에도 영향을 주어 유럽 각국은 교통정책의 틀을 도로중심에서 철도중심으로 재편하는 '친환경교통정책'으로 전환하였다. 이는 화석연료를 사용하는 자동차가 대기오염과 오존층의 파괴 등 지구온난화의 주범이기 때문에 더 이상 환경문제를 도외시할 수 없다는 시대적인 요구를 인식했기 때문이다.

최근 들어 철도가 새롭게 각광받는 이유는 철도가 가지고 있는 고속성과 안전성 때문이기도 하겠지만, 타교통수단보다 환경친화성이 매우 높다는 것이다. 환경적인 측면에서만 보면 타교통수단보다 비교 우위에 있는 것이 사실이다. 최근에는 동력원이 전기로 전환되면서 공해물질 배출량은 더욱 감소하고, 고속전철의 경우에는 열차주행 시 발생하는 분진 외에는 대기오염이 거의 발생하지 않는 것으로 나타났다.

(2) 국내 철도이용 현황

2012년 경기도의 전철/철도 수단 분담률은 1일 통행량은 2,962만 통행이며, 수도권 전철 또는 철도를 교통수단으로 이용하는 통행이 전체 통행량의 9.8%에 해당하는 약 243만 통행에 불과한 것으로 나타났다. 경기도는 2011년 대비 2012년 전철/철도의 분담률은 증가하였고, 승용차와 버스의 분담률은 감소하는 것으로 나타났다. 이는 파리시를 중심으로 하는 대도시권(일드프랑스, 인구 약 1,100만 명)의 철도 수단 분담률 56%와 비교하면 지극히 낮은 수준이다.

우리나라 수도권과 세계 주요 대도시권의 철도망을 비교하면 철도 인프라가 상당히 부족함을 알 수 있다. 수도권 철도망의 총 연장이 504 km인데 비해, 동경권은 약 6배인 3,128 km, 파리권은 3배인 1,602 km, 런던권은 4배인 2,215 km이다. 이러한 차이는 도시

표 12-2 2012년 경기도 관련 수단 통행량 (단위 : 천통행/일)

구 분		계	승용차	버스	철도/지하철	택시	화물차	자전거	기 타
경기도 전체	통행량	24,949	11,786	7,390	2,433	1,373	1,149	415	402
	비율	100.0%	47.2%	29.6%	9.8%	5.5%	4.6%	1.7%	1.6%
경기↔서울	통행량	6,223	2,403	1,704	1,558	191	322	16	28
	비율	100.0%	38.6%	27.4%	25.0%	3.1%	5.2%	0.3%	0.5%
경기↔경기	통행량	16,900	8,387	5,362	626	1.154	608	393	370
	비율	100.0%	49.6%	31.7%	3.7%	6.8%	3.6%	2.3%	2.2%

주 : 도보 제외, 지하철 · 전철 환승 미포함
자료 : 수도권교통본부(2013), '2013 수도권 여객 기 · 종점통행량(O/D) 보고서'

철도보다 광역철도에서 크게 나타났다. 이는 서울시 내부의 도시철도망은 발달되어 있지만, 경기도와 서울을 연계하는 철도망 건설이 잘 이루어지지 않았기 때문이다. 반면 수도권의 고속도로망 규모가 타대도시권과 비슷한 것으로 나타났는데, 고속도로의 대부분이 경기도와 서울을 잇는 상황으로 볼 때, 수도권의 광역통행은 도로 위주의 계획으로 추진되었음을 알 수 있다.

철도 수단 분담률이 낮은 또 다른 원인은 타수단에 비해 통행시간의 경쟁력이 떨어지기 때문이다. 특히 승용차와 상당히 많은 편차를 보이며, 같은 대중교통수단인 버스에 비해서도 통행시간이 길다.

그 이유는 잦은 정차, 급행철도 부족, 구불구불한 노선 때문이다. 이를 극복하기 위해서 경수선, 경인선 등에서 급행열차를 운행하고 있으나, 타구간에서는 대피선의 미비로 확대 실시가 어려운 상황이다. 노선굴곡문제는 장기적인 철도망 계획에 의해 망이 구성된 것이 아니라, 인구밀집지역을 따라 계획되고 민원 등에 따라 역사 추가나 노선변경이 이루어져서 발생하는 문제이다.

또한 버스정류장과 환승 수요를 유발하는 교통시설물간의 거리가 멀어 이용이 불편하다. 전철 및 지하철역에 인접한 버스정류장의 경우 약 45% 이상이 전철 및 지하철역 출입구로부터 100 m 이상 떨어져 있다. 버스정류장에서 교통시설물(전철, 철도역)까지의 보행시간이 5분 이상 소요되는 정류장도 상당수이다. 이러한 환승환경은 통행시간의 증가를 가져와 철도 경쟁력을 약화시킨다. 철도를 이용하기 위해서는 여타 수단을 이용한 환승이 필요한데, 기존의 철도망을 효과적으로 연계하는 수단도 부족한 실정이다.

철도 복선화 사업의 경우 평균 400억 원/km이 소요되고, 신설사업의 경우 약 800억 원/km 이상인데, 도로건설비가 200~350억 원/km임에 비해 초기 건설비용이 최고 2배 이상 높아 타당성 확보에도 어려움이 있다. 건설기간 역시 철도사업은 짧게는 10년, 길

계는 20년까지 걸리지만, 도로사업은 고속도로라도 4~5년이면 완공이 가능하다. 이 때문에 지자체의 경우 재정 조달 문제 등으로 중장기적인 관점에서 계획되어야 하는 철도보다는 단기간에 건설 가능한 도로를 선호하게 된다.

철도공사의 운영적자는 2010년 기준 5,287억 원, 서울시 지하철 4,786억 원, 인천시 지하철 506억 원으로 적자가 증가하고 있는 추세이다. 높은 인건비 비중에 따른 고비용 구조가 운영적자의 발생 요인으로 지목되고 있는데, 철도공사는 낮은 외주화 비율로 유지・보수 인력이 전체의 40% 수준을 차지하고 있다.

철도공사의 열차운영 소요인력은 10명/km으로, 일본의 7명/km, 프랑스의 6명/km에 비해 상당히 높은 수준이다. 우리나라 전철 요금은 일본・미국의 1/3, 영국의 1/4로 상당히 낮은 수준이며, 소득 대비 요금수준 역시 최하위 수준으로 평가된다. 낮은 요금수준은 결국 대중교통 서비스의 질을 저하시키고, 운임 결손분을 정부 재정 지원이나 공사 부채로 보전해야 하는 악순환이 반복되고 있다.

(3) 철도 활성화 정책 현황 및 방향

수도권 정비계획에 따라 수도권 정비의 기본방향은 서울 중심적 공간구조를 '다핵연계형' 공간구조로 전환하여, 서울 및 주변 지역의 과밀문제를 완화하고, 지역별 중심도시 육성으로 서울 중심의 도시구조를 자립적・다핵도시 구조로의 전환으로 설정하여 추진 중에 있다.

다양한 분야에서 도시권별 자족성을 제고시키고 지역중심도시와 지역중심도시간 연계를 강화하여 균형있는 발전을 유도하고자 한다.

순환형 간선망 구축으로 다핵연계형 공간구조 형성을 뒷받침하고, 승용차에 의존하지 않고도 도시간 이동이 가능하도록 전철망을 광역적으로 확충하고자 하였다. 이를 위해 철도망은 간지선체계를 바탕으로 하고 있다.

경기도 도시철도 추진 방안은 이원화된 전략으로 추진하고 있다.

첫째 권역은 경기도 지역 중 수도권 광역철도가 서비스되고 있는 지역으로, 이 경우 광역철도는 간선기능을 담당하며, 도시철도는 광역철도의 지선역할을 담당한다.

둘째 권역은 경기도 지역 중 수도권 광역철도가 서비스되고 있지 않은 지역으로, 이 지역의 경우 철도 이용객 수준이 다소 낮은 지역으로 광역철도를 공급하는 것은 경제적, 재무적 타당성이 확보되기 어렵다. 이런 지역은 중소형의 도시철도가 대안이 될 수 있으며, 도시철도는 간선철도 기능과 함께 지선 기능을 담당하게 된다.

철도 인프라 확충 및 계획기능이 강화되려면 각 시・군간, 부서간의 협조와 협력이

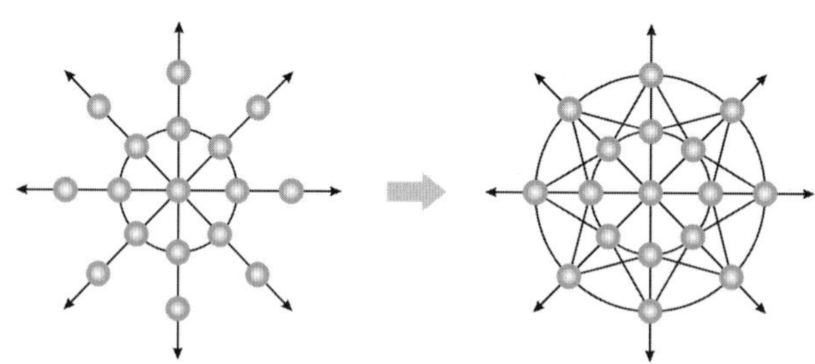

그림 12-3 순환형 간선 철도망 구축 방향
자료 : 국토교통부(2006), '제3차 수도권정비계획(2006~2020)'

중요하며, 행정조직의 강화가 필요하다.

도시철도와 관련된 재정확보를 위해서는 도로중심이 아닌 철도중심의 광역교통개선대책이 필요하다. 현재와 같은 개별적인 개발사업 단위의 개선대책이 아닌 인접지역이 연계된 포괄적인 개선대책을 수립하는 방식으로 전환해야 한다.

국토교통부장관이 수립하도록 되어 있는 '광역교통개선대책'을 해당 시·도지사도 수립에 참여하여 개선대책의 실효성을 제고해야 한다. 지역 여건을 잘 파악하고 있는 시·도지사가 실효성 있는 광역교통개선대책 수립에 적극 참여하여 광역교통개선대책 및 광역교통시설분담금 등에서 바람직한 대안을 추진해야 한다.

민간사업 활성화를 위한 제도개선과 사업자가 원할 경우 모든 종류의 부대사업을 허용함으로써 민간자본의 공공시설 투자로의 유입을 활성화해야 한다. 물론 무분별한 부대사업의 허용은 특혜 소지 등의 문제가 있으나, 철도 이용활성화와 지역 주민들에 대한 편의제공까지 가능한 부대사업의 경우 민간사업자에게도 자유롭게 허용해 주는 것이 바람직하다. 정부 및 각 지자체는 이 같은 제도변화 및 금융시장의 여건변화 등을 지속적으로 모니터링하여, 민간자본의 효율적인 참여를 유도할 수 있도록 행정적인 지원을 계속해야 하며, 불합리한 법령 및 제도 개선을 위해 노력해야 한다.

철도의 경쟁력을 확보하기 위해서는 무엇보다 속도를 향상시키는 것이 중요하다. 이

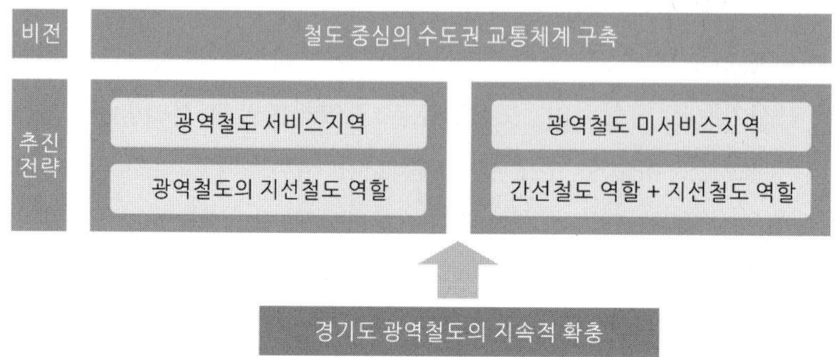

그림 12-4 경기도 도시철도 추진방향

를 위해서는 차량의 고속화 및 이를 지원하는 선로 · 구조물 · 신호 · 통신 · 차량 시설의 개선이 뒷받침되어야 한다.

급행철도, 2층철도, 좌석전용철도, 고급형 출퇴근 전용철도 등의 도입으로 이용자 선택의 폭 확대 및 가격을 차별화하는 것이 필요하다.

신규로 건설되는 철도노선의 경우 제3의 운영기관(공사, 민간)이 운영하도록 하여 운영비용의 절감도 추진해야 한다.

대중교통요금이 물가에 미치는 영향도 고려해야 한다. 중앙정부에서 철도요금 수준 결정에 관여해 합리적인 요금결정 절차를 왜곡하고 있기 때문에 요금결정체계의 개선도 필요하다. 대중교통 통근비용을 월 5만 원 보조 시 14.3%의 대중교통 수단전환 효과가 있을 것으로 연구되었다(한국교통연구원, 2008). 따라서 대중교통 비용의 근로소득공제 시 대중교통 요금인하 효과로 인해 대중교통의 이용수요가 증가될 것으로 기대되고 있다. 또한 역세권 통합개발 방식을 도입하여 도보권 내 철도이용수요를 창출하고, 운영주체가 수익사업을 할 수 있는 여건을 조성해야 한다. 부동산 개발, 임대사업 등 부대사업 수익으로 운영손실을 보전할 수 있는 경영의 선순환 시스템을 구축할 수 있도록 하는 것이 필요하다.

철도건설을 위한 토지개발을 수월하게 할 수 있도록 제도적인 지원과 재정적인 인센티브가 제공되어야 한다.

다양한 경전철은 시스템별로 적정 용량 및 속도, 장단점 등이 있어 향후 도시철도 시스템 선정 과정에서 지역별 특징을 충분히 고려하여 추진될 수 있도록 한다.

'경전철=고가구조물'이란 인식을 버리고, 지하 경전철 시스템이나 노면전차와 같은 다양한 접근방식을 고려하는 것이 필요하다.

제13장 사람중심의 철도교통정책

1 철도 연계성 및 접근성 향상 정책

(1) 연계 및 접근성의 기본 개념

도로교통과 달리 자기만의 노선을 가지고 있는 철도가 국가중심의 교통체계로 발전하기 위해서는 철도의 단점을 보완할 수 있는 연계교통체계가 필수적이다.

'연계'란 환승센터로 접근하는 각종 교통수단(철도, 항공, 버스, 지하철, 택시, 승용차, 자전거 등)간의 상호연결 또는 연속을 나타내는 상태를 의미한다. 연계의 주체는 교통시설과 교통수단이며, 연계체계는 연계교통시설과 연계교통수단 2가지로 구분하여 구축해야 한다. 연계교통시설은 환승센터로 연결되는 교통시설의 다양성과 접근시간의 신속성을 고려해야 한다.

또한 연계교통수단은 환승센터로 접근하는 교통수단의 승하차 시설인 주차장, 정거장, 정류장, 자전거 보관소 등의 용량과 배치의 효율성을 고려하여 구축해야 한다.

철도의 연계성 및 접근성을 높일 수 있는 정책들을 철도교통수단과 관련 시설별로 살펴보자.

(2) 고속철도

고속철도는 간선교통수단으로 정차역과 출발지나 목적지간의 지선교통서비스를 담당하는 타교통수단들과의 연계체계가 잘 구축되어야 효율성을 높일 수 있다. 교통연계서비스가 잘 갖춰져 있다면 고속철도의 직·간접 영향권에 있는 거주자들의 접근성이 높아져, 보다 많은 지역의 이용자가 고속철도의 혜택을 누리게 되는 것이다. 그러나 현실

은 지선교통 운송체계의 연계운행이 미흡하고, 특히 고속철도와 관련된 운송체계의 통합운영계획이 마련되어 있지 않아 대책 마련이 시급하다. 고속철도의 연계성과 접근성을 높이기 위해서는 다음 사항들을 고려한 정책이 필요하다.

첫째, 고속철도 연계교통망 확충과 정차역 주변 연계교통시설의 확충은 지역계획과 조화시켜 추진해야 한다. 고속철도는 간선교통수단으로 지역 교통망과 연결된다. 고속도로나 국도, 일반철도처럼 국가가 투자하는 교통망뿐만 아니라 지방자치단체가 투자하는 특별시도, 시군도, 지방도와도 연결된다. 따라서 지방자치단체가 지역개발 및 연계교통체계 정비계획을 수립할 때 적극적으로 고속철도와의 연계 및 접근을 고려해야 한다.

둘째, 앞서 언급한 지방자치단체의 적극적인 역할을 제약하는 행정 및 제도적 제약조건을 개선해야 한다. 국가통합교통체계효율화법 제6조 및 국가통합교통체계효율화법 시행령 제5조에 따르면 연계교통시설 설치 시 중기 교통시설투자계획에 있어서 중앙정부와 지방정부간의 연계개발을 위해서 재원분담에 관한 기준 및 조건 등을 마련해야 한다고 제시되어 있다. 하지만 연차별 계획의 내용을 구체적으로 제시하도록 하지는 않았다. 따라서 중기 교통시설투자계획에서 제시한 재원규모로 각 연도별 수행 가능한 계획들을 제시하도록 하여 체계적이고 구체적인 교통시설투자계획을 수립해야 하도록 해야 한다.

셋째, 도시교통정비촉진법의 연차별 시행계획의 범위를 연계교통체계 구축항목으로 확장시키고, 단기, 중기, 장기별로 투입비용이나 대안설정 방법 등을 달리하되 각 단계가 유기적으로 연결되어 단계별로 연계교통체계를 구축하도록 유도해야 한다.

넷째, 중앙정부와 지자체간의 원활한 협의를 위한 실무협의체가 운영되어야 한다. 국가기간교통시설은 교통시설에 따라 시행 주체가 다르고, 교통시설물의 설치 지역에 따라 해당 지자체도 다르므로, 중앙정부와 지자체간의 원활한 협의가 없이는 연계교통체계를 효율적으로 구축하기 힘들다. 따라서 관련 공무원과 전문가로 실무 협의체를 구성하여 지역 의견수렴과 정책조정을 하는 것이 바람직하다.

마지막으로 교통시설 및 역사시설 등 시설적인 측면과 운영적인 측면을 통합, 유기적으로 고려한 연계수송 통합운영체계를 만들어야 한다.

(3) 수도권 광역급행철도

경기도에서 추진 중인 수도권 광역급행철도(GTX)는 서울을 중심으로 한 수도권 주요 거점을 20분대로 연결하는 신개념의 광역교통수단이다. 수도권 광역급행철도의 효과를 경기도 전역에 효율적으로 파급하기 위해서는, 지선(Feeder System)으로서 도시철도를 확충하여 철도 접근성을 높여야 한다.

전철망이 격자순환형으로 촘촘하게 짜여있는 서울시는 대부분의 지역에서 전철역이 도보권에 있으나, 방사형으로 구성된 경기도는 전철노선 축에 있는 일부 지역 외에는 전철역으로의 접근성이 매우 열악하다. 방사형 구조는 특징상 중심점에서 멀어질수록 노선간 거리가 늘어나 노선축 이외의 지역은 접근성이 떨어질 수밖에 없다. 그러므로 향후 경기도 도시철도사업은 수도권 광역급행철도의 효과를 극대화할 수 있도록 접근성을 높이는 지선 역할을 담당할 수 있도록 구축하는 것이 바람직하다.

현재 수도권 대중교통간 통합환승할인이 적용되고 있으나 향후 민자사업으로 진행되는 도시철도가 더욱 늘어나면 환승할인도 더욱 효율적으로 해야 할 것이다.

(4) 복합환승센터

복합환승센터란 열차, 항공기, 선박, 지하철, 버스, 택시, 승용차 등 교통수단간의 원활한 연계교통 및 환승활동과 상업, 업무 등 사회경제적 활동을 복합적으로 지원하기 위해 환승시설 및 환승지원시설이 상호연계성을 가지고 한 장소에 모여 있는 시설이다.

복합환승센터를 개발하면 에너지를 많이 소비하고 온실가스 많이 배출하는 자동차 중심교통체계를 교통수단간 연계강화(Intermodualism)를 통한 녹색교통체계로 전환시키는데 기여할 것으로 기대된다. 아울러 대중교통 편의와 접근성을 높여 승용차 이용억제와 대중교통 이용활성화를 유도해 도시교통문제 해소와 도시재생에 기여할 수 있다.

일본은 물리적 구조를 개선하고 IT기술을 도입한 첨단환승센터를 추진하고 있다. 동일본철도회사그룹이 스마트스테이션(Smart Station)의 일환으로 환승센터에 들어오는 버스, 택시의 효율적인 운영을 위해 버스와 택시 승강장 수요를 관리하는 시스템을 연구하고 있으며, 연구와 유비쿼터스 정보공간을 구축하여 이용자들에게 다양한 정보를 제공하기 위해 노력하고 있다.

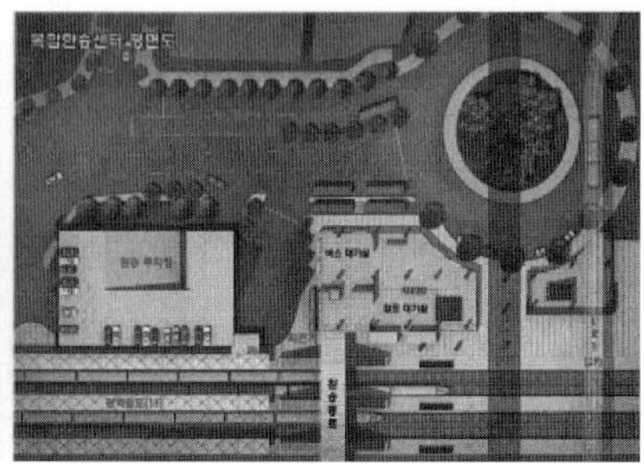

그림 13-1 KTX 부전역 복합환승센터 조감도 및 평면도

또한 스이카(Suica) 카드, 무선랜 및 휴대전화 등을 통하여 교통수단에 대한 정보나 시설물 이용정보 등을 제공하여, 이용자의 안전성, 쾌적성 및 편의성을 증대하여 서비스 질의 향상을 목표로 하고 있다.

유럽의 경우 환승센터의 물리적인 구조 연구가 활발히 이루어지고 있다. 영국은 모바일 전송기술을 이용해 철도의 실시간 출・도착시간 정보를 제공하고 있다. 런던지하철을 운영하는 런던교통국(Transport for London)은 출퇴근 시 지정구간을 운행하는 지하철의 사고, 지연 등의 정보를 핸드폰으로 전송하는 서비스를 시행하고 있다.

또한 히드로터미널(Heathrow Terminal) 주차장은 차량번호판 인식시스템을 이용한 주차권발급, 주차면 관리시스템을 이용한 잔여주차면 정보 및 주차면까지의 이동경로 제공, 주차장 입구에서 주차위치 재확인 등 첨단기기를 활용한 서비스를 제공하고 있다.

2 철도교통의 안전 및 환경

(1) 관련 법규 정비

철도사고는 감소추세이지만 10년 주기로 대형사고가 발생하고 있다. 열차충돌・탈선・화재 등 중대 사고율은 열차운행 1억 km당 3.18건(2013년)으로 선진국 수준에 도달한 반면, 종사자의 직무사고율은 선진국에 비해 5배, 건널목 사고율은 2배 이상 높은 실정이다. 열차사고는 종사자의 과실, 차량고장 요인 등으로 발생하고, 건널목 사고는 97%가 도로차량 운전자, 보행자 등 건널목 이용자 과실에 의해 발생한다. 운행장애는 일반철도, 도시철도, 고속철도 순으로 발생하며, 장애발생 건수 중 50%가 차량고장으로 발생한다. 철도안전과 관련된 대표적인 법규는 철도안전법(2012.12.18)과 철도안전법 시행령, 철도안전법 시행규칙이 있다.

가. 철도안전종합계획

정부는 철도 교통사고, 인적재난, 재해, 테러 등으로부터 철도안전 수준을 혁신적으로 제고하기 위해 '철도안전종합계획'을 추진 중이다. 현재 제2차 철도안전종합계획을 추진 중인데, 2011년부터 2015년까지의 계획 기간 내에 철도사고와 인명피해를 현재 수준의 10%까지 줄이는 목표를 설정하고, 국민이 안심하고 철도를 이용할 수 있도록 안전한 철도환경을 실현하는 데 노력하고 있다. 철도사고(열차운행 1억 km당)는 2009년에 12건에서 2015년 10건으로 줄이고, 사망자 피해(자살자 제외)는 2009년 43명에서 2015년 38명으로 감소시키는 것으로 목표를 설정하였다.

이 계획은 고속철도 · 일반철도 · 도시철도 등 대상 철도를 총망라하여 철도에서 발생하는 교통사고, 인적재난, 재해, 테러 등 각종 사고에 대한 종합적인 안전대책을 수립한 계획으로서 의미가 있다. 이 계획의 주요 내용은 다음과 같다.

첫째, 철도종사자의 자질향상 및 근무환경을 개선하도록 하고 있다. '철도차량 운전면허제'를 시행하고, 철도관제사에 대한 신체검사(2년 주기) · 적성검사(10년 주기)를 강화하였다. 대학 · 연구원 등과 연계한 철도전문가 양성프로그램을 개발하고, 철도안전 교육기관 지정 및 전문화하고 있다. 또한 철도현장의 직무사고를 예방하기 위해 열차접근경보기, 안전울타리 등 안전설비를 지속적으로 설치하고 있다.

둘째, 철도안전시설을 정비 및 확충하였으며, 건널목사고 근절을 위해 전국 466개 건널목을 연차적으로 입체교차화하고, 지장물 검지장치 등 첨단 보안장비를 확대 설치하였다. 농어촌도로상 건널목의 입체화 촉진을 위해서 '건널목개량촉진법' 개정을 통해 선로변 무단횡단 사고를 예방하는 차원에서 울타리(201 km)를 설치하고, 승강장 추락사고 방지를 위한 스크린도어(131개소) 및 안전펜스(175개소) 등 안전설비를 단계적으로 확충 중이다.

기타 주요 내용은 다음과 같다.

- 터널 · 교량 등에 대한 안전진단을 통해 노후시설을 지속적으로 개량하고, 1 km 이상 터널(75개) 내 방재설비를 연차적 보강
- 철도차량의 안전성 제고와 관련하여 20~30년 된 노후 차량의 연차적 교체 및 안전운행을 위해 차량 개조 및 성능 개선사업 추진
- 역무원 · 승무원 및 관제요원과 소방서 등 내 · 외부기관간의 다자간 무선통화 가능 통합무선망(TRS) 구축
- 철도차량 제작검사 · 성능시험 및 노후 차량의 정밀안전 진단 시행으로 차량 안전성 검증 강화
- 예방중심 철도 안전관리 감독을 강화하여, 철도운영기관의 안전관리체계 승인, 1년마다 정기검사 실시
- 유류 등 위험물 운송차량의 안전설비기준, 위험물 포장 및 표시방법 등을 규격화하는 등 위험물 안전관리 강화
- 철도사고 조사 및 위기관리체계를 구축 방안으로 항공 · 철도사고조사위원회 통합 설치
- 철도차량의 운행기록장치 설치 의무화 및 철도사고통계분석 프로그램 개발
- 철도안전 교육장(1개소) 설치 및 철도안전 홍보 · 전시회 · 문예활동 지원 등 안전문화 확산
- 기관사 직무능력 평가 시뮬레이터 및 충돌 · 탈선 · 화재 등 사고유형별 안전도 평가와 위험도분석기술 개발, 철도안전도 평가를 위한 첨단 시험설비 구축

나. 철도차량 안전기준에 관한 지침 개정

'철도차량 안전기준에 관한 규칙' 개정에 따른 하위규정 정비와 현행제도의 운영상에 나타난 일부 미비점을 개선・보완하고자 철도차량 안전기준에 관한 지침도 개정하였다.

주요 내용으로는 차량과 운전업무종사자 연계안전 신설, 철도차량 탈선계수 측정 및 산정기준 신설, 철도차량 전복방지 및 전복강도 세부기준 신설, 철도차량용 창유리, 여객용 출입문 및 객실의자에 대한 세부기준 신설, 철도차량 연결부 지지장치 세부기준을 신설하였다.

다. 철도시설 안전기준에 관한 규칙 개정

2011년 철도의 고속화와 철도시설의 중량화 등 기술 발전에 따른 여건 변화에 따라 효율적인 안전기준을 정립하고, 안전기준이 없는 전철전력설비, 철도신호설비 및 철도통신설비 등에 대한 기준을 마련하고 있다. 안전성 분석의 대상, 절차 및 기준을 개선하고, 철도 기술발전 및 운영환경 등의 변화에 유연하게 대처할 수 있도록 세부적인 내용 및 수치적인 기준을 국토교통부장관의 고시로 위임 등 철도시설 안전기준에 관한 규칙(2011.06)을 개정하였다.

안전기준 신설・강화, 장애인・노약자 및 일반승객의 안전 확보를 위한 역시설 안전기준(제42조~제53조), (승강장) 안전난간, 스크린도어, 감시장치 등의 설치기준, (소방시설) 화재경보설비, 지하승강장의 제연설비 기준, (피난설비) 피난통로 규모 및 유도등, 비상조명 설치 기준, (에스컬레이터 및 수평보행기) 규모 및 안전설비 기준, (승강기) '장

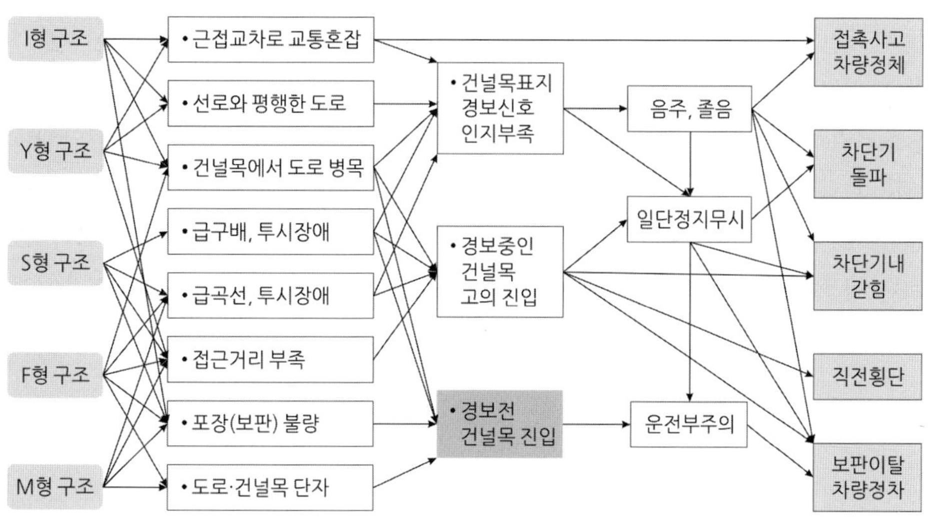

그림 13-2 건널목 사고 메커니즘 및 대책

애인 · 노인 · 임산부 등의 편의증진 보장에 관한 법률'에서 정한 안전기준 적용, 전철전력설비의 안전기준(제58조~제62조), (인체 피해예방) 감전 등의 예방을 위한 안전설비 기준, (화재예방) 피뢰기 설치 및 불연재 사용 등에 대한 기준, (전철전력설비의 안전조치) 변전소 용량, 급전계통 보호설비, 전차선로의 시설물의 절연이격거리 확보, (사고피해 저감) 변압기 및 보호계전기의 안전조치, 주요 전철전력설비의 사고에 대비한 예비설비 설치 확보, 신호 및 통신설비의 안전기준(제63조~제69조), (신호 및 통신설비의 구조) 신호 및 통신설비의 주요장치 제작 설치 시 준수할 사항, (신호 및 통신설비의 설치) 설치 환경조건, 보호장치 등에 대한 기준을 마련하였다.

또한 과도한 안전기준을 합리적으로 개선(제14조)하기 위하여 터널 입 · 출구에 진 · 출입로 및 구난지역을 의무적으로 설치하던 것을, 주변 진입도로를 이용하여 구난활동에 지장이 없거나 여건상 진입도로 설치가 불필요하다고 판단될 경우 진입로를 설치하지 않고 구조 촉진을 할 수 있는 별도구난 계획을 수립하여 대체하도록 함으로써 경제적인 철도건설을 기대할 수 있게 되었다.

(2) 철도시설

철도 운행사고 중 약 90% 이상을 차지하는 철도건널목 충돌사고는 가장 심각한 안전문제들 중 하나이다. 최근에는 인간의 행동 측면에서 중요성을 인식하여 건널목에서의 조치보다는 건널목 정보에 초점을 두고 있다.

기존 열차검지시스템은 열차의 속도와 무관한 정거리 방식과 열차의 가감속을 고려하지 않은 등속도의 정시간 방식을 사용함으로써 효율적인 건널목 제어에 한계가 있다. 이에 한국철도기술연구원에서는 철도건널목 지능화를 통한 사고예방 및 피해저감 기술개발을 연구하고 있다.

철도건널목 지능화를 위한 고려사항은 다음과 같다. 관련 제어장치들과의 연계를 위해 열차와의 연계 및 도로교통제어기와의 연계 · 구축, 최신의 지능화된 기술을 적용한 영상처리로 건널목 지장물을 검지하고, RF통신에 의한 연속적인 정보 전송, 다각적으로 정보를 제공하기 위해 도로측 운전자에게 건널목 정보를 제공하고, 열차운전자에게 건널목 상황정보 제공이 주요 고려사항이다.

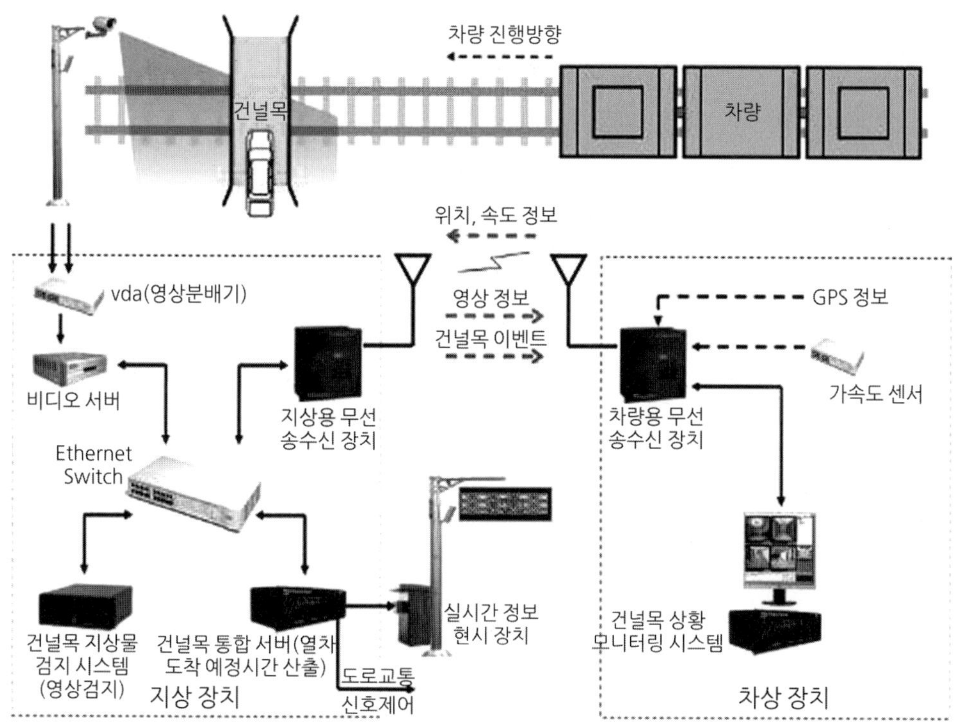

그림 13-3 철도건널목 지능화 시스템 구성

(3) 시설물 감시 및 조기경보시스템

한국철도공사는 2004년 철도시설물에 대한 강우 조기경보시스템을 개발하였고, 2006년부터 본격 가동하고 있다. 현재는 기상청 데이터와 연계해 철도 강우 방재 업무용으로 활용 중이며, 구축 센서는 전국 철도 라인을 따라 약 15 km 간격으로 총 207개소가 설치되어 운영 중이다. 한국철도공사 뿐만 아니라 국토교통부까지 연계되어 활용되고 있으며, 철도시설물 안전관리에 핵심이 되는 기상정보를 수집 · 관리할 수 있다.

철도 연변 절토 및 낙석사면은 태풍 및 장마에 의한 피해가 가장 많이 발생하는 시설물이다. 철도사면에 대한 이상 발생 시 경보전파는 SMS, MMS, VMS 등을 통하여 다각적으로 전파되며, 특히 국토교통부와 같은 상위기관 및 유관기관에 동시에 전파할 수 있도록 되어 있다.

철도 터널의 테스트 베드(Test Bed) 감시시스템은 현재 경부선과 호남선 총 2개소에 설치되어 시험운영 중이다. 설치된 센서로는 균열계, 레이저 내공변위계, OTDR 센서, 우량계 등이 있다. 이 감시시스템은 경부고속철도 노선의 고가교에 총 1개소가 설치되어 시범 운영하고 있다. 센서로는 PZT센서, 가속도계 및 변형률계 등이 설치되어 있다.

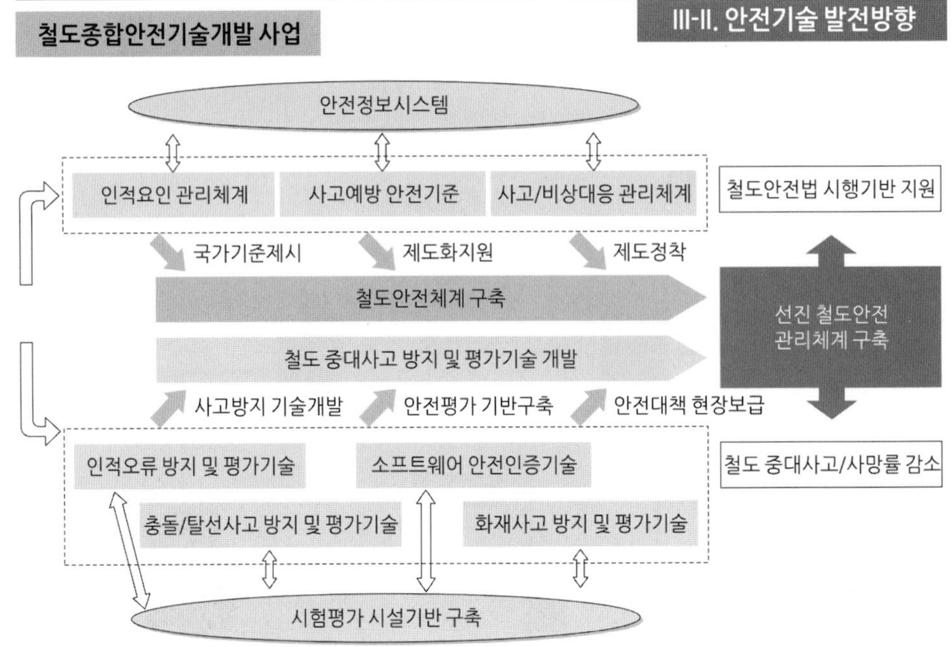

그림 13-4 철도안전 기술발전 방향

철도교량은 동적 측정이 필수적이며, 매순간 분석하여 교량의 안전성을 평가해야 하는 기술적인 어려움을 해결하기 위하여, 이 시스템은 동적 데이터를 기반으로 교량의 고유주파수 분석, 모드 분석 등을 실시간으로 수행한다.

(4) 해외 안전정책 사례

유럽연합(EU)은 1995년 이후 지속적인 연구를 통해 개별국가 내 철도안전 및 상호운영의 안전을 보장하기 위한 법적인 장치와 효과적인 안전관리시스템을 마련해왔다. 철도안전을 위한 대표적인 법령은 유럽연합의 철도안전에 대한 지침 Directive 2004.49.EC, 철도회사의 면허에 대한 지침 95/18/EC, 철도시설 용량의 할당, 철도시설의 이용 및 안전인증 비용의 부과에 대한 수정지침 2001/14/EC 등이 있다.

Directive 2004/29/EC(이하 RSD)에서 공통안전목표(CST), 공통안전자료(CSI), 공통안전방법(CSM)과 SMS 요구사항을 명확하게 밝히고 있다.

영국은 RSD가 발효된 2004년 이전부터 위험도에 기반한 안전관리체계를 지속적으로 실행하고 있었다. 철도안전수준이 어느 정도 안정된 이후에도 이러한 시스템을 도입함으로써 점진적인 안전개선이 이루어질 뿐만 아니라, 철도기술 발전에 따른 새로운 위험요인에 대해 용이하게 대처하고 있다.

3 재난재해 및 테러 대비를 위한 보안향상

(1) 재난재해 예방 및 대책

최근 전 세계적으로 빈발하고 있는 대형 지진은 인류에게 많은 인명 및 재산 피해를 주고 있다. 우리나라도 1978년 기상청에서 지진관측을 시작한 이후 2013년까지 규모 3.0 이상의 지진이 330회 발생하였다. 최근 환태평양 지구대의 활발한 지진 활동으로 한반도 주변에서도 지진 발생 빈도가 증가하고 있는 추세이다.

국토교통부는 주요시설물에 대한 지진 피해를 최소화하기 위해 도로, 철도 등 SOC 시설에 대한 지진방재대책을 더욱 강화하고 있다. 주요 SOC 시설의 내진설계 기준을 1979년부터 시설물별로 단계적으로 적용해 지진 규모 5.4~6.5 수준의 지진에 대한 내

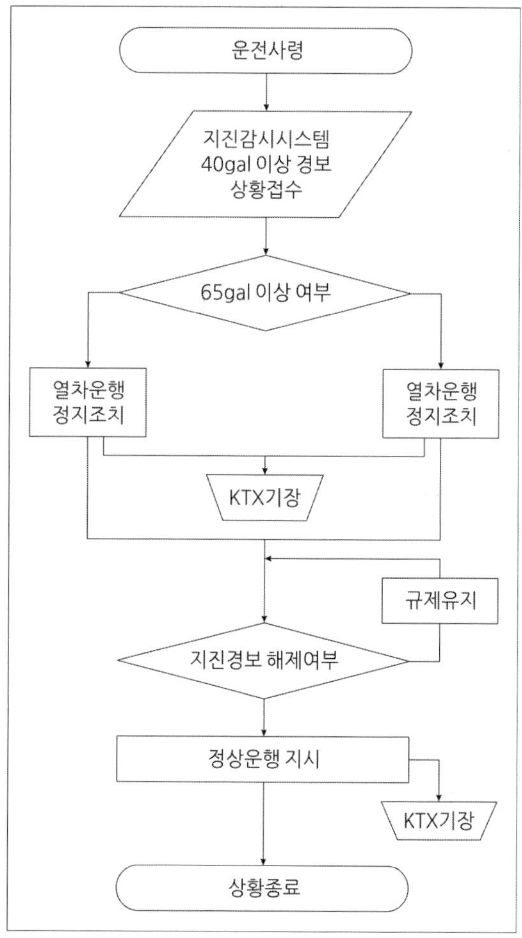

그림 13-5 지진 발생 시 조치 흐름도

표 13-1 경부고속철도 지진계측 설비의 설치현황

구 분	경부고속철도	
	서울 ~ 대구	대구 ~ 부산
노선연장(km)	약 250	약 130
설치간격(km)	평균 12	평균 8
설치개소수	21개소	16개소

진성능을 확보해 왔다. 또한 지진재해대책법(2009년 3월 시행)에 따른 국토부 소관인 내진설계 대상 12개 시설물 중 삭도를 제외한 11개 시설물에 대해 내진설계기준을 운영하고 있다. 내진설계기준이 적용되는 시설물로는 도로(교량, 터널), 철도(교량, 터널), 도시철도, 공항, 항만, 댐, 건축물, 국가하천수문, 공동구 등이 있다.

지진 발생 시 철도안전을 위해서 경부고속철도 선로상에 지진감시시스템을 운영 중이다. 지진 발생 시 운행조치는 광명역 지진감시센터에서 주관하고 있다.

2009년 제정된 지진재해대책법은 매우 획기적인 것으로 평가되고 있으나, 개선해야 할 점이 있다. 무엇보다 국내 실정에 적합한 운전 규제 기준을 결정할 필요가 있다. 고속철도 운전관계 규정집에서 사용하도록 규정하는 가속도는 고속철도 지진감시시스템에서 측정한 가속도 값이다.

그러나 현재 설치되어 있는 고속철도 지진감시시스템에서 교량 상판과 교각 하부에 가속도계를 설치하여 측정된 가속도는 지표면 가속도와 달리 구조물의 특성을 반영한 가속도 값이다. 따라서 현재 구축되고 있는 고속철도 지진감시시스템과 운전 규제 규정을 적용하면 작은 지진에도 고속열차를 서행 혹은 중지시킬 가능성이 높아진다. 따라서 국내 고속철도 지진감시시스템에 적합한 운전 규제 기준을 결정할 필요가 있다.

또한 지진 발생 시 KTX 기장이 신속하고 정확하게 열차를 서행 혹은 중지시키기 위해서 복잡한 규정을 단순화하여 일본과 같이 서행 기준을 없애고 정지 기준만을 적용하는 것이 바람직할 것이다. 현재 설치되고 있는 지진감시시스템을 활용하면 관제사가 KTX 기장에게 구두로 전달하는 서행 혹은 중지 명령보다는 자동화된 지령 전달 방식을 채택하는 것이 타당할 것으로 판단된다.

(2) 테러예방 및 대책

최근 테러리즘의 경향은 과거 국가중요시설을 대상으로 테러리즘을 자행하던 '경성목표물(Hard Target)'에서 불특정 다수를 대상으로 하는 대중교통수단이나 다중이용시설

등에 대한 '연성 목표물(Soft Target)'로 변화하는 추세에 있다(이승철, 2010).

가. 우리나라의 철도 테러예방 대책

우리나라는 국토 전체에 다양한 형태의 철도가 연결되어 있으므로, 테러 노출위험도 높을 뿐만 아니라, 테러가 발생할 경우 인명피해와 경제적 피해 역시 막대할 것이다(테러통합정보센터, 2011). 이에 정부는 국정원, 경찰청, 철도공안원 등 범국가적 차원의 대테러 대책반을 운영하고 있다. 2004년 3월부터 서울역 등 주요 역과 차량기지 등 주요 시설에 상주하면서 테러 예방활동을 하고 있다.

북한이 대남테러를 대상으로 선택할 수 있는 주요시설물 점검 및 보안강화를 지속적으로 실시하고, 특히 출퇴근시간대의 테러예방활동을 강화해야 한다. 철도시설과 복합시설에 대한 테러 예방적인 측면의 실태점검과 보안강화를 실시하고, 보안설비시스템의 설치・관리 등에도 국가대테러기관과의 협력관계 구축을 위한 관계법령의 정비도 실시해야 한다. 또한 이슬람 원리주의자들의 입국과 국내활동에 대한 감시 및 합법적인 활동에 대한 테러예방활동도 강구해야 한다.

나. 미국의 철도 테러예방 대책

미국은 2005년 7월 런던 지하철, 버스에 대한 연속폭파테러 이후, 대량 수송기관의 테러에 대한 취약성이 재인식되었다. 뉴욕경찰본부(NYPD)는 뉴욕지하철의 개찰, 역구내, 차내 등에서 승객의 수화물 검사를 개시하였다. 검사에 동의하지 않으면 거부할 수도 있지만, 거부한 경우는 승차가 허락되지 않는다.

뉴욕경찰은 무작위적인 수화물 검사를 줄이면서 지하철 내에서 폭파테러를 방지하기 위한 새로운 장치(폭발물 검출장치)를 도입하였다. 뉴욕도시권 교통국(MTA)은 지하철 네트워크에 1,000여 대의 비디오 카메라와 3,000여 대의 물체센서를 설치하였고, 277개의 지하철역(열차 내는 제외)에 휴대전화망을 정비한다고 발표하였다.

다. 영국의 철도 테러예방 대책

런던지하철은 1970년대에 쓰레기통의 철거, 투명비닐자루화 등을 실시하였다. 1980년대에는 폭탄 등의 방치에 대한 예방대책으로 역구내 자판기의 천정 부분을 경사지게 하고, 간극이 없도록 하고 있다. 또한 2004년 3월 마드리드에서의 테러 이후에 이용자 계몽 캠페인으로 방치화물에 대한 주의를 환기하고 있다.

테러 관련 정보는 정부첩보기관으로부터 교통부를 통하여 런던지하철에도 전달된다.

이 내용은 당연히 공표되지 않지만 미국과 같이 테러의 위협 레벨을 일반 시민에게 알리지 않고 있다. 이것은 경계태세를 테러리스트에게 알릴 필요가 없다는 사고방식 때문이다. 또한 테러 발생 후에 영국교통경찰(BTP)과 메트로폴리탄 폴리스가 역 등에서 경비를 서고 있다.

제14장 효율적인 철도교통정책

1 복합운송 및 녹색물류

(1) 물류 수송체계 개선

'물류정책기본법' 제2조 제1항 제1호에 규정된 물류(物流)란 재화가 공급자로부터 조달 · 생산되어 수요자에게 전달되거나, 소비자로부터 회수되어 폐기될 때까지 이루어지는 운송 · 보관 · 하역 등 이에 부가되어 가치를 창출하는 가공 · 조립 · 분류 · 수리 · 포장 · 상표부착 · 판매 · 정보통신 등을 말한다.

도로의 정체나 배기가스 등 교통공해의 대책상 앞으로는 차량이 도로 어디나 자유롭게 통행하는 것이 허용되지 않는 추세이다. 교통공해 감소대책으로 혼잡세가 징수되고, 디젤차량의 제한 등 규제가 강화될 것이다.

폐기물 대책으로는 포장, 용기회수의 의무가 강제되고 있으며, 세계적으로 환경기준도 강화되는 등 환경규제가 강화되는 추세로 물류환경의 변화가 이루어지고 있다.

환경 대책비, 교통 대책비 등의 사회적 비용이 증대하고 있다. 이러한 상황에서 사회적 비용의 증가는 개별적인 비용 상승으로 파급될 것이다.

최근 전략적 물류협조의 필요성이 강력히 요구되고 있다. 타기업과의 연대, 제휴와 같은 전략적인 동맹의 필요성이 높아지고, 이러한 협력에 대한 대책과 실현이 요구되고 있는 상황이다.

또한 동북아 경제권이 활성화되고, 유럽, 중앙아시아 등과의 교역량이 확대됨에 따라 남북철도의 연계는 TSR[1], TCR[2], TMR[3], TMGR[4]의 이용을 촉진하게 될 것이다. 교역량

1) TSR : 부산, 광양 – 서울 – 평양, 원산 – 두만강 – 핫산(러시아)
2) TCR : 부산, 광양 – 서울 – 평양 – 신의주 – 단동(중국)

증대에 따른 국제간 철도수송 활성화를 위한 시설투자 및 기술적 애로 사항을 해결하기 위한 연구사업이 촉진되어야 한다.

아시아를 중심으로 한 국제 교역의 증가는 국제물류산업의 성장으로 이어졌고, 주요 물류거점 국가들은 물류산업의 활성화를 통해 자국 이익의 극대화와 선진국 도약의 기반으로 활용하고자 많은 노력을 기울이고 있다.

한국 정부도 이러한 동향을 인지하고 2000년 이후 국가경제의 성장기반 강화와 선진국 진입의 일환으로 동북아의 물류 거점화를 추진하고 있으나 아직 성과가 미흡한 실정이다.

(2) 국내 물류산업 현황 및 문제점

글로벌 물류 중심화의 주축인 물류기업, 특히 국제물류기업들은 성장에 필요한 규모와 범위의 경제를 확보하지 못하고 있고, 전문성 결여, 불합리한 거래 관행 등 제한적으로 주어진 성장 기회조차 제대로 활용하지 못하고 있다.

국내 화물운송의 수송분담률을 살펴보면 공로(도로)가 총 수송량의 약 76~80%를 차지하고 있으며, 분담률은 매년 증가하고 있다. 이에 비해 철도의 수송분담률은 5~6%에 그치는 등 도로수송에 비해 분담률이 매우 저조한 것으로 나타났다. 이것은 화물수송의 철도전환 정책, 녹색성장정책에 역행하는 결과로 아직 우리나라의 철도환경과 지원이 열악하다는 것을 보여 주고 있다.

정부의 물류시설 공급 위주 정책이나 시급 과제 및 사안 위주의 물류정책도 물류거점 선진국으로 도약하기 위한 저해 요소 중 하나이다.

글로벌 물류시장은 2004년 이후 연평균 5.8%씩 성장하여 2012년 기준으로 5조 달러에 달하는 거대한 시장이다. 이는 우리나라 총 GDP인 1조 1,975억 달러(2013년 IMF 기준)의 4.2배, 총 수출액인 5,526억 달러(2013년 WTO 기준)의 9배에 이르는 규모이다.

우리나라는 2012년 세계 물동량의 7%[5]를 차지하였으나, 국내 물류기업이 글로벌 물류시장에서 점유하는 비율은 2.7%[6]에 불과한 실정이다. 이는 국내 물류기업이 2012년 한 해에 물동량 기준으로 우리나라가 가질 수 있는 약 2,100억 달러 규모의 글로벌 물류

3) TMR : 부산, 광양 – 서울 – 평양, 원산 – 남양 – 도문(중국)
4) TMGR : 부산, 광양 – 서울 – 평양 – 신의주 – 단동(중국) – 북경
5) 2012년 세계 총해상물동량은 157.55억 톤이며, 우리나라의 총해상물동량은 약 11.04억 톤으로 점유율이 약 7.0% 수준임
6) 2012년 글로벌 물류시장 규모인 5.0조 달러 대비, 2012년 운수업 조사의 물류업 매출 합계인 141.6조 원을 2012년 12월 환율인 1,063.0원을 적용하면 약 1,332.1억 달러가 도출되며, 이 비율은 약 2.7%가 됨

표 14-1 국내 화물 수송분담률 [단위 : 화물(천톤),분담률(%)]

구분		2008	2009	2010	2011	2012
합계	수송량	729,824	766,677	778,031	787,355	892,549
철도	수송량	46,805	38,898	39,217	40,012	40,309
	분담률	6.4	5.1	5.0	5.1	4.5
공로	수송량	555,801	607,480	619,530	621,474	732,918
	분담률	76.2	79.2	79.6	78.9	82.1
해운	수송량	126,964	120,031	119,022	125,588	119,057
	분담률	17.4	15.7	15.3	16.0	13.3
항공	수송량	254	268	262	281	265
	분담률	0.1	0.1	0.1	0.0	0.0

자료 : 통계청

시장을 상실하고 있음을 의미한다.

국내 국제물류기업의 현황을 살펴보면 국제물류주선업체를 중심으로 한 다수의 영세 기업들과 국내사업 위주의 중소형 항만 운영사, 비교적 글로벌화가 진전된 중대형 해운 선사 그리고 대형 제조업과 연계된 2자 물류기업과 일부 3자 물류기업들이 주로 활동하고 있다.

국제물류기업은 국제화 미흡, 기업난립, 과다경쟁, 불합리한 관행 등으로 운임변화, 유가 인상 및 환율 변동 등 외부적인 요인에 매우 취약한 구조이기 때문에 물류활동에 어려움이 많은 상황이다.

한국 철도는 여객영업과 화물영업이 완전히 분리되어 있지 않아 여객영업 위주의 열차DIA(다이어그램)가 편성됨으로써 화물열차의 주간운행에 제약이 많고, 이로 말미암아 고객들의 요구에 부응할 수 없어 고객이 철도를 기피하는 현상이 되풀이되고 있다.

현재 화물열차의 편성은 열차DIA가 편성되어 있으나 일부 열차의 경우 비효율적으로 운행되고 있고, 운행되지 못하는 일수가 많아 화주의 수송 요구에 적극적으로 대처하지 못하는 실정이다.

이러한 화물수송체계의 제약은 수송시간의 과다 소요를 발생케 하여 화주들이 철도를 외면하게 하는 요인으로 작용하고 있다. 장기적으로는 화주의 입장에서 수송비를 낮추는 수단으로만 검토하게 될 가능성이 있음을 내포하고 있다.

주요 화물취급역을 살펴보면 컨테이너를 취급하는 CY 28개, 양회싸이로 30개, 종이를 취급하는 지류창고 8개, 기타 철강기지, 광석 창고가 각각 1개 있다.

표 14-2 주요 화물취급역 및 물류기지 현황

구 분	물류기지 조성역
컨테이너	오봉(의왕ICD), 두정, 삽교, 소정리, 조치원, 청주, 충주, 부강, 매포, 신탄진,－옥천, 약목, 양산화물(양산ICD), 부산진, 신선대, 가야, 울산항, 온산,－신창원, 남창원, 강릉, 석포, 군산, 동익산, 동산, 장성화물(장성ICD), 임곡,－송정리, 홍국사, 태금, 광양항
양회싸이로	덕소, 성북, 오봉, 춘천, 팔당, 수색, 초성리, 오송, 대전조차장, 신탄진, 청주 , 오류동, 신동, 흑석리, 부강, 음성, 간치, 신성, 연무대, 도안, 매포 , 남문산, 한림정, 극락강, 부용, 북전주, 무릉, 신녕, 평은, 장성
지류센타	용산, 성북, 온산, 오봉, 수색, 진주, 장항화물, 북전주
자동차하치장	성북, 울산
기 타	오봉·의왕 철강품유통기지, 동해 광석창고

출처 : 한국철도공사, 「철도통계연보」,2012

한국철도의 물류기지 운영상의 문제점을 살펴보면 다음과 같다.

지역별 화물수송 수요와 철도물류기지의 분산에 따라 철도물류기지의 운영효율이 저하되고 있다. 화물취급역과 철도물류기지 상호간에 지리적인 인접성이 낮아 철도물류기지의 운영효과가 크지 않고, 철도물류기지 자체도 화물의 지역별 수요 및 유통망에 적합하게 배치되어 있지 못하다. 이처럼 한국철도의 물류 관련시설 부족은 화물수송서비스 제공에도 문제가 있으며, 물량 증가에 적극적으로 대처하지 못하고 타교통수단으로 이탈된다는 문제점을 안고 있다.

(3) 해외 물류 수송정책 개선 사례

EU, 프랑스, 독일, 스위스, 일본 등 선진국의 물류수송에 대한 정책 기조는 환경오염 방지, 기존 시설물의 활용 효율 극대화 등 복합일관수송에 힘을 기울이고 있다.

해외의 경우에도 국내 수송시장과 마찬가지로 도로 수송의 비율이 급격하게 증가하여 도로혼잡으로 인한 물류비 증대, 공해 및 소음발생, 교통사고 증가 등 외부비용이 증가하였다. 이로 인하여 도로분담률 감소방안이 정책적으로 추진되고 있는 추세이다.

복합일관수송[7]은 각 교통수단이 갖는 고유한 장점을 전체 수송단계에 적용함으로써 타교통수단과의 경쟁이 가능할 것으로 평가되고 있다. 특히 도로수송 집중현상을 완충하는 역할을 함으로써 교토의정서를 이행하기 위한 적절한 방안이라 하겠다.

---

7) 복합일관운송(통운송(Throughcarriage) 또는 협동일관운송(Intermodalcarriage)이라고도 한다. 선박과 철도, 선박과 항공과 같이 서로 다른 2가지 이상의 운송수단으로 화물이 목적지에 운반되는 것. 박정섭 외 3명, 물류관리론(2005), p.61

또한 기존 철도 등의 시설을 효율적으로 활용함으로써 경제적인 측면에서도 바람직한 대안인 것이다. 복합일관운송이 대안으로 떠오른 것은 도로 위주의 물류수송에 따른 사회적 비용의 감소 외에 세계화(Globalization) 및 경제교역의 자유화, 전체 물류통합관리의 중요성 증대 등으로 단일수송수단으로는 한계에 직면했다는 환경적인 변화도 크게 작용하고 있다.

환경적인 측면에서 볼 때 철도물류수송은 매우 중요하다고 인식하여, EU는 간선수송에 있어 철도물류수송을 지원한다는 방침을 가지고 있다. 회원국 정부에 철도사업의 경영 개혁, 철도 수송사업 및 건설과 노선관리사업 회계분리 등의 지침을 정하고, 각국 정부도 그 방향으로 철도개혁을 실시하고 있다.

유럽 횡단네트워크 등 14개의 우선 네트워크건설 프로젝트를 계획하고, 그중 10개는 철도관련 노선을 추진 중에 있다. 재정적인 면에서도 구두투자은행 EIF[8]의 융자 등 제도적인 장치를 가지고 지원하고 있다.

도로수송에 대해서는 최대중량을 40톤으로 규제하고, 총중량 7.5톤 이상의 트럭은 토요일 밤 10시부터 일요일 밤 10시까지는 통행을 금지시키고 있다. 또한 여름 휴가시즌에도 통행을 금지하는 등 강력한 통행제한을 법으로 정하여 시행하고 있다.

EU의 지침에 따라 자동차배기가스(이산화탄소 등)의 규제가 3.5톤 이상의 트럭에 적용되고 있다. 12톤 이상의 트럭에는 높은 도로통행료를 부과하고, 대형화물자동차에는 속도억제장치를 의무적으로 설치하도록 하여, 시속 90 km 이상 속도를 높일 경우 이 장치가 자동으로 작동하도록 되어 있다.

제5차 행동계획(1993～2000년)에서 환경을 배려하는 기업에는 인센티브를 주고, 환경을 파괴하는 기업에는 벌금 등을 부과하도록 하여, 이를 트럭운송업 등에 엄격하게 적용하도록 정하고 있다.

프랑스 정부는 철도물류수송을 520억 톤 · km에서 1,040억 톤 · km로 2배 증가시켜 철도물류 수송분담률을 27%로 확대하는 정책을 수립하였다. 트럭 중심의 수송을 철도, 내륙해운 등으로 균등화하기 위해 철도에 세제지원, 보조금지급, 트럭규제 등의 정책을 취하고 있다.

프랑스는 정책적으로 많은 정부 보조금을 지원하고 있는데, 철도 인프라를 담당하는 프랑스 철도시설공단(RFF)에 역과 환적 시설정비 사업 경비의 50%을 보조하고 있다. 1998년에 환적시설 등의 정비보조는 1억 프랑(180억 원)에 달하고 있다. 특히 프랑스는 철도수송과 연계사업을 하는 복합수송인 화물자동차에 대하여 보조금 등을 지급하고 있다.

8) EIF : 유럽투자은행(EIB)과 유럽공동체(EC)가 공동출자하여 설립한 유럽투자펀드 금융기관

복합수송을 하는 물류 인프라에 대해서는 보조금을 지급하고 있다. 보조금은 국가에서 50%, 지방자치단체에서 50%를 담당하고 있다. 보조금 재원은 고속도로통행요금이나 수력 발전세 등에서 수입원으로 하고 있는 육상교통 내륙수로 정비기금이다.

보조 목적은 복합수송요금을 화물자동차 직행요금과 같도록 하기 위해서이다. 아울러 복합수송을 위한 컨테이너에 대한 저리융자제도가 있으며, Piggy-back(69)수송 방식에 대해서는 3억 프랑(540억 원)이 보조되고 있다.

이로 인해 CO_2 등을 1996년부터 2001년까지 30% 감소시켰고, 2001년부터 2006년까지 추가적으로 30%를 감소시키고, 2006년 말에는 미립자를 80% 감소시키고 있다. 2001년 말부터는 이산화탄소를 30%까지 줄이지 못하는 차량은 신규 등록을 하지 못하게 하고 있다. 차량 교환연도가 보통 6～7년이기 때문에 앞으로 차량 대부분이 이에 적용될 것이다.

트럭운전기사에 대한 근무시간이나 주행거리 등에 대해서도 규제를 엄격하게 적용하고 있다. 1일 운전시간은 9시간을 넘지 못하게 하고, 4.5시간 운전에 45분 휴식, 1주일에 1일 휴무 등을 의무적으로 규제하고 있다.

일본은 철도물류활성화를 위해서 첫째 인프라에 대해서는 변전소개수지원, 대비선의 연장, 복선화지원, 터널, 재래선의 노반보수 지원 등을 수행하고 있다.

둘째 복합수송지원을 위해서는 복합물류수송용 차량의 차량세를 감면하고, 중량제한 완화를 추진하고 있다. 셋째 철도물류수송을 증대시키기 위해서 철도화물역을 정비하고, 철도역과 연계하는 도로를 일제히 정비하고 있다.

철도화물을 수송하는 JR화물에서도 철도의 환경친화성을 홈페이지 등을 통해 홍보하고 있다. 그 내용을 살펴보면 1,000톤을 500 km 수송할 경우 트럭은 이산화탄소(CO_2)가 88톤 배출되고, 철도는 14.1톤이 배출된다는 것 등 철도의 환경친화성을 광고 매체를 통해 적극적으로 강조하고 있다. 아울러 새로운 수송시스템 도입과 활용에 투자를 확대하고 있다.

환경을 오염시키는 도로수송부문의 CO_2 양을 2020년까지 4,600만 톤 감소시키기 위한 대책을 수립하였다. 이를 위해 철도와 해상운송 등 화물수송의 전환(모달 시프트)에 의해 약 910만 톤을 절감하고, 도시철도 등을 정비하고, 철도 및 버스의 서비스와 편리성을 향상시켜 이용 분담률을 높여 이산화탄소를 절감하는 계획을 수립하였다.

일본에서는 도로를 통행하는 화물자동차의 중량 제한을 총중량 20톤, 축당 하중 10톤으로 규정하여 낮은 톤수로 규제를 강화하고 있으며, 이들 제한치를 넘는 차량들을 특수화물차동차로 정의하고 통행 허가제를 실시하고 있다.

(4) 철도 물류수송 확대를 위한 개선방안

물류수송을 위한 투자확대로 친환경적이고 에너지 효율성이 높은 철도를 중심으로 국가물류체계를 개편하고, 철도물류수송 증대를 위하여 항만산업단지 등 주요 물류거점에 철도인입선을 건설하고, 필요한 물류시설을 설치해야 한다.

철도물류수송으로 전환하는 화주에게 예산의 범위 안에서 보조금을 지원할 수 있으며, 대형화물과 위험물 등 특수화물을 철도로 전환하도록 장려하는 시책을 추진해야 한다.

친환경 철도산업 발전을 위한 지원제도를 통해 철도사업자는 철도시설 및 철도차량이 친환경적인 시설 및 차량으로 전환되도록 노력해야 하고, 국가 및 지방자치단체는 행정적, 재정적인 지원을 해야 한다. 철도의 건설 및 전철화 사업 등에 따라 철도사업자가 철도차량을 전기차량, 하이브리드차량, 연료전지차량 등 친환경 철도차량으로 구입 또는 대체하는 경우 비용을 보조하거나 지원해 주는 것이 필요하다.

여객 및 화물열차, 관광열차를 운영하는 철도 운송사업자에게 부가가치세를 면제해줌으로써 고품질의 저렴한 운송서비스를 제공하게 하고, 승용차 이용자에게 철도이용을 유도하여 에너지를 절감할 수 있다. 화물자동차 등 다른 교통수단은 유가보조금지급 및 세금면제를 받고있어 철도는 상대적으로 경쟁력이 저하될 수 있는데, 철도운송이 타교통수단과의 동등한 조건으로 경쟁할 수 있도록 세제상의 혜택을 부여해야 한다.

선로사용료 납부기준을 살펴보면 일반철도는 유지보수비의 70%로서 유지보수비만 회수하는 단기한계비용 회수방법을 채택하고 있으며, 고속철도는 영업수입의 31%로서 유지보수비와 건설사업비를 같이 회수하는 장기한계비용 회수방법을 채택하고 있다. 이는 고속철도 선로사용료가 과다하게 책정되었다는 것이므로 철도공공성, 다른 교통수단과의 형평성, 해외사례 등을 충분히 고려하여 선로사용료의 합리적인 납부기준을 마련할 필요가 있다. 해외사례를 살펴보면 유지보수대비 선로사용료는 스웨덴 약 30%, 프랑스 약 60%, 독일 100% 이내, 영국은 총비용+이윤으로 15% 수준이다.

국내 타운송 분야의 경우를 살펴보자. 항공의 공항관리에 관한 한국공항공사법의 경우 운영에 필요한 공항의 개발사업 및 부대사업을 할 수 있도록 되어 있다. 이러한 사업

표 14-3 국가별 유지보수 대비 선로사용료 현황

국 가	스웨덴	프랑스	독 일	영 국	한 국	
비율	약 30%	약 60%	100% 내	약 15%	일반	고속
					70%	영업수입 31%

자료 : 국토해양부, 선로사용료 산정기준 정립방안 연구, 2012

을 효율적으로 시행하기 위해 국토교통부장관이 필요하다고 인정하는 경우에는 국유재산을 무상으로 대부 또는 사용·수익할 수 있도록 되어 있다.

교통 경쟁기관간의 형평성 유지가 필요할 뿐아니라 선진사례도 있으므로 철도화물 운송사업을 위해서 필요한 시설자산 부지를 무상으로 사용할 수 있도록 의무화해야 한다.

한국철도 물류수송시장의 경우 독점시장이라는 특성으로 인해 수송서비스가 공급자 관점에서 공급되는 측면이 있다. 고객 지향적인 수송서비스 개념이 부족하여 수송서비스 개발, 공급, 수요창출로 이어지는 순환경로에 고객을 위한 수송서비스가 아니고 수송서비스를 제공하는 철도 경영자 중심의 서비스가 되고 있다.

수송서비스 과정에서 요구되는 고객의 니즈(Needs)를 소홀히할 경우 고객이 느끼는 만족도는 저하되고 이는 수송량 감소로 직결된다.

따라서 철도수송서비스를 제공하는 공급자는 고객의 요구를 충족시킬 수 있는 수송서비스 제공의 기반 확보와 기존 물류시설 개량 등으로 수송수요를 유도하고, 수송체계를 활성화하기 위한 고객중심의 수송서비스 공급망 구축기반을 조성해야 한다.

문전수송능력의 약점을 보완하고 수송비를 감소시키기 위해서는 복합수송에 의한 일관수송서비스 기반의 확보, 즉 일관수송구조로의 전환이 시급하다.

국내의 철도물류수송은 철도가 간선수송만을 담당하고, 그 외의 적재·하화 등 기타 부대 작업에 대하여는 고객의 책임하에 수송이 이루어지고 있어 수송신청에서 배송까지 일관수송서비스가 필요하다. 특히 철도 간선과의 편리한 접근성을 위해 인입선 건설과 환적, 셔틀 등 접근성의 개선이 필요하다.

철도의 경우 경쟁수단인 화물자동차에 비해 시장 진입이 현저히 어렵기 때문에 철도물류수송시장에서의 자율경쟁 여건은 매우 어려운 실정이다. 물류수송시장에서의 자율경쟁 여건 조성은 다양한 수송서비스 제공을 위한 기본 과제이다.

외국의 경우 1980년대 이후부터 철도물류수송에 있어 자율경쟁 원리 도입이 가속화되고 있는 상황이다. 정부 차원의 지원정책의 방향도 철도물류서비스망의 개선과 복합일관수송을 통한 간선수송과 연계수송에 대하여 전폭적인 지원을 하고 있다.

여객 위주의 철도운영정보시스템(KROIS)을 개선하여 화물의 조회, 예약, 화차추적 등 상시예약시스템을 구축하도록 해야 하며, 이를 통해 수송물량에 따른 화차배정, 열차편성 등의 운영효율을 기해야 한다. 또한 국토교통부나 관세청 등 유관기관의 물류정보망과 연계한 철도물류정보시스템을 구축하여 화물수송계획 및 화차운영을 최적화해야 할 것이다.

2 복합연계운송 개선

(1) 복합운송체계

복합운송(Multimodal Transport)이란 운송의 시작부터 종료까지 전 과정에 걸쳐 적어도 두 가지 이상의 서로 다른 운송수단에 의해 운송하는 것(운송수단들의 장점을 결합하여 운송비용 절감)을 말한다.

복합운송의 목적은 door-to-door 서비스를 통한 효율성 향상, 복합운송시스템을 통한 환경 및 사회적 가치 증대, 복합운송에 관한 신기술 적용을 통한 혁신 등이다.

우리나라의 복합운송 현황은 대부분 컨테이너 중심의 복합운송체계이다. 항만 내 철도인입선 및 철도수송 컨테이너 장치장 등 연계수송시설의 부족, 컨테이너 수송용 화차 등 수송수단의 부족, 복잡한 유통구조로 인하여 운송시간 및 비용 과다 소요, 복합운송 업체가 영세하여 물류서비스 제공에 한계, 수송수단 전환에 따른 인센티브 등 관련 제도의 미비 등을 들 수 있다.

(2) 철도 복합운송의 문제점

우리나라 주요 컨테이너 처리 항구인 부산항의 경우 부두에서 조차할 수 있는 시설이 부족하고, 부두 인입선도 부두와 접안시설 사이가 직접 연결되지 않아 셔틀운송을 다시 해야 한다. 배후 지역인 부산진역에서 부두까지의 진입 선로상에 위치한 20개 이상의 도로와 평면 교차로로 인해 그 수송용량이 절대적으로 부족한 실정이다.

특히 주요 컨테이너 화물운송 경로인 경부선의 경우에는 여객처리를 위한 화물열차의 추가 투입이 불가능한 실정이어서 운송업체의 컨테이너 수송요구를 만족시키지 못하고 있다.

철도 수송시간과 CY 내의 운영상의 문제로 수도권~부산의 경우, 철도수송의 평균 수송시간이 15.6시간이다. 이는 도로운송의 평균 수송시간 8.6시간에 비해 7시간이 더 소요된 것으로 나타나고 있으며, 특히 호남지역이나 중부·서부지역의 경우 노선 변경에 따른 대기시간 발생으로 철도 수송시간이 도로운송에 비해 훨씬 더 소요되고 있다.

고속철도의 개통으로 수송시간은 개선되었으나, 의왕 CY 및 부산진 CY에서의 대기시간 및 ODCY 등의 경유로 인해 장기간의 운송시간이 소요되고 있다. 열차 차량 구성에도 차량당 25분이 소요되고 있으며, CY 운영시간 외에는 컨테이너 반출·입이 불가능하다는 단점을 가지고 있다.

대표적인 철도관련 물류시설인 경인 ICD의 총부지면적은 227,820평으로 제1터미널이 148,590평, 제2터미널이 79,230평으로 구성되어 있다. CY는 각각 82,887평, 43,875평이고, 보세화물창고는 제1터미널이 2개동(1,400평), 제2터미널이 1개동(1,840평)을 보유하고 있어 일시에 30,000TEU를 장치할 수 있으며, 연간 100만 TEU의 컨테이너 처리능력을 가지고 있다. 이는 철도수송 컨테이너 장치장이 절대적으로 부족함을 드러내고 있다.

ICD가 화물수송 및 통관기능에만 치중되어 있고, 보관, 조립, 가공 등의 시설이 없어 종합물류기지로서의 기능이 저하되는 단점이 있다.

또한 날로 증가하는 컨테이너 수요에 비하여 컨테이너 취급지역이 한정되어 있어 대기시간이 길어지는 등 신속한 처리가 이루어지지 못하고 있다.

우리나라 컨테이너 철도수송의 시발점, 종착점이 되고 있는 부산진역의 시설현황을 보면 철송물량의 83%를 처리하며, CY 면적이 경인 ICD의 127천 평의 29.1%에 불과한 37천 평에 불과하다. 적하 작업선이 6개 권역으로 분산되어 있고, 선로 유효장이 평균 16량에 불과한 실정이며, 컨테이너 차량을 취급할 수 있는 구내 선로용량이 350량으로 이미 한계에 와 있다.

또한 하루 최대 400TEU를 처리하고 있는 신선대 철송지역의 경우 열차착발선 겸 작업선로가 3개선이 부설되어 있으나, 1개 선로는 기관차 회송선로여서 열차취급 및 컨테이너 하역작업을 할 수 없고, 나머지 2개선로에서 열차취급과 하역작업을 동시에 시행하고 있어 하루 최대 4개 왕복열차(400TEU) 이상은 취급할 수 없는 실정이다. 우암선 부산진－신선대 부두간 6.1 km에는 무려 25개의 건널목이 설치되어 있어 열차운행효율이 낮은 실정이다.

영세한 복합운송업체에 따른 물류서비스 제공에도 한계가 존재한다. 복합운송은 두 가지 이상의 운송수단을 이용하여 국가간의 물품 운송을 책임지고 운송하는 고부가가치 서비스업이다.

그러나 우리나라 복합운송업체들은 외국에 비하여 짧은 역사와 영세성을 가지고 있어 사고발생 시 보상능력에 대한 문제, 세계적인 네트워크 구축의 미비, 일관수송체계를 위한 로지스틱 체계확립의 부재 그리고 전산화, 정보화 미흡 등의 문제를 안고 있다.

사고발생 시 보상능력에 대한 문제는 복합운송주선인이 복합운송인으로 복합운송을 수행할 경우 화주와의 운송계약에 따라 화주와 운송인은 각각 책임이 분담된다.

세계적인 네트워크 구축 미비의 문제는 기업 규모의 영세성으로 인해 국제적인 수송의 편익 및 화물집화를 위한 영업조직이 미약하여 원활한 국제 일괄수송체계의 구축에 장애요인이 되며, 국제경쟁력이 뒤지게 된다.

효과적인 복합일괄운송이 이루어지기 위하여 복합일괄수송 분야인 포장, 운송, 보관, 하역, 통관 및 정보관리 등의 복합적인 기능처리가 요구된다. 복합운송업체의 전산망 이용과 전산화 정보는 보다 빠른 정보의 입수와 업무처리 효율성을 높일 뿐만 아니라 대화주서비스 또한 제고시키는 효과를 얻을 수 있다. 하지만 복합운송업체의 영세성으로 인해 전산화율이 저조한 상태이며, 정보화를 통한 고객서비스의 제고에 있어서도 한계가 있다.

그동안 정부는 물류 개선을 위해 다양한 정책 및 국가물류정보망 사업을 구축해 왔으며, 각종 물류 유관기업 및 연구기관에서는 물류효율화를 위하여 첨단물류기술개발 및 정보화를 추진 중에 있다.

하지만 물류 정보화 부문은 수출입, 관세를 중심으로 한 항만, 해운, 항공을 위주로 추진되어 왔다. 최근 철도 및 내륙화물기지 물류정보시스템이 개발・도입되었으나 내륙물류 정보화 및 공동화 미비로 기존 업무프로세스를 전산화한 수준으로 국가물류 전 단계에서 물류정보의 원활한 유통 및 활용은 불가능한 실정이다.

(3) 해외 개선사례

EU는 화물수송량이 지속적으로 증가하고, 인프라 확충, 연계수송, 수송수단전환의 확대를 위한 재원조달 등 해결해야 할 많은 과제를 안고 있다.

현재 추세대로 도로수송량이 지속적으로 증가하면 교통혼잡, 환경공해, 교통사고, 유럽의 산업경쟁력을 상실할 위험 등의 문제점이 예상되어, 범유럽 차원에서 공급사슬의 관리, 비용절감적이고 신뢰성 있는 복합수송시스템 구축의 필요성을 인식하고 있다.

유럽은 2001년 복합운송시스템을 구축하고 수송수단전환을 위하여 Macro Polo 프로그램을 채택하였으며, 2단계 프로그램이 2007년부터 2013년까지 추진되었다.

복합운송정책 수립 시 개별교통수단의 수송분담률 제고보다는 전반적인 교통체계 효율화 차원에서 수단간 통합에 초점을 두고 있다.

EU는 1996년 교통인프라 계획에 네트워크 구축을 포함하는 범유럽 교통인프라 네트워크 지침(Guideline for Trans-European Transport Intrastructure Network : TEN-T)을 채택하였다. TEN-T는 유럽 전역을 지리적, 경제적으로 연계시키고, 장거리 화물운송의 수송수단전환, 도로, 철도, 내륙수로, 공항, 항만 및 교통관리시스템 등을 규정하고 있다.

교통부분별 사업투자비는 철도가 가장 많은 2,197억 유로, 도로가 1,132억 유로, 공항이 562억 유로 순이다.

1,2단계로 나누어 120억 톤－킬로에 이르는 국제도로화물수송량을 근해수송, 철도수

표 14-4 국외 물류표준화시스템 현황

구 분		설립상태	사용자시스템	비 고
미국	ACS	• 관세청 – 통관수속 대행업자, 선박회사와 연결	• 해운/항공운송 수입화물 • 업체 S/W는 자체개발 • ASC는 세관 및 CSC사가 개발 • 서비스센타, 통관대행사, 선박회사 등	• 관세청 통관시스템
	EDI*EXPRESS	• Gennerал Electronic Information Service	• EMS : 컨테이너 추적시스템 • CIS : 화물추적시스템 • SPEES : 공급업체와 운송회사간 EDI 시스템	• 컨테이너/화물추적 및 관련 업체간 EDI서비스 등 운송정보 시스템
일본	NACCS	• 관민공동출자 – 세관 : 63% – 민간 : 37%	• NACCS운영방식 – 전체시스템 운영 (NAEES자료센터) – H/W와 통신선로(NTT) – 주전산가설비(일본전기공사) – 사용자단말기(자료센터)	• 항공화물 통관시스템
	POLISA	• 민간공동출자 – 복합운송업체, 선사 등 175개 업체 참여	• 4개업종간 항만화물 정보네트워크 시스템 • NIT/DRESS를 이용한 EDI서비스 • S.C.NET : 화주, 선사간 B/L정보 및 운임정보교환시스템 • S.C.NET : 화주 해화 업체간 S/R, I/V, P/L 전송시스템	• 항만화물 정보시스템
싱가포르 TRADENET		• 무역개발국(TDB) 주도 – SNS, SIS 설립 • 정부예산과 민간자금 공동개발	• SIS에서 자체개발 • 4개 S/W Vendor가 협력 개발 • PORTNET	• 무역/운송 및 기타 부가서비스
대만 TRADEVAN		• 대만재정부 – TRADEVAN 서립	• 화물통관자동화시스템 : 무역 전반 유통분야 진출 • 몇몇 S/W개발업체에서 개발 및 TRADEVAN 개발지원	• 수출입통관시스템
네덜란드 INTIS		• 민간/정부 공동출자	• INTIS B.V에서 적극개발 제공 • INTISFACE*tm 명칭의 S/W 개발 공급 • 메시지 개발	• 항만운영정보시스템 • 해외망간 연계 • 관/철도/금융/보험망 등 연계 및 추징 중
독일 DAKOSY		• 초기 정부개발 후 민간 이양 • 4개 조직의 공동출자 형태	• DAKOSY가 S/W개발 – 공급 업체 지정 및 협력 개발	• 항만운영정보시스템 • 철도/통관망과 연계 서비스 제공 중
벨기에 SEAGHA		• 공동출자형태	• SEAGHA에서 개발 공급	• 항만운영정보시스템 • 금융, 항만과 철도연계 수송 등의 업무에 망간연계를 통한 서비스 제공 중

송, 내륙수로수송으로 전환하기 위해 2003년부터 2013년까지 추진되었다.

Macro-polo 프로그램은 복합운송파이로트조치(Pilot Actions for Combined Transprt : PACT)와 같이 복합운송 뿐만 아니라 근해수송, 철도수송, 내륙수로수송시장에서 수송수단전환과 우수한 사례를 확산시키기 위하여 재정을 지원하는 데 초점을 두고 있다.

Macro Polo II 프로그램은 철도분야에 우선순위를 부여하고, 기존 철도 인프라 활용을 극대화하여 시너지 효과를 높이는데 노력하고 있으며, 투자재원 보조대상을 보다 탄력적으로 적용하고 있다.

프랑스는 복합운송이 증대되어야 하는 환경에서 철도－도로 연계 컨테이너 터미널을 설계할 때 다음과 같은 지침(IMPULSE final report-Interoperable Modular Pilot Underlying the Logistic Systems in Europe. KRUPP, p110, 2000)을 설정하고 있다.

트랙은 장대열차를 한 장소에서 수용할 수 있도록 길이가 750 m이어야 한다. 그리고 모든 야드는 다음과 같은 3가지 특성을 갖는 트랙을 갖추어야 한다. 적재할 수 있는 충분한 공간을 확보하고, 선로가 막힌 곳이 없어야 한다. 철도를 통해서 터미널에 양방향으로 접근할 수 있게 한다. 두 대의 기관차가 동시에 터미널에 진입하고 출발할 수 있도록 두 대의 분기기(Point)가 있어야 한다.

다수의 측선이 터미널에 있으면 작업이 끝난 열차들이 터미널 외부에 대기할 수 있게 된다. 그리고 이러한 측선이 터미널의 뒤 혹은 앞에 위치하는 것이 본선에 이웃하여 병렬되어 있는 것보다 기관차의 움직임을 제한할 수 있게 된다.

많은 조차장들이 사용되지 않고 있어 터미널은 이들 부지에 건설될 것으로 보이며, 기존의 인프라를 활용할 수 있을 뿐만 아니라 기존의 조차장이 여러 장대 트랙을 이미 갖고 있어 차세대 터미널의 구축 부지로 이상적이다.

해외 물류정책은 첨단 IT기술의 접목을 통하여 물류의 효율성 및 서비스 고도화 추진을 물류정책의 핵심사항으로 추진하고 있다. 전자 물류, 모바일 물류의 단계를 넘어 유비쿼터스 물류의 선도적인 경쟁이 치열하다.

(4) 개선방안

복합운송시스템을 구축하여 일관수송체제를 유지하는 것은 단순히 각각의 수송수단을 연결하는 것이 아니라, 전체적으로 시스템화하여 신속하게 환적하는 배송체계를 기본으로 하고 있다. 일관수송체제를 구축하기 위해서는 본선수송은 물론 철도차량, 철도역에서의 현대화된 하역장비를 갖추고, 철도역과 화주 문전 또는 항만까지 배송서비스를 제공할 수 있는 원스톱 체제를 구축해야 한다.

외국에서는 이미 널리 활성화되고 있고, 최근 우리나라에서도 급격히 증가하고 있는 3PL(Third Party Logistics) 또는 계약물류를 철도물류서비스에 적극 도입하여 화주문전에서 항만까지 일관수송서비스를 제공하는 것도 하나의 방법일 것이다.

고객의 수요에 따라 탄력적으로 단위열차의 규모가 되지 않더라도 고객이 요구하는 시간과 장소까지 화물열차를 운행할 수 있는 방안도 함께 검토해야 한다.

철도운송업체는 전문물류업체로서 화주와 직접 운송계약을 체결하고, 철도역과 화주문전간 그리고 철도역과 항만, 산업단지간에 셔틀수송을 포함한 일관수송서비스를 제공해야 한다.

시스템과 더불어 복합운송 인프라 구축이 필요하다. 항만과 항만 인근지역을 연결하는 인입철도의 단계적인 건설을 통해 도로교통의 한계에 따라 늘어나는 물동량을 철도운송으로 대체하면 교통 혼잡을 완화할 수 있다. 국가산업단지, 항만 중 철도와 연결되지 않은 구간에 대해 인입철도를 연결하여 무역화물의 원활한 수송과 시간 및 비용을 절감하는 방안을 적극적으로 수립해야 한다.

내륙컨테이너(ICD), 복합화물터미널 등의 시설을 확충하여 철도의 복합운송 역량 강화에 힘써야 한다. 이들 시설의 조속한 확장을 위해서 저가의 토지공급, 세제・금융 지원, 제도 개선 등 적극적인 정부의 정책지원이 요구된다.

내륙물류의 경우 물류정보화 개선방향으로 물류정보의 표준체계를 구축할 필요가 있다.

철도물류수송의 정기운행화 및 국제수송을 대비한 물류업무 BP 재설계, 해당 코드/데이터, 전자문서, 인터페이스 설계, 철도 화물 및 특화물에 대한 사설코드/데이터의 검토 및 재정의, EDI 문서의 한국전자문서표준위원회(KEC) 등록을 통한 표준화된 정보 교환, 수출입 DB 및 관세청, 항만/터미널, 항공/터미널 물류 정보시스템과의 EDI 정보연계 강화, 육송/철송에 대한 사전계획정보 인센티브 부여를 통한 내륙물류 수송수단별 도착예정정보의 사전취합 강화 등이 있다.

또한 내부시스템 개선 및 정보자동화를 추진할 필요가 있다. 철송반입에 필요한 필수정보 수신을 위하여 철도공사시스템의 보안 접속허용 및 웹기반 물류정보시스템의 사용자 편의성 증대를 위한 재설계, ICD의 통합관리기능 강화, 반출입관리 자동화 구축, 내부동선 및 주차공간 재검토, 트럭 상하차, 좌하 상하차 작업결과의 정보자동화 기능구축 및 철송물량의 화차 최적 적하역체계 및 야드 위치 최적화 기법 등이 요구된다.

대외무역의존도가 높은 우리나라의 입장에서 수출입을 위한 화물의 유동이 원활하고 효율적으로 이뤄져야 한다는데는 이론의 여지가 없다. 그 구체적인 방법은 결국 수출입 항만체계와 내륙운송체계의 구축으로 요약할 수 있다.

최근 물류수송체계의 변화를 촉진시키고 있는 주 요인은 화물의 컨테이너화를 들 수

있다. 즉, 화물이 컨테이너화되면서 화물의 복합수송체계가 발전되었고, 이와 동시에 화물의 포장, 저장, 하역을 효율적으로 처리할 수 있게 되었다.

현재 컨테이너 화물의 철도수송에 관련된 주요 쟁점 중 하나는 컨테이너 기지는 항만 외부에 산재해서 철도와 항만간의 조직적인 연계수송을 저해하고, 이에 따른 수송시간 지연과 추가적인 비용발생을 야기하고 있다.

이러한 문제를 해결하기 위해서 항구와 철도 그리고 해당 지자체의 관련 당사자 간의 현실적인 대응책 마련을 위한 협의가 필요하다.

새로운 복합운송방식 방안으로 블록트레인(Block Train) 활성화 정책이 있다. 블록트레인 서비스는 자기화차와 자기터미널을 보유한 철도수송업자가 어떤 나라의 철도든 선로를 빌려 고객이 원하는 지점까지 전용으로 운송해 주는 사설 특별열차로, 독일, 덴마크 등 유럽에서 발달된 철도서비스이다.

이외에 이단적 수송시스템(DST), Piggyback 수송체계, Bi-modal 시스템 등이 있다.

철도화물운송과 관련된 부가서비스 제공을 위하여 복합운송업체에게 다양한 부가가치 물류활동을 아웃소싱하여, 전문성을 제고시키는 방안을 모색할 필요가 있다.

철도화물운송과의 연계운송업자, 하역업자, 간선운송업자를 네트워크하여 화주들에게 보다 경쟁력 있는 서비스를 제공해줄 수 있는 보다 전문화된 복합운송업체를 육성해야 한다.

PART

05

미래 항공교통정책 추진방향

CONTENTS

제15장 항공 교통정책 추진방향

1 국외 항공정책 동향

(1) 미국

1978년 항공규제완화법(Airline Deregulation Act)을 제정하여 노선, 스케줄, 가격제한을 철폐한 이후 지속적으로 경제적인 규제완화정책을 추진하고 있다. 이러한 규제완화를 통해 항공운송서비스 수준의 향상, 저렴한 항공운임, 경쟁을 통한 공급량 증대 효과를 기대하고 있다.

1992년 네덜란드와 양자간 항공협정을 맺은 이후 지속적으로 항공자유화를 적극적으로 추진하여, 2008년 EU와 항공자유지역(Open Aviation Area) 협정 체결 등 시장 선점을 위한 항공자유화를 양적·질적으로 확대하고 있다.

미국은 공항의 효율적인 개발을 위하여 국가통합공항계획(National Plan of Integrated Airport System, NPIAS)에 의한 균형 발전적인 공항개발을 추진하고 있다. 아틀란타 하츠필드－잭슨공항(ATL), 시카고 오헤어공항(ORD), 덴버(DEN)공항을 주 허브공항으로 육성하고, 허브공항을 보조하는 공항(Reliever airport) 개발 및 일반항공(General aviation) 육성에 역점을 두고 있다.

국가통합공항계획은 새로운 공항의 개발보다는 공항설계 및 운영 표준화에 중점을 두고, 약 30%의 AIP(공항개발기금)를 집행하고 있으며, 향후 5년(2009～2013년)동안 479억 달러의 투자가 예상된다.

미래 항공교통수요를 효율적으로 처리하기 위하여 신항공안전 및 항행인프라 개념을 담은 '항공교통시스템계획(NextGen)'을 추진하고 있다. 항공교통시스템계획(Next Generation Air Transportation System)은 '안전하고 효율적이며 환경친화적인 항공교통수단 추진'을 목표로, 2025년까지 항공분야 비전을 제시한 항공기본계획(2008년 수립)이다.

연방항공청(FAA)은 항공안전 기본계획인 'Flight Plan'(5년 단위 계획)을 수립하고 있으며, 최신의 항공정보와 기술 추세를 반영하여 매년 수정 · 보완하고 있다.

9.11 이후 보안 향상을 위해 '항공 및 교통보안법' 제정(2001.11월), 교통부 산하에 교통보안청(TSA)을 신설하여 항공, 육상, 해상 및 해안경비에 대한 보안업무를 전담하고, 보안검색요원을 연방공무원으로 교체하였다. 현재 교통보안청(TSA)은 국토안보부로 소속이 변경되었다.

이와 함께 공항주재관제도 신설, 조종실 보안강화, 항공보안요원 항공기 탑승, 탑승자 명단 사전 통보 의무화 등 보안강화 조치를 시행하고, 승객으로부터 보안검색 비용징구 제도를 도입하여 운영하고 있다.

이러한 정책방향은 항공보안과 안전조치는 강화하되 경제적인 규제는 완화하고, 항공 자유화 추진 및 소비자 우선정책을 추진하여 항공산업의 발전에 기여하려는 것이다.

(2) 유럽연합(EU)

1987년부터 1993년까지 1, 2, 3차 Liberalization package 시행 이후 1997년부터 항공자유화 및 단일화를 추진 중이다. 그리고 2020년까지 효율적이고 안전한 항공교통을 위한 SESAR(Single European Sky ATM) 시스템 도입을 추진하고 있다.

SESAR은 지상과 항공기 사이에 컴퓨터 기술을 도입하여 항공교통관제사와 조종사간의 커뮤니케이션을 최적화하기 위한 시스템이다.

2006년 항공분야는 지구온난화 문제에 대응하기 위해 '항공부문의 기후변화영향 저감에 관한 결의안'을 통과시켜, EU의 온실가스배출권 거래제(EU Emission Trading Scheme)와 별도로 항공부문 배출권 거래시스템 구축을 추진하고 있다.

EU 집행위원회는 EU간 항공교통의 증가에 따라 항공교통 이용자들의 권리를 보호하기 위하여, Regulation(EC) No. 1107/2006 3조와 4조 항공교통 이용약자들의 편리한 항공교통 이용 보장을 위한 공항시설에 대한 접근(Accessibility), 보조(Assistance), 정보(Information), 차별 금지(Non-discrimination) 등 네 가지 권리보장을 위한 법을 마련하였다.

BAA(영국), ADP(프랑스), Schipol Group(네덜란드) 등 대규모 공항을 중심으로 민간 경영기법을 도입하여 경영효율화를 도모하고 있다. 또한 '공항종합계획(Airport Package)'을 통하여 공항사용료 설정방식과 공항개발 실행계획 원칙을 규정하고 있으며, 이를 통해 상업공항의 사용료 인하, 공항용량 증가 및 효율성과 안전을 향상시키기 위한 노력을 기울이고 있다.

표 15-1 유럽연합(EU)의 SESAR 추진계획

구 분	내 용
제1단계(2005~2007년)	• 항공자유화를 위하여 SESAR 관련 기술 및 추진기관 등을 포함한 로드맵 수립 • 600만 유로 예산 투입
제2단계(2008~2013년)	• SESAR 시스템 디자인과 주요시스템 장치 개발 • 연 3억 유로 예산 투입
제3단계(2014~2020년)	• SESAR 시스템의 실제 운용

EU 집행위원회는 항공안전 및 보안강화를 위하여 안전관련 운항금지 기준을 EU 차원에서 결의하고, 통합 항공사블랙리스트 Regulation No 2111(2005)를 마련하였다. EU 차원의 통합관리를 위해 유럽항공안전청(EASA, European Aviation Safety Agency)의 주도 하에 시행하고 있다.

영국은 테러 위협에 대비하기 위해 강화된 보안기준(Airline Security)을 발표하는 등 보안기준을 강화하고 있다.

(3) 일본

일본 경제의 장기불황, 인구의 고령화 등으로 내수경기가 침체됨에 따라 항공산업의 위기가 도래하였다. 2009년 3월 JAL(약 8,122억 원)항공은 손실발생으로 채권단에 2,000억 엔(약 2조 5,800억 원)의 긴급자금을 요청하였다.

이러한 상황을 돌파하고자 침체된 내수시장보다는 아시아 시장으로 영향력을 확대할 수 있는 전략을 중점적으로 추진하고 있다. 2007년 수립된 '아시아 gateway 전략'은 항공자유화로 전략적 국제항공 네트워크를 구축하고 있다.

일본 신정부 출범에 따른 외교정책의 변화는 '아시아외교 강조'로 이어져 '아시아 gateway' 및 '동북아 항공자유화'가 가시화되고 있다.

국제항공 수요에 적극적으로 대응하기 위하여 나리타공항의 확장 프로젝트를 추진하고 있다. 평행활주로를 2,180 m에서 2,500 m로 확장(2009)하고, 공항 수용력을 증대하고 있으며, 현재 Apron과 터미널 빌딩의 수용능력도 확장 추진 중이며, 항공화물시설도 개선 중이다.

하네다 공항은 단거리 수송력을 확보하기 위하여 제4활주로(2,500 m)를 2010년 완공하였으며, 공항 확장 프로젝트 완료 후 1.4배의 이착륙 능력을 향상시켰다.

일본정부가 관리하는 전국 26개 공항 가운데 80%에 해당하는 22개 공항이 영업적자에 허덕이고 있는 실정이다. 향후 공항건설보다는 효과적인 운영에 중점을 두고자 2008년 6월 '공항정비법'을 '공항법'으로 개정하였다.

동경 제2공항인 이바라키공항을 LCC 전용공항으로 개발하였으며, 장기적으로 저비용항공사의 시장진입 증가 추세에 따라 LCC 전용공항 건설을 적극적으로 추진 중이다.

교통안전기본계획의 항공부문은 연간 승객사망사고율 0%를 지속 목표로 설정하고, 항공안전도 향상을 추진하고 있으며, 일본 민간항공기의 국산화(MRJ)에 대응한 신속한 안전심사체계의 구축을 추진 중이다. 현재 MRJ(Mitsubish Regional Jet)는 MRJ90(86－96인승), MRJ70(70－80인승)을 개발 중이다.

차세대 항공보안시스템의 정비 및 항공관제 고도화를 위해 공역, 항공로 정비 등도 추진 중이다.

2011년 말까지 일본 국내 75개 노선의 총경로를 2% 단축하여 155,000톤의 CO_2 배출량 감축 목표를 설정하였으며, 지역항법(Area Navigation, RNAV) 장치를 도입하여 비행시간 및 경로단축을 시도하고 있다.

(4) 중국

중국은 2002년 9개의 항공사를 3대 항공그룹인 CCA그룹(중국국제항공, 연합중국항공, 중국서남항공), CES그룹(중국동방항공, 중국서북항공, 연합운남항공), CSN그룹(남방항공, 연합중국북방항공, 중국신강항공)으로 재편하였으며, 민간자본의 참여 확대정책을 통해 약 80%의 중국항공 수요를 처리하고 있다.

최근 본격적인 국내외 저비용항공사(LCC)의 시장진입 및 향후 시장 잠재력이 클 것으로 예상하여, 저비용항공사인 Spring Airlines에게 중국 국내선뿐만 아니라 홍콩, 국제선 노선까지 승인하였다. 또한 중국 AVIC가 95%, 동방항공이 5%의 지분을 소유한 Joy Air가 셴양 국제공항을 기반으로 운영을 시작하였다.

공항용량 확충 및 공항계획 등을 내용으로 '제9차～제11차 공항개발 계획(1996～2020년)'과 2007년 '전국 민영공항 배치계획'을 수립하였다. 97개 공항을 신설하여 2020년까지 인구의 80% 이상을 인근 공항으로부터 100 km 범위에서 수용함을 목표로 설정하였다.

'민간항공재편성계획(2002년)'을 수립하여 중국 내 129개의 민간공항시설 운영관리를 중앙정부 CAAC 관할에서 지방정부로 이관할 계획이다.

중국은 2002년 '외국인투자 민용항공업 규정'을 제정하여 외국항공사의 중국 내 투자를 적극적으로 유치하였다. 2005년에는 '공공항공운수기업경영허가규정'을 제정하여 3

대 항공그룹을 제외한 민간자본의 지분 제한제도를 철폐하였다.

2008년 세계적인 경기침체에 따라 자국 항공사를 보호하기 위하여 항공운송시장 재정립 및 에너지 절감을 주요 내용으로 하는 10대 조치를 발표하였다.

AVIC1 Commercial Aircraft에서 약 70～100명 정원인 ARJ-21 중형항공기 개발을 통해 향후 대형항공기 시장에 진출할 예정이다. 2027년에는 현재의 4배인 4,250대의 여객기 수요가 증가할 것으로 예상되며, 이 중 75%는 150석 이하인 중소형 항공기 산업이 주도할 것으로 예측하고 있다.

항공시장의 확대와 더불어 항공기정비업도 큰 폭으로 증가할 것으로 예상된다. ‘AMECO(루프트한자 합자)’와 ‘EGAT(에바항공, 미국 합자)’ 등 항공기정비업의 지속적인 확대 추진을 통해 약 800여 개의 항공기정비업체가 매년 8.7%의 평균 성장률을 기대하고 있다.

2 항공부문 정책수립 방향

(1) 질적 향상의 정책추진

우리나라의 과거 항공정책은 운송산업의 양적 성장을 지원하기 위한 운수권 확보, 노선 인허가 등 항공운송정책에 집중하여, 현재 여객수송량 세계 14위, 화물수송량 세계 3위 등 세계 8위의 항공강국으로 성장(47국 249노선 구축)하였다.

이와 반대로 일반항공(General Aviation), 저비용항공사(LCC) 및 항공기정비업 등의 항공산업 분야는 상대적으로 정책에서 소외되어 왔다.

또한 항공운송사업 면허체계 개편(정기・부정기→국제・국내・소형) 및 자본금 면허요건을 완화(200억→150억)하는 등 운송업체간 공정경쟁체제를 마련하였다. 과도한 자본금 요건으로 시장 진입이 제한적이었던 소형항공운송사업 분야에서도 항공기 좌석 규모에 따라 자본금을 완화해 소자본으로도 항공운송사업 참여가 가능하도록 제도적인 기반을 구축하였다. 지속적인 제도개선을 통해 항공운송산업 활성화를 모색할 필요가 있다.

여객・화물 항공자유화 국가를 확대(19개국→40개국)하고, 시장규모 등에 따른 포괄적・단계적인 개별자유화를 추진하고 있다. EU를 중심으로는 포괄적 자유화를 추진하고, 중국은 단계적 자유화, ASEAN은 개별 자유화를 추진할 필요가 있다.

특히 우리나라 운항항공사 100개, 운항도시 200개, 운항노선 400개를 목표로 하는 국제항공 네트워크 확대를 위한 '1・2・4' 전략도 항공발전에 큰 도움이 될 것이다.

운송시장 확대, 항공사 경쟁력 제고 및 서비스 수준을 향상하기 위한 동북아 지역 통합항공시장 구축을 추진하고, 시장변화에 능동적으로 대응하기 위해 국내외 운송시장 동향 및 수요 분석능력을 향상시킬 필요가 있다.

저비용항공사・일반항공 활성화를 위한 법령제도 개선 및 공용 정비고, 격납고 등 저비용항공사 전용인프라 확대 전략도 동시에 추진되어야 한다.

(2) 공항운영의 경쟁력 강화

인천공항은 인천대교 완공(2009.10), 3단계 시설확충(2011년 착공), 다기능 복합도시(Air-City) 개발로 동북아 허브 기능을 공고히 하고 있다. 지방공항은 거점공항을 중심으로 네트워크를 구축하고, 수익성이 낮은 일반공항은 소형항공사 위주의 부정기선 운영을 유도할 필요가 있다.

특히 인천국제공항은 환승률이 16% 수준에 머물고 있어 허브공항으로서의 운영효율성 제고와 공항시설 확충, 주변 공항에 대한 경쟁력 강화 방안 등 적극적인 추진이 필요하다. 서비스 수준은 세계 최고의 수준이나 진정한 허브공항으로서 가듭나기 위해서는 공항운영의 효율성 제고를 위한 고강도의 대책 수립과 적극적인 추진이 절실하다.

고객의 다양한 요구(Needs) 및 항공운송시장 변화에 대응하는 지역생활중심의 공항 인프라를 구축하고, 항공법상 '공항'을 공항, (경)비행장, 수상 비행장 등 기능에 따라 세분화하고, 시설, 운항, 관제 등 기준도 차별화해야 한다. 기타 공항개발에 관하여는 항공법 제89조의 규정에 따라 수립 중인 제4차 공항개발중장기 계획(2011－2015)에 따라 추진할 필요가 있다.

신공항, 비행장 건설 시 지자체・민간참여 뿐만 아니라 지자체 운영위탁 등을 통해 공항 개발・운영의 효율화를 추구하고, 공항운영등급 세분화 및 비행훈련원, 정비기지 사용 등 공항 활용의 다양성을 고려해야 한다.

(3) 안전중심 정책 추진

사고건수 관리 위주에서 실시간 모니터링 및 잠재위험분석 제도를 통한 과학적・예방적인 항공안전관리시스템을 구축하고, 산업현장에 맞는 안전지표 도입, 국제표준을 주도하기 위한 고유 안전모델 개발 및 자율참여형 안전문화를 확산시켜야 한다.

또한 항공운송사업 및 항공교통수단의 다양화・다변화에 따른 맞춤형 안전정책 추진

이 필요하다.

안전, 효율 및 친환경 개념이 융합된 항행인프라를 구축하고, 미래 항공교통수요에 효율적으로 대처해야 한다. 위성 및 디지털기술을 접목한 항법·통신·감시시스템 도입 및 교통량 확대를 위한 중장기적인 국가공역관리 개선을 추진해야 한다.

국가 보안목표 설정, 관리지표 개발 등 체계적인 보안 인프라 구축 및 항공사 등의 사전예방 보안관리계획을 수립·시행하고, UN 국제민간항공기구(ICAO) 권고 내용도 적극적으로 이행해야 한다.

(4) 다양한 고부가가치 정책 추진

국내의 단순 인건비 위주의 경정비업 체계를 부가가치가 높은 핵심 정비업으로 전환토록 육성·지원할 필요가 있다. 2008년 기준으로 세계 항공정비시장은 약 45조 원 규모로 매년 4.3%씩 증가하고 있다. 하지만 우리나라의 시장점유율은 1.8%이며, 국내 매출액은 약 8천억 원 수준으로 국내 항공정비산업 발전을 위해 관련 제도의 선진화를 추진할 필요가 있다.

항공기 인증 등 핵심 원천기술 확보, 항공기 첨단 부품 및 차세대 관제·항행시스템 등 Global Product의 국산화가 시급하다. 특히 소형 인증기(4인승) 및 차세대 위성항행시스템 개발 등 연구개발 사업을 적극적으로 지원할 필요가 있다.

수출입·환적화물 수송 위주의 물류기능에서 탈피하고, 글로벌 물류기업 유치를 통한 고부가가치 항공물류 기능을 강화해야 한다. 항공물류의 수출입금액의 비중은 선진국의 경우 40% 수준이나 우리나라는 26%로 하락 추세이다.

(5) 소비자 보호 및 친환경 정책 추진

공항 대기 시간 단축을 위한 출입국 절차 간소화를 추진하고, 항공소비자 보호 및 이용자 편의 증진 노력이 필요하다.

항공전문인력 양성 등을 통한 개도국 지원 및 ICAO 내 전문가진출·참여활동 확대로 글로벌 리더십을 강화하고, 지구온난화 방지 및 저탄소 녹색성장을 위해 고효율 항공기 도입 및 운영, 친환경 항행시스템 구축 및 항로운영 효율화 등을 추진해야 한다.

'공항소음방지 및 소음대책지역지원에 관한 법률' 제정 및 운용을 통해 소음 방지 대책을 확대 시행하고, 태양광발전 등 신재생에너지 사용 확대로 친환경공항 조성이 필요한 시점이다.

제16장 항공시장 활성화 정책

1 항공 교통정책의 미래 대응방안

(1) 글로벌 경쟁력 강화

인천공항은 2016년경 현 시설의 처리능력(연간 4,400만 명)을 초과할 것으로 예상(연간 4,500만 명)된다. 장래 항공수요에 적극적으로 대응하고, 항공수요 선점을 통한 동북아 주변공항과의 경쟁력 확보를 위해 인프라 확충을 적극 추진해야 한다.

공항 이용의 수요증가에 대비한 제2여객터미널 건설 및 계류장 확충 등 3단계 시설 확장사업을 추진하고, 인천공항 제2여객터미널 접근교통시설(도로, 철도)을 개설하고, 승용차 이용자의 편의를 위해 주차장 확충에 집중해야 한다.

2009년을 기준으로 확정된 인천공항 3단계 확장사업계획의 주요 내용은 여객터미널 2확장사업(18백만 명 수용), 화물터미널 확장사업(130만 톤 추가 처리), 계류장 확장사업(여객 65개소, 화물 21개소 건설) 등이 있다.

(2) 항공자유화

시장 규제 완화를 통해 경쟁 환경의 기반 조성으로 항공사가 시장 상황에 따라 자유롭게 결정하도록 하는 '항공자유화 정책(Open Skies Policy)'이 범세계적으로 추진되고 있다. 이에 따라 우리나라도 국적항공사의 경쟁력 강화 및 국제항공 허브로 성장하기 위하여 일부 국가들과 적극적인 전략적 항공자유화를 추진할 필요가 있다.

국가간 경제 · 통상분야 협력 및 인적교류 확대, 자원 외교지원을 위하여 선제적으로 항공자유화 정책을 추진해야 한다.

미국, 캐나다, 일본 등 19개국 여객 · 화물, 31개국과 화물자유화를 합의한 상태이나, 장기적으로 여객 · 화물 항공자유화 국가를 더욱 증대시킬 필요가 있다.

EU는 세계 여객 점유율 1위 지역이면서 우리나라 제2의 교역파트너로 중국에 이어 제2의 교역 상대국이다. 2010년부터 EU와의 항공자유화 추진을 위한 공동연구를 통해 자유 운수권에 대한 포괄적인 자유화를 이루어냈으며, 이미 완전한 항공자유화협정이 체결된 EU와 병행하여 EU의 개별 국가를 대상으로 항공자유화를 확대할 필요가 있다.

중국과는 2006년 산동성 해남도 지역, 2010년 중국 전지역에 걸쳐 자유화 추진에 합의하였으나, 중국측이 단계적인 자유화 입장으로 선회함에 따라 자유화 지역의 확대가 제한적으로 이루어졌으며, 이로 인해 기존 노선은 탑승난이 발생하고, 신규노선은 일시적인 부정기편으로만 운항해야 하는 불편함을 겪어 왔다. 이를 해결하기 위하여 2014년 4월 한·중 항공회담에서 양국간 공급력을 현행 45개 노선 주 426회에서 62개 노선 주 516회로 대폭 증대(주 90회 증대)하기로 합의하였다. 앞으로도 한-중 항공회담 등을 통해 항공자유화 지역을 지속적으로 확대할 필요가 있다.

ASEAN 역내의 자유화는 북미, EU 등과 같은 거대 항공시장 형성이 전망되므로 능동적인 대응이 필요하며, ASEAN 국가 중 항공자유화 미합의 국가(싱가폴, 필리핀, 인도네시아 등)와 개별적인 자유화를 추진해야 한다.

선제적인 항공자유화 추진을 위하여 유럽, 아프리카, 남미지역 등의 민간항공위원회와 협력체제를 강화할 필요가 있다.

(3) 항공네트워크 구축

우리나라는 전 세계 93개국과 항공협정을 체결하여 글로벌 운항체제를 구축하였다. 운항노선은 2013년 기준으로 51개국(154개 도시), 317개 노선을 운항 중이며, 항공협정을 체결한 국가는 총 93개국(미주(10), 러시아·CIS(8), 아시아(22), 아프리카(12), 대양주(5), 유럽(25), 중동(11))이다. 그러나 운항노선은 동북아, 동남아, 북미 및 유럽에 집중되어 있다.

따라서 남미·CIS·아프리카 등을 중심으로 경제발전을 위한 인적·물적 교류의 확대와 항공이용 승객의 편의 제고를 위해서 운항노선이 부족한 지역을 대상으로 노선을 적극적으로 개설할 필요가 있다.

이를 위해 우리나라를 운항하는 항공사 수 100개, 운항도시 200개, 운항노선 400개(현재 51개 항공사, 154개 도시, 317개 노선) 이상으로 확대할 필요성이 있고, 국적항공기가 대륙별로 최소 2~4개국을 운항할 수 있는 항공네트워크 구축이 필요한 시점이다.

항공노선이 부족한 중남미·아프리카 등의 지역은 전략국가를 선정하여 5자유 운수권 교환 또는 항공기 편명 공유를 통한 간접운항 체제를 구축하고, 현재 운항 중인 브라

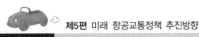

질을 제외하고 중남미 국가 중 아르헨티나, 페루, 칠레에 대하여 미국을 중간 지점으로 하는 신규 노선망 구축을 검토할 시점이다.

아프리카의 자원외교를 지원하기 위한 교두보를 마련하기 위하여 남아공, 튀니지, 리비아, 나이지리아 등에 5자유 운수권(동남아, 유럽 경유) 확보를 추진하고, 중동지역은 자국의 수요는 적으므로 우리 여행객을 주로 운송하는 6자유 운송중심의 국가들로 현행 체제를 유지할 필요성이 있다.

(4) 통합항공시장 구축

운송시장을 확대하고 항공사의 경쟁력 및 서비스 수준 제고를 위한 지역적인 통합항공시장 구축이 세계적인 추세이다. 이미 EU, ASEAN, 아프리카 지역 국가들이 통합시장 구축을 선언하였다.

지역 통합시장에 능동적으로 대응하기 위하여 한중일 중심의 지역 통합시장 구축을 추진해야 한다. 특히 한중일을 중심으로 홍콩, 몽골, 대만 등을 포함한 동북아지역 통합 항공운송 시장을 추진해야 한다.

단계적으로 한일 항공자유화를 바탕으로 항공시장의 통합을 추진하고, 이후 중국과의 협력을 강화해야 한다. 한일중 통합시장을 활성화하고, 필요시 홍콩, 몽골, 대만 등을 참여시킬 필요가 있다.

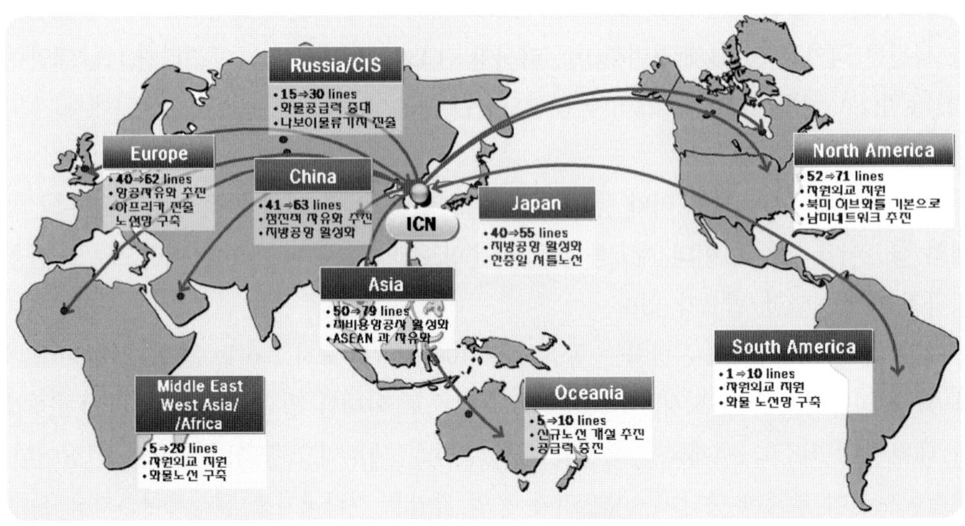

그림 16-1 항공네트워크 확대 전략

2 저비용항공사(LCC), 일반항공(GA) 활성화

(1) 저비용항공사(LCC) 운항 활성화

전 세계 항공시장에서 저비용항공사의 공급좌석 점유율도 2014년 현재 26.3%에 달하고 있다. 특히 아태지역에서는 연간 2% 내외의 성장률을 보이고 있다. 우리나라의 경우도 항공수요의 다양화와 항공자유화의 확대에 따라 저비용항공사(LCC)의 항공운송시장 참여가 지속적으로 확대되고 있다. 저비용항공사 국내선 여객점유율은 2005년 0.1%에서 2013년 40% 수준으로 급속한 성장을 이루었다.

국내 저비용항공사의 시장 정착을 위해 기존 항공사와 차별화된 영업전략 및 성장환경 조성이 필요하며, 국내 저비용항공사의 시장참여 실태와 효과를 분석하여 저비용항공사 발전 방안을 마련할 필요가 있다.

신생 저비용항공사의 시장정착 지원을 위하여 규제정비, 사업체계 개선 등 제도개선을 적극 추진하고, 국내 저비용항공사가 저렴한 운임체계 등 경쟁력을 유지할 수 있도록 저비용항공사 공용 정비고, 격납고 등 전용시설 구축 등 저비용항공사의 전용 인프라 구축을 추진해야 한다.

(2) 일반항공 활성화 기반 구축

국민소득의 증가와 기업의 국내외 활동 증가로 일반항공 수요가 꾸준히 증가하고 있다. 향후 일반항공의 보편화가 예상되며, 이러한 상황에서 일반항공의 발전을 지원하기 위해서는 항공 관련서비스를 제공하는 지원산업(FBO)의 활성화가 필요하다.

'항공법'에 일반항공(GA)의 개념과 활동기준을 제정하여 상업항공과 일반항공을 구분하고, 항공기 취급・정비 등 총체적인 서비스를 제공하는 부대지원사업(FBO) 기준을 마련할 필요가 있다.

일반항공의 운항편리를 위해 지원산업(FBO)을 전공항에 구축하여 공항시설 이용에 대한 전국적인 네트워크 구축이 필요하다.

3 미래대응형 정책수립 기반 구축

(1) 국내외 항공운송 동향 분석시스템 구축

글로벌 항공정보 네트워크 구축을 통해 '항공운송시장 동향 분석보고서'를 발간하고, 국책연구원 등을 통하여 국내외 항공통계 및 항공운송시장 동향분석을 지속적으로 추진해야 한다.

항공자유화 등 세계화의 흐름에 앞장서기 위해 '항공수요예측센터' 설립, 국제항공동향 분석, 항공수요 전망, 주변국 수요예측 등 항공수요 예측 자료를 정기적으로 제공할 수 있는 기반을 구축할 필요가 있다.

세계 항공운송시장 동향분석 및 수요예측을 위해 ICAO · IATA 및 FAA 등과 협력체계를 강화해야 한다.

(2) 항공운송정보 통합관리 시스템 구축

현재 체결 중인 항공운송협정에 대한 체결시점, 개정이력, 협정내용 등을 체계적으로 관리할 필요성이 있으며, 항공운송협정 정보를 효과적으로 관리하고, 항공회담을 위한 기초자료로 활용할 수 있도록 해야 한다.

항공운송협정 체결국가는 2014년을 기준으로 총 93개국이며, 대륙별로는 아시아(22), 구주(25), 미주(10), 아프리카(12), 중동(11), 대양주(5) 등이 있다.

88개국과 체결된 항공운송협정 내용을 체계적이고 효과적으로 관리하기 위한 DB시스템을 구축하고, 이를 통해 항공운송협정에 필요한 각종 정보를 관리하기 위한 통합관리시스템의 구축이 필요하다. 단적인 예로 항공운송협정 DB시스템 관리정보를 제공하고, 항공협정 체결시점, 과거 항공회담 내역, 개정이력, 항공수요 등 시장 규모, 상대국의 노선현황과 항공사의 경쟁력, 항공사 정보 등을 제공할 수 있다.

항공협정 정보를 항공사 등이 활용할 수 있도록 운수권 배분 및 사용현황 등에 대한 정보를 구축하는 구축시스템이다.

제17장 첨단 항공교통정책

1 항공기술개발

(1) 인공위성 기반의 항법시스템

위성항법시스템(GNSS)은 VOR, DME 등의 타항행시설에 비해 높은 정확도와 경제성을 가진 RNP 지원 시스템이다. GPS, Galileo, QZSS, Beidou/Compass 등 독자적인 GNSS 시스템이 주요 국가들에 의해 운용 및 구축 중이다.

주요 국가들은 보다 높은 수준의 RNP를 제공하기 위해 GNSS 보강 시스템인 GBAS, SBAS 등을 추가로 구축하고 있다.

항공교통관리시스템에 관련된 연구개발은 크게 항행안전시설(CNS) 부분과 항공교통관리(ATM) 부분이 있다.

CNS는 항공기 운항에 필요한 통신, 항법, 감시시설을 의미하며, ATM은 CNS에서 생성된 정보를 이용해 항공기 운항을 효율적이고 안전하게 관리하는 부분에 해당한다.

항공기가 배출하는 온실가스량의 감축을 위한 효과적이고 기술적으로 실현가능한 방법 중 한 가지로서, 항공교통관리를 효율화하는 방안이 전 세계적으로 많은 관심을 받고 있으며, 관련된 연구개발 및 투자가 활발히 진행되고 있다.

항공교통관리시스템의 개선은 온실가스 배출량의 감소 이외에도 항공연착의 감소와 이에 따른 경제적 · 사회적 효과, 자주적 항공교통관리 능력의 확보와 국제사회에서의 국가위상 제고, 관련된 산업 육성 등을 위해서도 필요하다.

미국의 NextGen, 유럽의 SESAR, 일본의 CARATS 프로그램은 향후 20년에서 25년 사이에 보다 효율적인 차세대 항공교통관리시스템의 도입을 목표로 하고 있다.

구체적으로 첨단항공통신시스템, 인공위성기반항행시스템, 첨단항공관제시스템, 갈

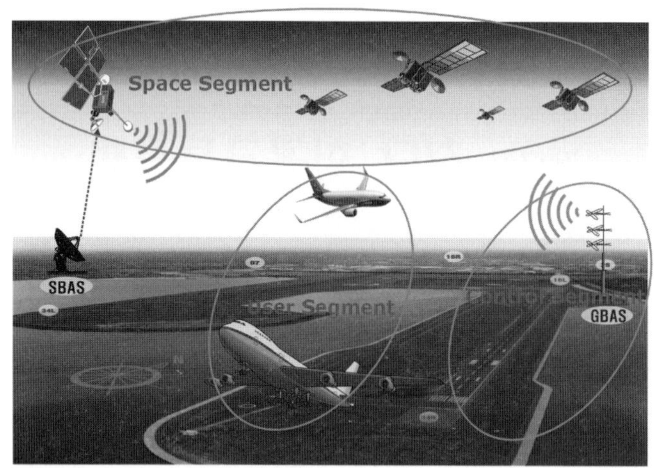

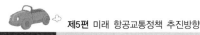

그림 17-1 위성항법보강시스템 개념도

릴레오형 항법시스템의 기술개발이 필요하다.

국제항공운송협회(IATA)는 2025년까지 항공기로부터의 온실가스 배출을 2005년 대비 25% 감축을 목표로 하고 있으며, 효율적인 항공교통관리시스템을 통해 항공기 배출 온실가스를 12% 이상 감축이 가능하다.

국내 항공교통량은 지난 20년간 매년 7.3%씩 증가해 왔으며, 향후에도 지속적인 성장이 예상되고 있다. 그래서 보다 효과적인 항공교통관리시스템의 도입이 반드시 필요하다.

항공교통운영기법은 적용 대상에 따라 공항내(지상) 항공기 이동관리, 출도착 항공교통흐름 및 충돌관리, 순항지역 항공교통관리 등으로 나뉠 수 있으며, 이들은 서로간에 복잡하고 유기적으로 연결되어 있어 종합적이고 체계적인 연구개발이 필요하다.

(2) 항공기 고고도 수직분리간격 축소기법 (RVSM 항행시스템)

RVSM(Reduced Vertical Separation Minium) 운영기법의 도입은 항공교통량이 증가하여 이미 포화상태인 공역에 더 많은 항공기를 운항하게 하는 방안이다. FL290과 FL410 사이 수직고도를 현행 2000피트에서 1000피트로 축소하여 적용하는 절차로, 동 고도 사이에 6개의 추가 고도를 제공하는 것이다.

민간항공기의 항로는 고도를 1,000피트 단위로 구분하여 비행하고 있으나, 장비가 정밀하지 못했던 예전에는 29,000피트 이상의 고고도에서는 2,000피트 단위로 구분하였다. 그러나 최근에는 장비의 개선으로 41,000피트까지도 1,000피트 단위로 구분이 가능

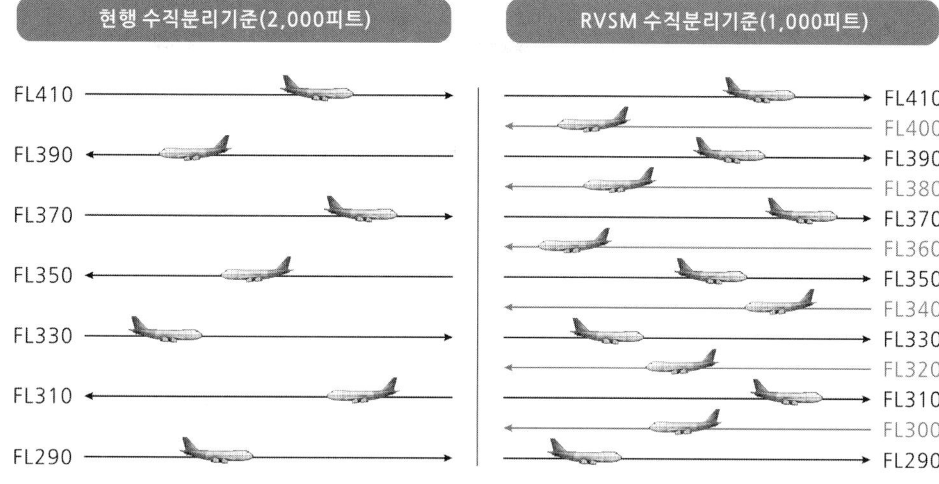

그림 17-2 RVSM 수직분리기준

하여 효율적인 공역 활용을 도모하고, 공역수용능력을 증대시킬 수 있게 되었다.

추가 고도로 인해 더 많은 항공기가 운행하므로 대기 시간의 축소 등에 따른 시간과 연료 절약적인 측면에서 효과적이다.

항공교통의 효율성 증가 및 항공교통관제 측면에서의 탄력성 증가를 위해서 수직분리간격축소 기법의 도입이 필요하다. 이를 위해서 항공기는 항행장비요건과 고도유지성능을 충족해야 하고, RVSM 운영기준 및 절차에 따라 비행해야 한다. 현재는 항공기에 탑재하는 장비의 성능 향상에 따라 국제적으로 RVSM 적용공역이 확대되고 있다.

국제적으로 국제민간항공기구의 권고에 따라 1997년 대서양 지역을 시작으로 도입되어, 현재는 중국, 러시아, 북한, 아프리카 일부 지역을 제외한 전 세계 지역에서 운영 중이다.

우리나라는 일본과 9개의 항로에서 2005년 9월부터 이 기법을 도입하여 적용하고 있다.

이에 따라 이 항로에서는 연간 약 83,000여 대의 국적항공기가 이 기법을 적용받아 운항함으로써 경제고도 비행과 이륙지연 감소 등으로 연간 1,833 TOE의 연료가 저감되고, 5,431톤의 CO_2 배출이 감소한 것으로 추정된다.

(3) R-NAV 항행시스템

R-NAV(Area Navigation)는 항법지원 시설의 통달범위 내에서 또는 INS/IRS와 같은 자체적인 항법성능의 한계범위 내에서 비행하고자 하는 어떠한 항적으로든지 항공기의 비행을 가능하게 하는 항법 방식이다.

좀 더 정밀한 P-RNAV(Precision RNAV)는 유럽의 터미널 공역에서 요구되는 항공기 항법성능 요건을 말한다. 정확성 유지로 기존의 항공기 교통량보다 많은 교통량을 수용할 수 있고, 이는 해당 항공기의 비행계획대로 원하는 고도와 속도로 비행할 수 있어 연료절감 효과로 나타나게 된다.[1)]

(4) 항공감시기술

항공감시는 1차 및 2차 감시레이더인 ASR, SSR과 ASDE 등으로 이루어지고 있다. 차세대 항행시스템에서는 기존의 레이더와 GNSS에 기반한 ADS-B(Automatic Dependent Surveillance-Broadcast)를 중심으로 free-flight 시스템을 향한 시도를 하고 있으며, 항공기에서는 충돌방지 및 Synthetic Vision을 활용하고 있다.

현 항공감시시설은 정보제공자 중심의 레이더를 주축으로 사용하고, 이용자는 관제지시 등에 종속되어 자유비행에 한계가 있다. 이용자 중심의 ADS-B를 사용하여 항공기가 감시정보를 화면으로 보면서 비행할 수 있는 시스템 구축을 추진하고 있다. 항공기 감시정밀도 레이더시스템을 4~10초/회에서 ADS-B 0.5초/회로 높이는 기술이다.

차세대 항행시스템에서 주로 활용하는 ADS-B는 항공기에서 GNSS를 통해 획득한 위치 등의 정보를 Broadcasting하여 타항공기 및 지상에서 수신하여 충돌방지 및 관제에 활용하게 된다. 이는 항공기에서 타항공기의 존재 및 위치를 쉽게 파악하게 함으로써 자유비행을 구축하기 위한 토대가 되고 있다.

이로 인해 불필요한 항행 시간이 줄어들고 연료를 절약함으로써 효율적인 항공시스템 구축이 가능하게 된다.

ADS-B는 매우 편리하고 효율적이지만, 그 자체만으로 항공안전을 완벽하게 보장한다고 보기 어려우며, 이를 보완하기 위한 연구가 요구되고 있다. 국토가 광대한 미국 등의 국가에서는 중소형 공항에 대해 ADS-B 시스템만으로 관제 또는 자유비행을 할 수 있으나, 대형공항에서는 레이더와 ADS-B를 동시에 활용하여 비종속적인 근접감시(레이더)와 종속적인 감시(ADS-B)를 동시에 수행해야 한다.

현재 국내의 감시기술에 대한 관심은 ADS-B에 대한 것으로 집중되어 있으나, 차세대 항행시스템에서도 항행감시는 ADS-B와 더불어 레이더가 중요하게 활용할 것으로 예상된다. 또한 차세대 항행시스템에서는 3차원 레이더 등 고성능화된 감시레이더를 개발, 활용할 것으로 예측된다.

---

1) 한국교통연구원 (2007) 교통정책의 에너지소비 저감효과 분석모형개발 연구

항공감시 데이터 융합기술은 ASDE-X(Airport Surface Detection Euipment, ModelX), MDS(Multilateration Dependent Surveillance)/WAM, ADS-B/TIS 등의 멀티 감시센서 데이터 융합 처리기술이다.

2 항공기 배출가스 저감 기술

(1) 경량화

경량화의 기본적인 내용은 기체중량 및 크기를 줄임으로써 엔진부하 및 연료소비량을 감소시키는 방안이다. 대표적인 예는 복잡재 및 첨단 합금의 사용, 유압계통의 시스템 경량화 등이 있다.

수지를 유리섬유나 탄소섬유로 강화한 복합재는 알루미늄 합금에 비해 경량이며, 피로에 의한 강도 저하가 적고, 부식하지 않는 성질 및 정비 비용을 절감할 수 있는 장점이 있다.

알루미늄 리튬 합금 또한 밀도를 낮추고 탄성률은 증가시킬 수 있어 경량화가 가능하다.

유압 계통의 고압화를 통해 유압 배관이 가늘어지고 작동 유도가 적어지며, Actuator의 실린더 지름도 작아져 시스템의 경량화를 도모할 수 있다.

(2) 항공역학적 특성 개선

항공기에 작용하는 날개, 수직・수평 안정판 등의 역학적 형태를 개선하여 엔진의 부하를 감소시키고, 궁극적으로 연료 소비량을 감소시키는 방안이다.

화석연료보다 배출가스가 적은 에너지원을 사용하는 것이 클린 에너지화이며, 단계적인 방안이 필요하다.

연료전지(Fuel cell)의 활용방안이 대표적이나 아직까지 연료의 교체 방법 등 해결 과제가 많다.

친환경 엔진 부분에서는 GTF 엔진이 기존 터보제트엔진과 가장 다른 점은 공기를 빨아들이는 엔진 앞쪽의 팬과 공기가 연료를 혼합해 점화한 후, 가스를 분사하는 엔진 뒤쪽의 터빈 회전수에 차이가 있다는 점이다.

팬과 터빈이 각각 최적의 속도로 회전하기 때문에 효율과 추진력은 향상되고 소음도 감소하며, 배기가스를 큰 폭으로 줄일 수 있는 차세대 연소실을 탑재해 대기오염도를 줄이는 것이다.

Regenerative Engine(RR)은 '개방형 회전날개(Open-Rotor)'라는 방식의 신개념 프로펠러 엔진이다.

감속기어를 달아 회전수를 줄이고, 이를 기반으로 길이가 긴 회전날개를 돌릴 수 있어 같은 연료량으로 엔진의 추진력을 더 높이는 기술이다.

터보팬 엔진과 비교해 같은 크기의 엔진의 경우 효율이 더 높으며, 항공기 연료 소모량 및 온실가스 배출량을 30%까지 줄일 수 있다고 한다.

정밀착륙시스템 GBAS CAT-Ⅱ/Ⅲ(위성항법 지역보강시스템)은 기존 계기착륙(ILS : Instrument Landing System)을 이용할 경우 직진입만이 가능한 제한된 접근 절차에 의한 이착륙으로 이산화탄소 배출량이 증가하고, 연료 소모가 늘어나게 된다.

GBAS는 48개의 접근절차 적용이 가능하여 이착륙 처리능력의 현격한 증가가 가능하다. GBAS는 지형적인 문제로 ILS 설치가 불가능한 비정밀접근 공항에도 적용이 가능할 수 있다.

연평균 10%에 달하는 항공교통 수요의 증가에 따라 주요 공항들은 항공기 이착륙 처리능력이 한계에 달하고 있다. 국제민항기구(ICAO)는 GNSS 기반의 항공항법으로 점진적으로 전환해 나가는 전략을 추진하고 있다(ICAO Global Plan).

폭증하는 항공교통 수요의 충족과 GBAS의 장점으로 인해, 전 세계적으로 GBAS 개발 및 적용 연구가 활발하게 진행되고 있다.

3 첨단항공기 개발

(1) 무인항공기 체계구성 및 활용

무인항공기 안전관리제도 구축 연구(국토해양부, 2009)에서 무인항공기는 단순히 무인비행체뿐만 아니라 이륙/발사, 비행통제, 착륙/회수 등 전 비행과정에 여러 가지 다양한 장비와 소프트웨어 등이 필요하고, 이것이 하나의 시스템으로 운용되기 때문에 UAV(Unmanned Aerial Vehicle) 용어 대신에 UAS(Unmanned Aircraft System)라고 부르기도 한다.

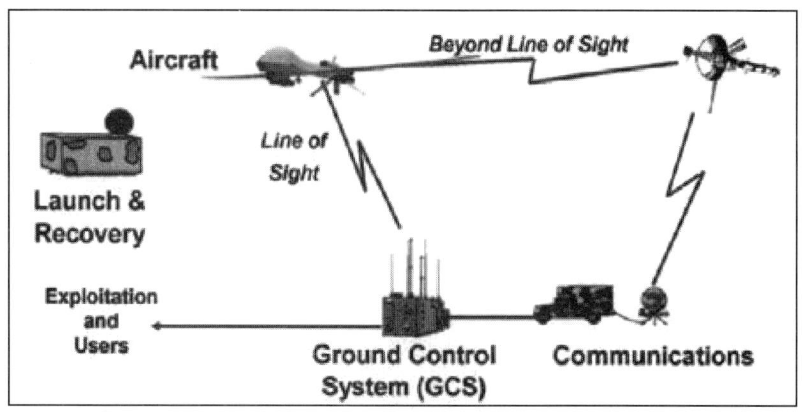

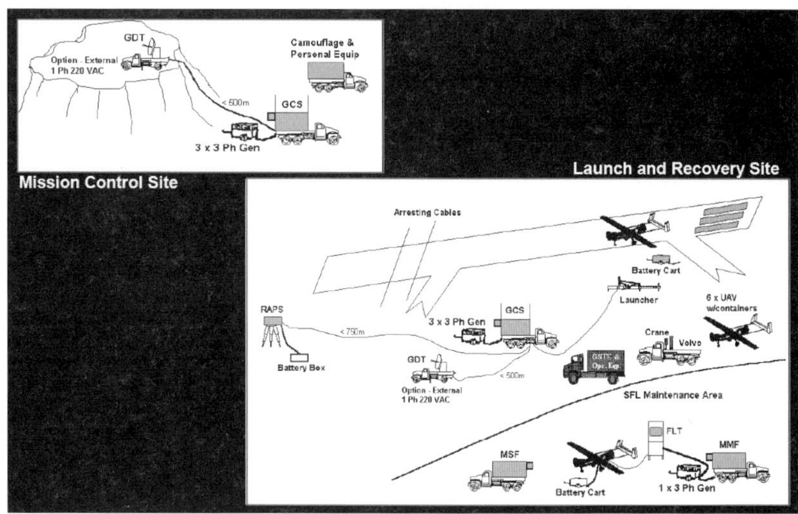

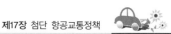

그림 17-3 무인항공기 운용체계

이 시스템은 무인비행체, 발사대, 지상통제소, 회수방법 등의 체계로 구성되어 있다. 운용 요원은 무인항공기 조종사, 육안 감시자, 기타 임무요원으로 구성된다.

(2) 무인항공기 활용

상업용으로 활용되는 분야는 어군 탐지, 광물 및 유전 탐사, 지도 제작 등에 사용되며, 농약/종자 살포, 농장 감시, 송전탑 · 송유관 감시, 경비로도 활용되고 있다.

기상 및 통신분야에서는 상업용 기상관측, 광역 통신망, 통신 중계 등에 활용되고 있으며, 운송분야는 화물 운송, 승객 운송, 정부 부문, 공공활용 분야는 해양 및 국경 감시, 불법어로 감시, 법무관련 업무, 세관 감시, 교통상황 감시, 산림/산불 감시, 수자원 감시 및 관리, 불법 수렵 감시, 치안 감시 및 범죄자 추적에 활용되고 있다.

비상상황 및 재난 시 수색/구조, 홍수·태풍·지진 모니터링, 방사능 모니터링에 활용 중이며, 과학적인 연구활용 분야에서는 환경 및 지구과학, 기상/대기 연구, 해양 관측, 태풍 연구, 자원 탐사, 화산 연구가 있으며, 기타 지리정보 구축에 활용되고 있다.

(3) 무인항공기 개발 동향

최신 무인항공기는 군용으로 개발된 것이 대부분이며, 군용무인항공기가 실전에 투입되어 전쟁의 승패를 좌우하는 주요 무기로 자리매김하고 있다.

중고도 무인항공기 프레데터, 고도도 무인항공기 글로벌호크, X-45 UCAV 무인전투기 등의 무인항공기가 개발되었으며, 실전 배치 중이다.

수직이착륙기능과 고정익의 고속비행성능을 동시에 갖는 신개념 비행체인 틸트로터 형상의 V-22 오스프리와 이를 축소 무인화한 이글아이(Eagle Eye)가 있으며, 틸트로터 이외에도 수직이착륙과 고속비행이 가능한 새로운 개념의 형상이 연구되고 있다. 가장 대표적인 예는 꼬리착륙 항공기이다.

꼬리착륙 무인항공기 이외에도 보잉에서 개발하고 있는 CRW(Canard Rotor Wing)형상의 X-50은 로터시스템을 장착하지 않는 방식이다. X-50은 터보팬엔진을 탑재하여 이착륙 시에는 연소가스를 날개 끝의 노즐에 분사하여 날개를 회전시키고, 순항비행 시에는 날개로 가는 연소가스를 차단하여 날개를 정지시키고, 배기가스를 후방으로 배출하여 추력을 얻는 신개념 항공기이다.

최근 무인항공기 분야의 새로운 경향은 기존에 운용했던 유인기를 무인화하여 개발하는 것인데, 이유는 유인기가 이미 다양한 임무분야에서 성능과 안전성이 검증된 기체이기 때문이다.

유인항공기의 무인화는 인간 조종사의 역할을 인공지능에게 맡기는 개념으로, 그에 따른 항공기의 경량화가 가능해진다.

파이어 스카웃(노스럽그루먼사)은 2천만 시간의 비행시간을 가진 상용 Schweizer Model 269D 유인 헬리콥터를 무인화한 항공기이며, 보잉사는 MD500을 무인화한 리틀버드를 개발하고 있다

무인항공기의 운용을 위한 가장 기본적인 제어기는 자동조종(Autopilot)과 항법유도(Navigation & Guidance)장치이며, 일반적으로 무인항공기에는 다음과 같은 수준의 자율비행기능이 필요하다.

① 일반 Autopilot(자동조종)

② Navigation & Guidance(항법유도)

③ Path Planing(실시간 경로계획)

④ Decision Making(임무여부결정)

완전자율 군집비행(Fully Auto-nomous Swarms) 능력을 갖추게 되면 지상조종자의 개입 없이 비상상황이나 위협상황에 대해 스스로 판단할 수 있게 된다. 이로 인해 손실된 무인항공기의 임무를 편대 내의 다른 무인항공기가 분담하여 임무를 완수하는 수준으로 발전하게 될 것이다.

고전제어기법은 모델링 오차에 대한 충분한 강건성을 갖도록 설계할 수 있는 장점이 있기 때문에, 대부분의 항공기에 고전제어기법을 사용하여 제어기가 설계된다. 스마트 무인항공기도 고전제어기법을 사용해서 제어기를 설계하게 된다.

신경망 제어기의 경우 주로 자동조종(Autopilot)제어기에 적용되어 왔으나, GIT(Geogia Institute of Technology)에서 항법유도를 위한 외부루프에도 적용하여 야마하 헬기를 개조한 GTmax 헬리콥터로 비행시험을 수행하였다.

(4) 충돌회피 기술개발동향

무인항공기의 보편적인 운용을 위해서는 유인기 공역에서 유인기와 동시에 비행할 수 있는 환경 제공이 필요하다. 일반적으로 무인항공기의 경우 안전상의 이유로 유인기 공역에서는 비행이 불가능하다.

충돌회피 장비는 비행체 탐지 방법에 따라 협력(Cooperative)센서와 비협력(Non- Cooperative) 센서로 구분된다.

협력센서는 TCAS(Traffic Alert and Collision voidance System), ADS-B(Autonomous Dependant Surveillance-roadcast)와 같이 상대방과 신호를 주고 받으면서 상대의 위치를 파악하는 방법이다. 비협력 센서는 레이더, 광학센서와 같이 스스로 상대방을 찾아내는 방법이다.

TCAS보다 발전된 ADS-B시스템은 충돌회피 기능뿐만 아니라 다중의 데이터 통신을 통해 주위에 운용 중인 비행체의 비행정보를 공유할 수 있다. 이를 통해 실시간 항공교통 통제와 비행안전을 향상시킬 수 있어, 유인기 뿐만 아니라 무인항공기 분야에서도 ADS-B를 이용한 충돌회피 연구개발이 진행되고 있다.

(5) 무인항공시스템 인증기술 동향

무인항공기가 공역 내에서 자유로운 비행을 위한 감항 요건은 무인시스템 자체의 안전성 확보 측면과 운항의 안전성 확보 측면으로 구분된다.

이 중 무인시스템 자체의 안전성 요건은 비행의 신뢰성을 의미하며, 무인시스템의 비행 신뢰성은 최소 유인기의 GA(General Aviation) 항공기의 신뢰성 정도가 구비되어야 안전도가 확보될 것으로 판단된다.

운항의 안전성은 비행 중 다른 항공기와의 충돌 또는 지상 추락으로 인한 인명 및 재산의 피해를 방지하기 위한 기술적인 요건을 의미한다. 여기서 기술적인 요건은 유인기 탑승 조종사의 법적인 충돌 예방 의무(항공법 제49조 '조종사의 주의의무' 및 관련 시행규칙)를 대신할 수 있는 충돌회피 기능과 지상 충돌의 피해를 최소화시킬 수 있는 비행체 장착용 emergency chute 또는 이에 상응하는 기능의 구비 그리고 현행 ATM 하에서 운영될 수 있도록 ATC와의 통신기능, 정밀 항법 기능과 지상 감시를 위한 장비 장착 등을 구비해야 한다.

(6) 무인시스템의 안전성 확보 요건

무인시스템 측면에서 무인항공기의 공역 진입 요건 중 하나는 비행체의 비행 신뢰성이 최소한 GA급 항공기의 안전도 수준과 동등하거나 이를 초과해야 한다는 것이다.

최근 들어 항공기술 및 통신기술의 발달과 소모성 개념의 군용 무인비행체 운용에서

표 17-1 무인시스템의 안전성 향상 방법

분 야	안전성 향상 방법
Powerplant	• FAR33 인증 엔진의 장착 • Twin engine 장착 • 제어계통의 Redundancy
Flight control	• Full Redundancy • Fail safe approach • Digital sensor • Fault tolerance
Communication	• Full Redundancy / Fail safe • 상이한 주파수 대역 동시 사용
Human error	• Automation 확대 • 조종사 및 운영자 인증(자격, 면허)
기타	• Anti-icing, 낙뢰, HIRF, IFR 요건 등 유인기 인증기준 적용

대형 무인항공기의 안전한 운영의 개념으로 무인항공기에 최신 기술이 적용되는 추세여서, 무인시스템의 안전도가 빠른 속도로 향상되고 있다.

(7) 비행안전성 확보를 위한 요건

민간 공역 내에서 무인항공기의 비행안전성 확보를 위한 요건은, 현행 항공교통관리 체계 내에서 무인항공기가 다른 유인항공기와 동일한 방법으로 취급될 수 있도록 기능을 확보하는 부분과 유인기 탑승 조종사의 기능을 비행체에서 자동수행하거나 지상의 조종사가 수행하도록 하는 부분이 있다.

무인항공기를 유인기의 공역 내에서 운용하기 위해서는 현행 항공교통관리(ATM, Air Traffic Management)체계 내에서 유인기와 통합 운영될 수 있도록 특정 기능을 갖추어야 한다.

항공교통관리체계는 항공기의 안전한 운항과 공역의 효율적인 사용을 목적으로 존재하며, 지상시스템과 탑재시스템으로 구성되고, ATM의 운용은 통신, 항법 그리고 감시 등으로 분류된다.

이에 항공법에서는 관제권 내에서 비행하고자 하는 항공기에 장착해야 할 의무 무선설비에 대하여 규정하고 있다. 장비가 양방향 음성통신이 가능한 무선송수신기와 트랜스폰터이며, 이밖에 전방향 표지시설 수신기(VOR), 거리측정시설 수신기(DME) 그리고 비상위치 표지용 무선표지설비(ELT) 등이 있다.

무인항공기는 조종사가 비행체에 탑승하지 않으므로 유인기 탑승 조종사의 임무 및 법적인 의무를 자동 또는 지상의 조종사가 수행해야 한다. 이러한 임무들 중 충돌회피 기능은 가장 중요한 임무 중 하나로서 연구가 활발히 진행 중이다.

충돌회피 기능은 비행체의 자율적인 회피기동 외에 조종사에게 항적의 위치 및 충돌의 위험성을 경고해 주는 기능까지 포함하고 있다. 현재 VFR로 비행하는 공역에서는 radar 센서를 적용하고, IFR 비행까지 하고자 하는 경우 TCAS와 같은 유인기 장비를 무인항공기에 적용하는 것이 연구되고 있다.

향후에는 전방향 탐지가 가능하며 효율적인 ADS-B를 이용한 충돌회피 장비가 유무인 통합장비로 발전될 것으로 예상된다. 충돌회피 기능의 경우 탐지범위, 탐지거리, 안전한 회피 기동 그리고 장비의 신뢰성이 안전성 요건으로 설정되어야 한다. 향후에는 유인기의 진로 양보 및 통행의 우선순위 규칙까지도 적용 가능한 기능이 구비되어야 한다.

유인기는 항공기의 이상 시 조종사가 피해가 최소화되도록 비상착륙 또는 착지를 하는데, 무인항공기는 이에 대응하는 비행종료시스템을 갖추게 될 것이다.

현재 비행종료시스템의 경우 비행체에 장착되는 emergency chute가 가장 선호되는 방법이며, twinengine 항공기의 경우 pre-programmed emergency landing 기능도 가능하다. 향후 무인항공기에 있어서 이러한 기능은 공역 내의 비행을 위한 필수 기능으로 자리잡을 것이다.

이 밖에 무인항공기에도 항공등화가 유인기와 동일한 방법으로 장착되어야 하며, GCS, DTS(Data Terminal System), 통신주파수의 보안 등의 분야가 무인항공기의 새로운 인증 요건으로 제시될 것으로 예상된다.

제18장 녹색공항 운영정책

1 지능형 녹색공항 인프라 구축

(1) 고효율 수하물 처리시스템

지속가능한 저탄소녹색 운영방안 연구(KOTI, 2009)에서 RFID 기반의 항공 수하물 추적 통제시스템은 미래의 사회, 산업, 국가 환경이 유비쿼터스로의 전환이 예측됨에 따라, 이를 위한 준비를 위하여 유비쿼터스 구현의 핵심요소인 RFID를 적용하는 것이다. 이와 같은 RFID 기반 시스템은 IT 산업의 경쟁력을 강화하고 신성장 동력을 육성하는데 있음을 제시하였다.

RFID 경쟁력은 신속 정확한 수하물 처리를 통한 비용절감 및 공항의 대외 신인도 향상을 목적으로 한다. 이는 보안 검색 강화와 실시간 승객 정보 확인이 가능하고, 수하물 자동 통계관리 및 위험/주의 수하물 관리에 대한 신뢰 향상과 수하물 사고 예방 및 대고객 서비스 향상을 가능하게 한다.

공항운영기관 측면에서는 1)공항에서의 신속, 정확한 수하물 처리를 통한 비용 절감 및 공항 대외 신인도 향상, 2)보안 검색 강화 및 실시간 승객 정보 확인, 3)수하물 자동 통계관리, 4)자체 기술력을 바탕으로 국내 공항 적용 및 해외영업 비즈니스 모델 개발이 기대되는 부분이다.

수요자(고객) 측면에서는 1)수하물 분실 방지, 2)수하물 Cross Pickup 방지, 3)수하물 대기시간 확인 및 안내 서비스, 4)위험/주의 수하물 관리에 대한 신뢰 향상 등이 있다.

공급자(기업) 측면에서는 1)USN 미들웨어 분야의 핵심기술 습득, 2)축적된 기술 및 시범서비스 사업 경험을 통하여 항공화물, 기내식, 기내용품, 기내면세품 관리 등 항공 전 분야에 확대 적용, 3)수하물 사고 예방 및 대고객서비스 향상이 가능하다.

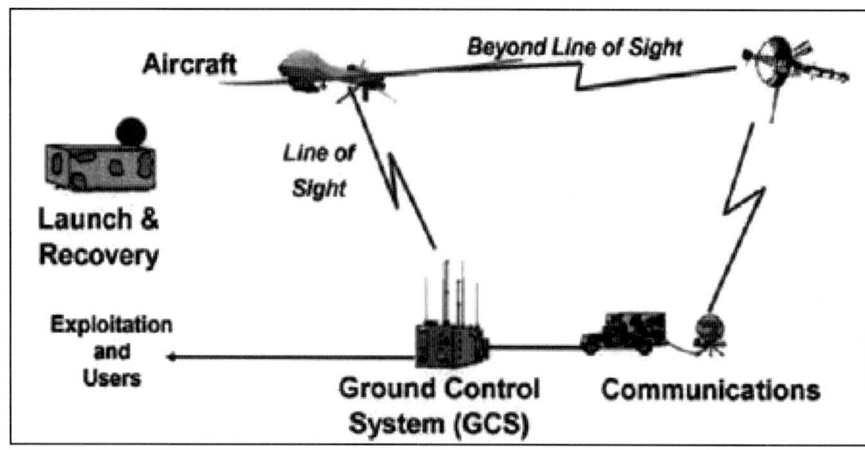

그림 18-1 RFID 수하물처리시스템 구성도

RFID 정보시스템을 항공사의 승객 탑승정보 및 수하물 위탁정보 등과 연계한 수하물 처리에 활용할 수 있고, 협의를 통한 국내선 운항 항공사 확대뿐 아니라 장기적으로 국제선 구간으로 확대가 필요하다.

화물운송에 있어서 RFID를 부착하여 항공물류 분야에 적용하고, 공항 내 처리시스템을 시작으로 전 항공 물류로의 확장이 바람직하다. 이 외에도 공항 무인 자동 여객운송 시스템 등 수하물 자동운송시스템에 대한 적극적인 개발이 필요하다.

(2) 접근교통수단

첨단 교통수단의 하나인 소형궤도차량시스템(Rapid Transit System)은 운전자가 따로 필요 없고, 전기로부터 전력을 얻어 배출가스가 전혀 배출되지 않는 교통수단이다. 4인 정도의 정원으로 움직이는 시스템으로 공항 터미널간 연계시스템이나 주차장과의 연계 시스템으로 활용할 경우 상당한 효과가 예상된다.

영국 히드라공항은 하루에 약 3,000대 정도의 이동차량을 대체할 수 있는 철도사업투자 'Heathrow Express' 개발에 많은 비용을 투입하였다. 'Piccadilly line(피카딜리 라인)'을 제5터미널까지 연결하는 확장사업과 히드로공항과 공항 남서지역의 철도 네트워크를 연결하기 위해 노력 중이다.

우리나라도 공항 접근체계의 네트워크 연결 개선과 제2터미널 완공 시 효율적인 연계 교통망 확충이 요청된다. 이러한 측면에서 공항터미널간의 연계시스템으로 소형궤도차량시스템을 검토할 필요가 있다.

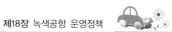

그림 18-2 소형궤도차량시스템

2 탄소중립형 공항개발

(1) 공항시설 환경관리

지속가능한 저탄소녹색 운영방안 연구(KOTI, 2009)에 따르면 오클랜드공항에서는 화장실 칸막이와 벽판에 재활용 소재 및 재생가능한 소재를 사용하였으며, 천장 타일은 빛을 반사시킬 수 있고, 냉난방 시스템의 사용을 감소시킬 수 있는 재활용 소재를 적용하였다.

대기질 모니터링 시설 확충과 정기적인 대기질 모니터링을 통한 현황파악으로 각 항목의 기준 제시와 점검이 가능해지게 된다.

김포공항은 공항 운영에 따른 대기질 환경변화를 분석하기 위하여 2006년에 설치된 대기질 자동측정망을 통하여 24시간 대기질을 감시하고 있다. 그 결과 모든 측정항목이 환경기준 이내로 공항 내 대기질 상태는 양호한 것으로 조사되었다.

국제기준에 따른 공항차원에서의 대기질 측정은 지속적으로 이루어지고 있으나, 우리나라 자체의 기준 제시가 필요한 부분이다.

APU(Auxiliary Power Unit)는 보조동력장치로 항공기의 주 엔진을 시동하고, 에어컨 전원으로 사용되는 보조동력장치를 말한다. 그러나 제트연료를 사용하므로 대량의 CO_2를 배출한다고 한다.

GPU(Ground Power Unit)는 계류장 내 지상 보조전원 공급장치를 의미하며, APU가 고장이거나 장착되지 않은 항공기의 경우 푸쉬백을 하고 나서 GPU를 해당 위치로 이동시켜 시동을 걸어야 한다.

APU의 경우 배출가스 및 소음 발생이 많으므로 APU 대신 GPU를 사용하여 소음 및 배출가스 저감에 기여할 수 있으며, 연료소비 저감에도 효과가 있다.

영국 히드로공항에서는 APU 대신 GPU 이용을 유도하여 약 65%의 GPU 사용률을 10% 이상 높이는 것을 목표로 하고 있다.

광촉매는 자외선에 의해 도장 표면에 발생하는 강한 산화력과 초친수성을 이용하여 오염과 대기오염물질을 분해하고, 빗물을 통해 씻어 없애는 효과가 있다.

나리타공항은 배출된 대기오염물질을 정화하기 위해 제1여객터미널 빌딩 제5 탑승교에 광촉매를 사용하고 있으며, 이외에 제1여객터미널 빌딩 앞 보도 지붕에도 광촉매를 사용하고 있다.

(2) 공항시설 에너지 관리

압축천연가스(CNG)는 저렴한 가격과 연료효율이 높다는 장점이 있으며, 휘발유 대비 연료비를 70%까지 절감할 수 있다.

또한 다른 연료보다 공해물질 배출이 적어 친환경적이며, 공기보다 가볍고, 누출되더라도 쉽게 비산되어 안전성이 높은 것으로 알려져 있다.

오클랜드공항은 2002년부터 셀프 CNG 충전소를 4곳에 설치하여 24시간 운영하고 있다. 충전소는 공항 셔틀밴, 리무진, 공공기관 차량 등이 이용하며, 2002년 100,000갤런, 2007년에는 600,00갤런으로 그 사용량이 증가하였고, 인센티브와 보조금 지급 등을 통해 오클랜드공항을 이동하는 택시의 70%가 대체연료를 이용하고 있다. 기타 지상운송 업체들도 운영차량의 50%를 대체연료차량으로 전환하였다.

오클랜드공항에서 화물 규모가 가장 큰 페덱스는 81,000sq.ft 넓이의 태양광 발전시설을 설치하여 904 kW의 전력을 공급받음으로써 기존 연료사용량의 약 80%를 태양광 발전시설로 활용하고 있다.

또한 2007년 6월 약 820 kW의 전기를 생산하는 태양광 시스템 장치를 설치하여, 제1, 2청사에서 사용하는 전기의 20%를 생산하였고, 30년 동안 10,800톤 정도의 CO_2 배출량이 감소될 것으로 예상된다.

나리타공항은 제1여객터미널 빌딩과 NAA 빌딩옥상 등 3곳에서 총 882개의 태양광패널이 가동되고 있으며, 발전된 전기는 여객터미널 빌딩 내의 라이트 조명 등에 사용되고, 소형 태양광발전 패널을 제한한 지역에서는 옥외 조명식 표시판 등 43곳에서 활용하고 있다.

(3) 에너지 효율 제고

히드로공항에서는 에너지관리 통합시스템을 통해 냉난방 통합 전력(CCHP)를 사용하여 기존보다 약 50% 이상의 효율적인 전력관리를 시행하고 있다. 새로 건축한 제5터미널의 경우 난방열의 85%를 냉난방 통합 전력장치로부터 제공받고 있다.

자동건물관리시스템을 구축하여 사람이 다니지 않는 곳은 자동으로 소등하거나 미등상태로 전환하여 전력 소모를 방지하고 있다.

나리타공항은 공항이용자 1인당 에너지 소비량을 절감시키는 것을 목표로 설정하였다. 에너지절약대책(에어컨, 조명, 전력) 강화, 열병합 발전과 축열시스템 운영, 태양광발전을 이용한 조명시설 사용, LED 조명시설 도입 확대 등을 통하여 에너지 절감을 실천 중이다.

또한 빌딩에너지관리시스템(BEMS) 등을 활용하여 보다 많은 에너지 절감 방안을 검토 중이며, 여객터미널 빌딩의 에너지 절약 대책, 열병합 발전시스템, 축열시스템, 항공등화의 LED 교체 등을 통하여 에너지 절감을 추진 중이다.

(4) 친환경 접근수단 도입

나리타공항에서는 이동하는 업무용 차량에서 배출되는 대기오염물질과 지구온난화 물질을 줄이기 위해 저공해차량(천연가스, 하이브리드, 전기자동차 등)을 도입할 예정이다.

일반차량 이외에 GSE(Ground Support Equipment) 차량에 대해서도 일부 저공해차량의 도입이 진행 중이다. 특히 전기자동차와 천연가스자동차를 도입하기 위해 실증 시험을 실시하는 등 추진 방식에 대해 논의 중이다.

에코드라이빙(Eco-driving)은 자동차는 성능과 주행거리가 같지만 운전 방법에 따라 연료소비에 차이가 있음에 따라, 운전기술을 향상시키는 수단을 통하여 CO_2 및 배기가스 등 유해물질 배출을 억제하고, 연료의 사용 자체도 감소시키는 것을 말한다.

영국 히드로공항에서 운영하는 카풀제도는 유럽국가 중에서 가장 규모가 크다. 통계에 의하면 공항 직원의 2/3 규모인 6,000명 이상이 1주일에 3번 정도 카풀을 실천하고 있는 것으로 조사되었다. 그로 인해 불필요한 승용차 사용횟수가 줄어들어 5백만 리터의 연료 소모와 대기로 방출되는 CO_2 배출량을 약 11톤 가량 줄이는 성과를 얻었다.

3 녹색공항 구축의 통합적 계획 및 평가

(1) 녹색공항 마스터플랜 수립

우리나라의 항공부문 녹색성장은 실무부서 및 개별 기업차원에서만 산발적으로 추진되는 실정이다. 특히 정부와 공항당국, 항공사간의 정책 우선순위와 집행 등은 개별적으로 진행되고 있는 것이 현실이다.

아직 항공 환경부문 정책 및 계획을 종합적으로 관리하는 기구나 부서가 부재한 상태이며, 이를 위한 재원확보 및 조달부문도 미흡한 실정이다.

우리나라 공항은 공항별 열병합발전소, 태양광발전소 설치, 녹지조성 등 환경친화적 시설 도입을 계획하고 있지만, 부분적인 도입 또는 교체에 그치고 있어 종합적인 '녹색공항 마스터플랜'이 되지 못하고 있다.

공항별로 녹색공항시설간의 유기적인 관계를 추구할 수 있는 녹색공항지도(Green Airport Map)를 우선적으로 계획·수립해야 한다. 이에 따라 친환경 공항디자인, 자전거도로, 열병합발전소 설치, 태양광발전소 설치, 녹지조성 등을 단계적이고 종합적으로 교체해 나가야 한다. 그리고 유도로 및 고속탈출유도로 계획, 운영 효율성을 최적화하여 시간 및 항공기 연료소모량을 저감할 수 있다.

해외 주요국의 정책적인 시사점을 볼 때 정부와 공항운영자 모두가 녹색공항계획을 수립하여 기후변화에 대응하기 위한 정부정책을 지원하고 있다. 우리나라 공항운영도 여러 주체가 함께 참여하고 공항당국 차원에서 통일된 계획을 수립함으로써 일관되고 효율적인 공항 환경관리가 가능해질 것이다.

(2) 지속가능한 공항시스템 평가

지속가능한 공항시스템 평가는 공항 환경정책이나 온실가스 배출 저감 노력을 부분적으로 접근하는 방식에서 탈피하여, 관련 정책이 전체 항공시스템에 미치는 영향을 종합적으로 고려하고, 평가하기 위한 가상의 모델이다.

개발된 모형을 이용하여 공항 환경정책 및 온실가스 저감대책 등의 시나리오 분석을 통해 공항시스템의 전체적인 동태를 살펴보고, 이를 바탕으로 정책 및 절감 대책을 평가하고 최적의 시나리오를 찾도록 하는 것이 목적이다.

지속가능한 공항시스템 모형을 통해 저탄소 녹색공항 운영을 위한 각종 대안의 실행

은 단순히 일정 비율로 오염물질 배출량이 줄어드는 것이 아니며, 공항과 공항을 둘러싼 요소들에 직·간접적으로 영향을 미쳐 전체 항공수요를 변하게 한다. 또한 오염물질 배출 감소를 생각하지 않은 무리한 투자는 공항의 지속가능성을 해칠 수도 있다.

평가 모델의 활용을 위해서는 일관적이고 정확한 데이터를 수집하는 시스템을 통해 각 대안의 효과를 실시간으로 분석하고, 적용하는 연구가 필요할 것으로 판단된다.

4 그린공항 운영시스템

(1) 연료절감 운항관리

우리나라는 150여 개에 이르는 군 작전공역이 항로 주변에 설정되어 있다. 그래서 민간항공기가 출발지점과 도착지점을 가장 효율적으로 비행할 수 없는 경우가 많다.

이에 따른 비효율을 저감하기 위한 방안으로, 비사용 시간대에 군훈련 공역을 민간항공기가 이용함으로써 항로단축에 의한 연료저감이 가능하다.

이는 군과 사전협의를 한 이후 안전이 확보되는 범위 내에서 시행하는 것으로서, 2011년 기준으로 전체 24개 항로 중에서 11개의 단축비행로를 설정하여 운영 중이다.

일평균 1,380대의 민간항공기가 11개의 단축비행로를 이용할 수 있으며, 이에 따라

표 18-1 단축비행로 설정 전후의 항로거리 비교

구 분	구 간	정규 항공로	단축 비행로	단축거리(1회당)
1	상주 ↔ 영천	64마일	56마일	8마일
2	고창 → 구례	49마일	34마일	15마일
3	광주 ↔ 남서해	244마일	218일	26마일
4	강릉 ↔ 동해	218마일	185마일	33마일
5	공주 ↔ 충주	57마일	50마일	7마일
6	양평 → 삼척	83마일	78마일	5마일
7	광주↔제주서해	103마일	100마일	3마일
8	광주 ↔ 제주동해	92마일	91마일	1마일
9	일본 ↔ 대구	89마일	75마일	14마일
10	동해 ↔ 충주	168마일	165마일	3마일
11	대구 ↔ 예천	51마일	50마일	1마일

1일 약 5,780마일(10,705 km)의 비행거리를 단축하였고, 연간 약 45천 톤의 CO_2 배출량이 저감된 것으로 추정된다.

국토교통부는 미 공군과 협의하여 인천 및 김포공항 주변의 불합리한 공역구조를 대폭 개선, 항로거리를 단축하여 연간 약 540억 원의 비행연료를 절감할 수 있는 인천/김포공항 단축 입출항로를 운영하고 있다.[1)]

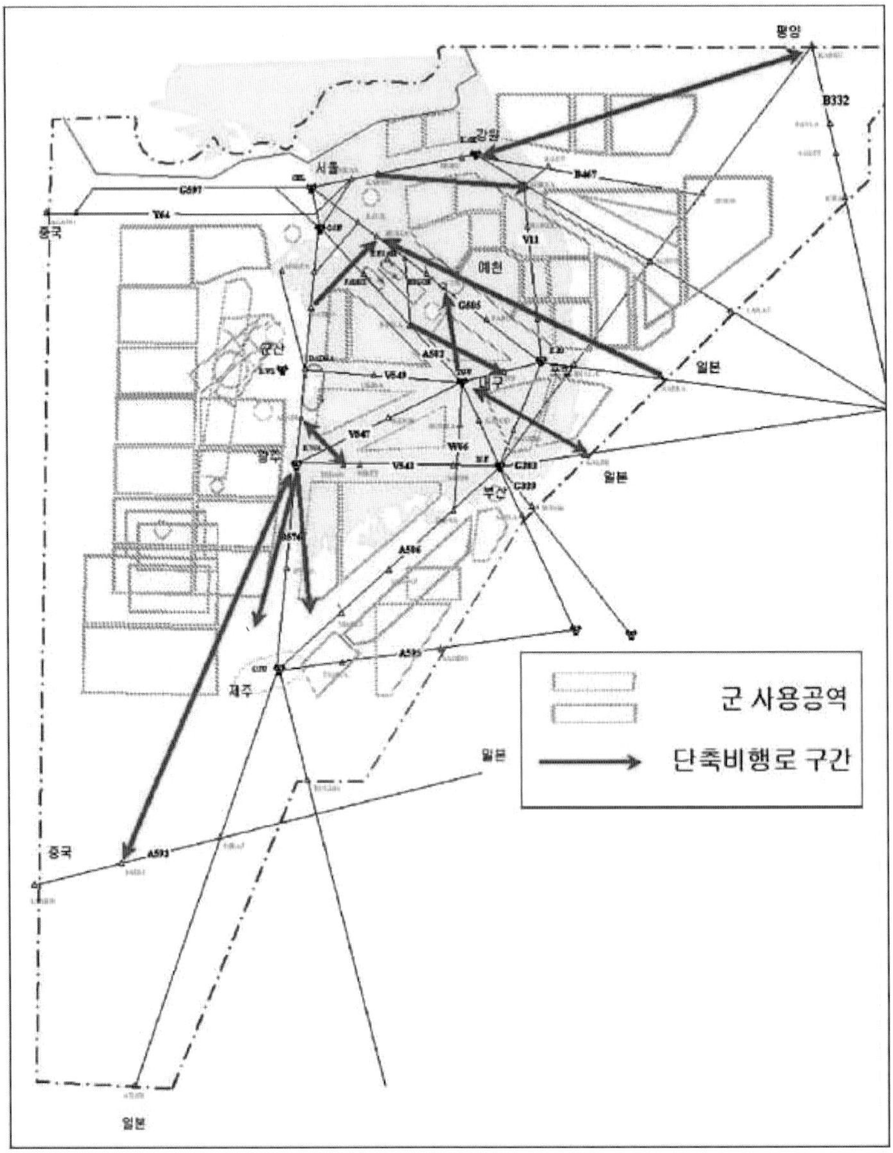

그림 18-3 항공로 및 단축비행로 구간

1) (국토해양부 보도자료) 국토해양부, 초고유가 극복을 위한 항공유류 절감 대책 시행

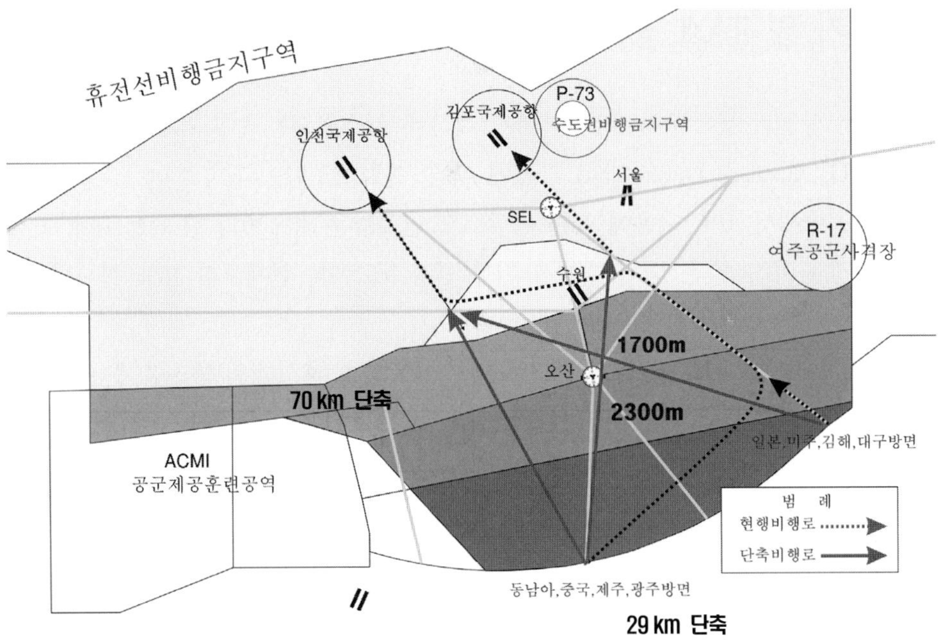

그림 18-4 단축비행로(오산 단축)

(2) 항공기 중량관리

항공기의 중량관리는 비행 중 연료 소모에 직접적인 영향을 미치는 항공기 자체 중량뿐 아니라 탑재되는 기내식, 서적, 서비스 물품, 정비 부품 등 필수적인 물품만 탑재하고, 불필요한 무게를 최소화하여 운항 중량을 감소시키는 것을 말한다.

인천/프랑크푸르트 왕복편은 B747-400F 화물기가 매일 운항하는 노선으로 중량관리 시스템을 통해 1년간 62,476달러를 절감하고 있다.

항공기 무게중심 관리기법은 항공기의 무게중심을 허용 범위 내에서 후방을 지향할수록 양력 발생을 증가시켜 연료를 절감하는 기법이다. 무게중심 1% MAC 후방이동 시, 비행연료의 0.125%에 해당하는 효과가 발생한다.

항공기 운항을 위해선 목적지까지 비행하는데 필요한 연료 외에 기타 예상치 않은 상황에 대비한 법정 예비연료를 반드시 탑재해야 한다. 합리적인 예비연료량 산정을 통해 자체 무게를 낮추고 연료 소비량을 줄일 수 있다.

정부인가 법정 예비연료 중 하나인 Legal Contingency Fuel을 비행시간의 10%에서 5%로 줄여서 적용 중이다.

(3) 주기 및 TAXI 중 연료절감

공항에서 항공기 도착부터 출발 전까지 지상에서 소모되는 연료의 대부분은 보조동력장치(APU: Auxiliary Power Unit) 가동에 따른 연료소모량이다.

국내외 공항에서 APU 사용에 따른 지상소모 연료량은 약 400억 원 규모로서, 고객서비스에 지장을 주지 않는 범위 내에서 지상 연료소모량을 현재보다 10% 절감할 경우, 연간 약 40억 원의 비용을 절감할 수 있다.

'One Engine Shut-down Taxi-in 절차'는 항공기가 착륙 후 1개의 엔진을 끈 상태로 주기장에 진입하는 운항절차이다. 이는 연료절감 효과와 함께 브레이크 사용 횟수가 줄어들어 브레이크 수명을 연장하는 효과도 얻을 수 있다.

이 절차는 공역, 궤적, 항공교통흐름 관리의 정교화, 자동화, 미래 항공수요 증대, 소형 항공기, 자가용 항공기의 이용이 활성화가 될 경우 중요한 기술이다. 따라서 항공관제용 통합정보 처리시스템 도입이 필요하다.

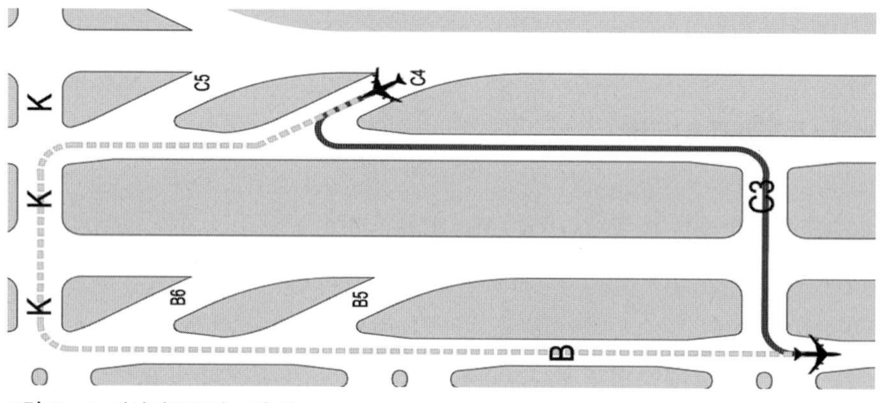

그림 18-5 지상이동동선 효율화

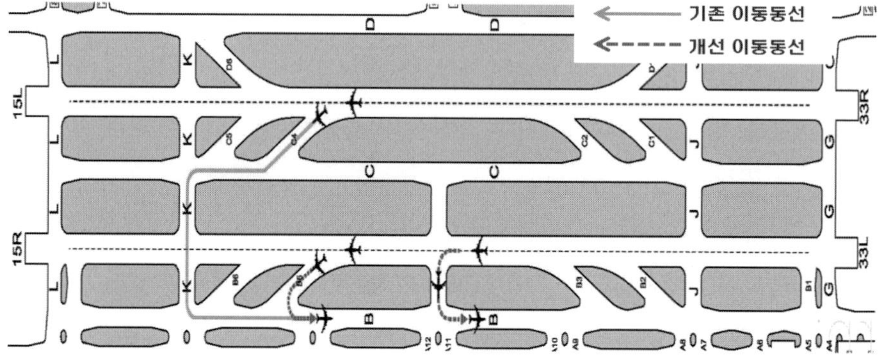

그림 18-6 활주로 운영 효율화

지상이동동선 효율화 및 활주로 점유시간 감축을 위해 국토해양부는 항공기 이·착륙 시 주기장/활주로간의 지상이동경로를 최적화하고, 항공기가 활주로에서 머무르는 시간을 점진적으로 단축하여 연간 약 227억여 원의 연료를 절감하는 '지상이동동선'과 '활주로 점유시간 감축방안'을 실시하고 있다.[2)]

(4) 탄소절감 항공기 운항

연속강하접근(CDA)은 유럽 및 미국에서 운영 단계에 있으며, 항공기의 첨단항법시스템을 이용하여 항공기 성능에 맞게 연속적으로 강하하는 비행 방식이다. CDA는 항공기 연료 소모와 소음 및 환경오염물질을 획기적으로 감축할 수 있는 접근 절차이다.

기존 접근 방식은 강하와 수평비행의 반복으로 수평비행 구간에서 높은 항력을 발생시켜 불필요한 항공기 연료 소모와 과다한 소음 및 환경오염물질 배출을 유발시키고 있다.

국제민간항공기구에 따르면 항공기는 1.8 km를 비행하는 동안 11 kg의 연료를 소모하며, 이 과정에서 사용된 연료의 무려 3배에 달하는 35 kg의 이산화탄소와 질소산화물 등을 배출한다.

연속강하접근(CDA)에 의한 비행 시 항공기 연료소모량의 40%, 배출가스(CO_2, NOx) 및 공항주변 항공기 소음의 50% 이상을 감소시키는 효과가 발생된다.

Payload란 항공기의 유상탑재중량(여객 + 수하물 + 화물 + 우편물)을 표현하는 용어로, 항공기 운항준비 시 비행계획에 반영되는 예상 Payload가 실제 Payload와 가까울수록 불필요한 연료탑재를 줄일 수 있고, 그 여분으로 유상탑재 허용량을 증가시키는 효과도 얻을 수 있다.

항로선정에 따른 연료절감도 있다. 예를 들어, 북극항로는 아시아와 북미를 이어주는 기존 루트에 비해 30분 정도를 단축시킬 수 있다. 이로 인해 유류비용 절감이 가능하고 비행시간 단축으로 발생하는 승무원 비용을 절감할 수 있어 경제운항이 가능해진다.

(5) 항공기 소음관리

일차적으로 항공기 이·착륙 시 엔진의 출력을 규제하는 이른바 저출력 운항 대책을 채택할 수 있다. 하지만 낮은 출력으로 이륙하거나 착륙하는 방법은 긴 활주로의 사용

2) 국토해양부, 초고유가 극복을 위한 항공유류 절감 대책 시행

이 필수여서 소음의 영향 지역이 길어진다.

이차적으로 고출력 급상승 이륙방법은 활주로 방향으로의 소음 영향이 적지만, 항로 좌우지역으로 소음이 증대하는 현상이 발생한다. 따라서 엔진의 출력 규제는 특정 공항의 주민 거주분포 및 지형 등을 면밀히 조사하여 적절하게 대응해야 한다.[3)]

히드로공항은 CDA 절차를 채택하여 2004년 80% 이상의 항공기가 CDA 절차를 사용하였고(오후 11:30～오전 6시 사이에 CDA의 이용률은 92%), 앞으로도 조종사들이 CDA 절차에 의해 비행하도록 권고할 예정이다.

또한 소음이 적은 항공기를 사용하는 항공사에 대해 소음에 대한 부과세를 할인해 주거나, 금전적인 인센티브를 주는 반면, 소음이 심한 항공기를 사용하는 항공사는 사용료를 더 비싸게 부과하는 정책을 추진할 수 있다.

‘소음모니터링 네트워크’를 갖추어 항공기로 인한 소음을 지속적으로 감시하고, 항공기 이륙 시 소음 규정을 어기는 항공기에 대해 벌금을 부과하며, 이를 방음시설 설치에 사용할 수도 있다.

나리타공항에서는 소음의 효율적인 저감을 위해 소음의 근원인 항공기로부터의 소음을 저감시키는 전략 및 공항시설의 배치를 개선함으로써 활주로 등을 이동하는 항공기 소음을 감소시키는 전략을 수립하였다. 또한 공항 주변에 대한 대책으로는 민가 방음공사 조성사업, 항공기 소음 측정사업, 주거 환경개선 프로그램 등을 수립하여 시행하고 있다.

(6) 지상 소음관리

공항 지상에서 소음을 유발하는 주요 원인은 착륙 시 항공기 브레이킹을 위한 역추력, 항공기가 활주로와 스팟 사이를 taxiing할 때 항공기 주기 중에 전원장치 가동, 항공기 수리 후 엔진 점검 가동 등으로 구별할 수 있다.

역추력은 착륙 시 항공기 제동에 필요한 요소이지만 영국 정부는 오후 11시 30분에서 오전 6시까지는 안전상의 이유로 역추력 사용 자제를 권고하고 있다.

항공기가 지상에서 주기 중일 때 지상 전력 공급방식(GPU)을 이용함으로써 항공기 엔진 발생 소음을 제거할 수 있다. 또한 항공기가 주기장에 있을 때는 기내의 쾌적한 온도 조절을 위하여 항공기 엔진 사용 대신 냉·난방 공급시스템을 사용하여 소음을 줄일 수 있다.

---

3) 공항 토지이용 및 환경관리 매뉴얼

항공기 소음에 의한 지역 주민의 피해를 줄이기 위해서는 방음벽을 설치하고, 야간에 엔진 점검 및 engine ground-run에 의한 소음을 방지하기 위하여 소음보호구역을 설정하여 운영해야 한다.

(7) 배기가스 배출 감소를 위한 정책적 방안

배기가스 배출에 대한 '부과금 제도', '징수기준', '배출권 거래제' 등을 종합적으로 검토하고, 국제기준에 부합하는 법과 제도의 정비가 필요하다.

내부적으로는 국적항공사의 항공기 기단에 의한 배출가스 실태분석, 신형 항공기 출현 및 취항에 따른 환경영향 분석, 항공운송산업 경쟁력과 공항 주변 환경보호(착륙을 위한 공중 대기 항공기, 활주로에서의 공회전, 항공기 수리 및 정비와 지상조업 활동 시 발생되는 배기가스 등) 등에 관한 실태 파악이 전제되어야 한다.

ICAO의 시카고협약 제15조, 제24조, 제83조 및 ICAO 총회, 이사회의 법적 지위에 대한 해석과 이와 같은 국제법이 국내 항공산업에 미치는 영향에 대한 검토 및 그에 따른 대응전략 수립이 필요하다.

ICAO는 항공기 배출가스 감축과 관련하여 배출가스 요금제(Emission Charge, ICAO DOC9884, DOC 9889), 배출권 거래(Emission Trading, ICAO DOC 9885), 탄소상쇄(Carbon Offset), 자발적 조치(Voluntary Measure), 자발적 배출제도(Voluntary Emissions Trading) 등의 제도를 도입함으로써 항공환경에 관하여 선도적인 역할을 담당하고 있다.

배출권 거래제는 항공사의 배출가스량과 관련 비용을 감소시켜 CO_2 배출 가스량을 경제적인 측면에서 관리하는 제도이다.

배출권 거래제의 이점은 지구온난화의 방지와 대기질의 향상, 가장 효율적인 방법으로 탄소산화물의 감축을 실현하며, 비용부담으로 인하여 자발적으로 배출가스를 감축시킬 수 있는 국제적인 제도이다. 영국의 히드로공항을 비롯한 여러 공항에서 배출권 거래제를 도입하기 위해 검토 중이다.

제19장 항공안전 및 보안

1 항공안전

(1) 운항 및 관제

항공안전기술이란 공항 및 항로 등과 같이 항공기가 운용되는 전체 과정에서 항공안전에 미칠 수 있는 위험을 예방하는 기술이다.

항공안전기술에 대한 세부 기술은 일반적으로 항공교통수단인 항공기에 대한 운항안전 및 항공기 운용기술 그리고 항공기 운용을 위한 인프라에 해당하는 공항 및 항행시스템 기술 분야로 구분된다.

항공교통관제(ATC)에서 항공기간 분리 기준 및 항공기와 장애물간의 분리는 다른 물체와 항공기의 충돌을 피하기 위해 마련되고 있다. 수치적으로 위험을 추정하는 것은 분리 기준에 대한 특정값이 위험한지, 안전한지를 확인하는 데 필요하다.

일반적으로 CRM에서는 다양한 항로 구조를 선형구간으로 구성되어 있다고 가정하며, 여러 시나리오를 단순화하며, 복잡한 항공기 모양과 충돌 구조를 상자 또는 원기둥 모양으로 단순화하여 모델링하는 시스템이다.

항법 오차로 인해 인접한 항로를 비행하는 항공기간의 충돌 확률에 관한 문제 분석 모델의 종류는 다양하다. 그중에서 Reich 충돌 위험모델은 수직분리 간격축소의 충돌위험을 산출하기 위해 이용되며, RBN(Performance-Based Navigation) 분리를 포함한 일반적인 항로 간격에 대한 기본적인 충돌위험모델 역시 Reich 충돌위험모델에서 비롯되고 있다.

Reich는 대양 항로에서 충돌위험을 추정하기 위해 충돌위험모델을 처음 개발하였다. ICAO RGCSP(Review of the General Concept of Separation Panel)은 Reich의 충돌위험모델

을 일부 수정하여 적용하였고, RGCSP는 2000년 SASP(Separation and Airspace Safety Panel)로 개정되어 신뢰성 이론의 CRM(Reliability Theoretic CRM)과 동적 CRM을 제안하였다.

(2) 정량적 항공안전평가

항공안전도 평가방법(KOTI, 2006)에서는 정량적 항공안전평가에 관한 방법을 크게 위험요인분석기법과 위험도모델링기법으로 구분하였다. 두 가지 방법은 상반된 개념이 아니라 상호보완적인 것으로서 위험요인분석기법을 통해 다양한 사안에 대한 포괄적인 분석이 수행된 이후 항공안전위험도에 대한 구체적인 모델링 및 정량화가 이루어진다.

위험요인분석기법(Hazard Analysis Techniques)은 크게 네 가지, 즉 위험식별, 정적평가, 동적평가, 인적요인으로 구분된다.

위험식별(Hazard Identification)은 충돌위험을 예측, 식별하고, 시스템이나 절차에 있어 충돌위험을 발생시킬 수 있는 요인을 진단하는 것이다. 대표적인 기법으로는 PHA (Preliminary Hazard Analysis), FMEA(Failure Modes and Effects Analysis), FHA(Functional Hazard Analysis), HazOp(Hazard and Operability Study) 등이 있다.

정적평가(Static Assessment)에는 FTA와 ETA 등이 있다. FTA의 주요 원리는 사고로 이어지는 주요 시스템 오류를 보다 세분화된 오류로 분해한 후, 이들의 상관관계를 그래프 형태로 모델링하는 기법이다. ETA는 특정 위험요인이 다양한 ATM 안전기능을 거치면서 최종적인 사고로 이어지는지에 대한 분석을 그래프 형태의 모델링을 통해 수행하는 것이다.

동적평가(Dynamic Assessment)는 시간에 따른 시스템의 변화를 고려한 위험요인분석기법으로, DSSG(Discrete State Graphs), Monte Carlo Simulation, Discrete Event Simulations, Dynamic Event Tree Analysis, Hybrid-State Markov Processes가 있다.

인적요인(Human Reliability)은 조종사나 관제사의 역할이 중요한 곳에서 충돌위험 분석을 위해 사용된다. 이 기법으로는 AEA(Action Error Analysis), HEART(Human Error Assessment and Reduction Technique), HITLINE(Human Ineraction Timeline), OATS (Operator Action Trees), HCR(Human Congnitive Reliability model) 등이 있다.

위험도모델링기법(Risk Modeling Techniques)은 크게 분석적인 방법과 시뮬레이션 방법으로 분류할 수 있다. 분석적 방법은 Reich Model, Gas Law Model, Intersection Model 등이 있으며, 시뮬레이션 방법은 Real-Time Simulation Model, Fast-Time Simulation Model 등이 있다.

분석적 방법의 장점은 빠른 계산속도와 논리적 흐름의 일관성 및 명확성, 충분한 신뢰도이며, 단점은 실제 현상의 많은 단순화, 단순화에 따른 적용 가능성의 한계, 시각적 결과 도출의 어려움 등이 있다.

항공사의 항공운항 안전성 및 신뢰성 확보를 위한 운항안전 감사 및 평가시스템 개발과 이에 따른 국가적 감독체계 구축 그리고 항공사 운항안전 자료의 종합분석 기술 및 체계개발이 요구된다.

최신 비행기록장치의 운항 파라미터를 활용하는 첨단형 항공기 운항성능측정 및 분석시스템인 항공운항 성능측정 및 평가시스템(APMS)이 있다.

(3) SMS 도입

SMS(Safety Management System)는 안전관리 철학을 바탕으로 한 조직구조, 책임, 절차(Procedure), 과정(Process) 및 규정 등을 포함하는 안전(Safety)에 대한 명확하고 체계적이고, 선조치적인 안전관리 활동을 위한 시스템이다.

SMS의 요구조건 및 절차에 대한 구성요소로 조직의 안전정책(Safety Policy), 핵심적인 안전관리 활동, 안전성과 감독(Safety Performance Monitoring), 안전평가(Safety Assessment), 안전감사(Safety Auditing), 안전장려(Safety Promotion), 안전관리조직, 안전관리조직체계(The safety management organization structure)가 있다.

안전관리시스템의 근본은 사고의 원인을 사전에 제거함으로써 사고를 예방하는 것이다. 따라서 안전관리시스템에 사용되는 대다수의 기법들은 사고의 잠재요인(위험요소, Hazards)에 대한 정의로부터 출발한다.

위험요소를 기반으로 하는 접근법으로는 HEMP (Hazard and Effect Management Process)가 있다.

(4) 정량적 위험성 평가(QRA)

QRA는 안전시스템의 최적화 및 대안들 중 어느 하나를 선택하는 것과 같은 사업의 설계 단계에서 발생하는 안전성 문제에 대한 비용절감의 해결책을 제시해 준다.

또한 위험의 상대적 및 절대적인 중요성을 포함한 위험요소에 대한 명확한 이해를 바탕으로 안전관리를 수행하게 된다.

사람, 재산 및 환경에 대한 위험을 분석하기 위해 사고결과 예측 기법(Event Tree based Risk Modelling), 의사결정기법(Decision Trees) 등을 사용하고 있다.

위험평가 및 관리(Risk Assessment & Management)란 각 위험요소와 관련된 위험을 평가하고, 위험요소를 관리하고 완화시키기 위한 방법의 효율성을 평가 및 효율적인 방법을 설정하는 것을 의미한다.

보우타이(Bow-Tie) 기법은 위험요소를 관리하고 완화시키기 위한 효율적인 방법을 설정하는 기법이다. 위험요소에서 시작하여 현실적인 사고로까지 이어지는 진행과정에 따라 도식화한 도형이나 나비넥타이와 유사한 모양을 가지고 있어 이와 같은 용어로 사용되고 있다.

원인모델(Reason Model)은 안전에 악영향을 미치는 개인적인 행위 및 조직적인 행위, 잠재적인 위험요소 및 방어에 대한 시스템적인 접근을 위해 도입된 것이다. 사고조사, 자료를 바탕으로 한 분석, 사고방지 프로그램에 대한 지침적인 방법론을 제공한다.

(5) 항공기 안전성 향상 및 사고방지

선진 항공화물 보안체계 구축방안 연구(KOTI, 2007)에서 안전진단 시스템(HUMS)은 운항, 관제, 정비, 공항을 포함하는 보고제도 활성화, 다양한 정보수집, 정보의 통합 · 분석 · 품질향상을 통해 잠재 위협의 조기탐지, 리스크 관리에 필요한 안전정보를 생성하는 실시간 시스템이라 하였다.

구성품 및 기체 결함을 실시간으로 진단한 후 조종사에게 제공함으로써 항공기 안전성 향상 및 사고방지를 위한 것이다.

합성 비행영상 시스템(SVD)은 야간 및 악천후 시 시계불량으로 발생될 수 있는 항공기 사고를 예방하기 위해 3차원 지형 가상현실 비행영상정보를 제공함으로써 시계불량 및 조종미숙으로 발생되는 사고를 방지하는 시스템이다.

소형항공기용 지상충돌 경보장치는 정밀항법장치와 공항 주변의 지리정보를 기반으로 지상충돌을 사전에 감지하여 조종사에게 제공한다. 이착륙 및 저공비행 시 발생될 수 있는 조종에 의한 지상충돌(CFIT)을 예방한다.

민간항공기 설계 안전성 확보를 위한 기반기술인 복합재구조물 내 추락성 검증, 방빙 및 제빙해석 및 장치개발, 낙뢰해석 및 시험평가 등을 통한 항공 사고예방을 위한 설계 검증기술이 있다. 또한 상시 모니터링평가(CMA)를 통해 안전 정보의 신속한 전파체계를 구축할 필요가 있다.

2 항공보안

(1) 여객 보안 시스템

자연재해 및 회선장애에 대비하여 무중단 운영을 위한 전략 수립이 필요하다. 항공통신망 자체의 설비 고장, 악의적인 파괴나 손상, 자연재해(지진, 해일 등)와 같은 사고 등으로 기존 항공통신망 자체에 장애가 발생한 경우 이를 대체하는 통신시스템이다.

위성통신망을 이용한 항공통신망의 무중단 운영기법을 활성화하기 위해서는 우주 궤도에 있는 인공위성들을 기지국으로 활용할 필요가 있다. 언제 어디서든 통신이 가능하여 대형 재난사고 및 장애 발생 시 통신망을 지속적으로 유지할 수 있다.

위성통신망의 특징은 다수의 수신자에게 동시에 동일한 내용의 정보를 전송(동보성)이 가능하고, 원거리 궤도를 따라 움직이기 때문에 송수신의 커버리지가 넓다(광역성). 통신회선의 설정이 지역에 관계없이 가능(이동성)하며, 마이크로파 대역의 전파를 이용하기 때문에 대용량 전송이 가능(대용량)하다. 또한 지상의 재해현상의 영향이 전무(내재해성)하고, 통신비용은 거리에 관계없이 일정(경제성)하다.

통신 중계기를 탑재한 비행선을 체공시켜 재해발생 시 중단될 수 있는 항공통신망 서비스를 계속적인 가용상태로 유지할 수 있다. 이는 지상에서 전파를 교환하지 않는 점과 위성과 같은 고가의 장비 없이도 통신망의 구축이 가능한 점은 재해 시의 긴급통신에 매우 유용하게 사용이 가능하다.

(2) 데이터망 사이버테러 방지

전 세계적으로 네트워크 인프라를 대상으로 한 사이버 테러가 빈번하게 일어나며, 그 피해 규모도 매년 늘어나고 있다.

최근 네트워크 위협 중 분산 서비스 거부 공격에 의한 피해가 급증하고 있다. 인터넷 프로토콜 기반의 항공통신망에 이 공격이 가해진다면 그 피해는 물질적, 인적으로 상당할 것으로 예상되며, 이에 따른 대응방안이 필요하다.

항공데이터망에 대한 통합 사이버테러 대책으로 항공데이터망에 사용되는 각 호스트(서버), 네트워크, 항공데이터망 세부 구조 분석을 통해 항공데이터망 취약점을 파악하고, 시스템 요소, 레벨별 취약성 분석 등이 필요하다.

최신 호스트 기반/네트워크 침입탐지 기술은 분석된 침입(취약성)에 대한 탐지 방법

(오용 탐지 방법, 비정상 탐지 방법)이 있으며, 침입 탐지 기술 분석 및 연구가 활발하게 진행되고 있다.

항공데이터망 시스템의 웹서버를 위한 웹 기반의 침입 탐지 기술(호스트 기반의 침입 탐지), 근접 매트릭스를 이용한 정량적 침입 강도 평가(네트워크 침입 탐지 기술), 특징 선택을 이용한 방법, 매개변수 최적화를 이용한 방법(경량화 침입 탐지 및 시각화 기술)이 있다.

분산 서비스 거부(DDos) 공격 탐지 및 시각화 기술은 네트워크 트래픽 시각화를 통한 트래픽 패턴 분석, 매트릭스를 이용한 네트워크 트래픽 시각화, 매트릭스를 이용한 DDos 공격 탐지, 가용성 보장을 위한 동적 대응 시스템 설계 등이다.

실시간으로 발생하는 위험의 피해를 최소화할 수 있는 대응 구조 확립을 위한 동적 대응 시스템으로 항공데이터망에 대한 통합 사이버테러 대책인 취약성 대응 기술은 분석, 탐지, 대응의 단계로 구성된다.

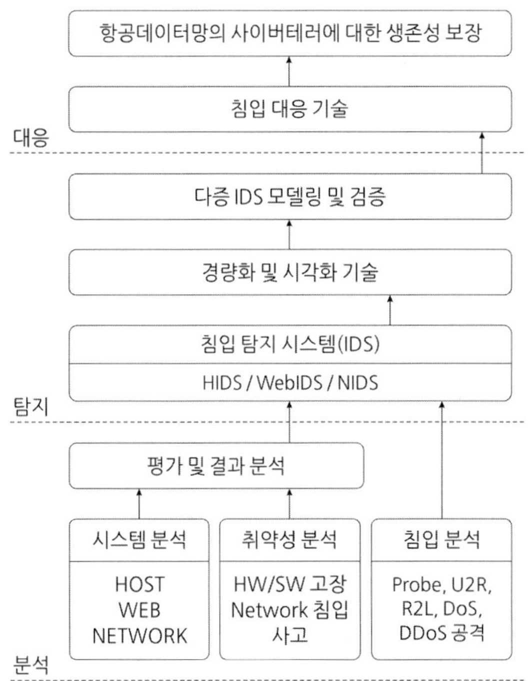

그림 19-2 항공데이터망 통합 사이버테러 대책

(3) 화물보안시스템

미국은 9.11 테러 이후 항공보안의 중요성을 재인식하여 FAA를 대신하여 TSA를 설립하고, 보다 강화된 항공화물 보안정책을 수립하여 시행하고 있다.

2003년 12월 항공화물전략계획(ACSP)을 수립하여 화주 및 공급선의 보안증강, 사전검색을 통한 위험의 사전판단, 항공화물 검사기술의 판별, 적절한 시설보안을 통해 항공기에 탑재되는 화물보안의 확보라는 4가지 전략계획을 수립하였다.

화물포워더와 항공운송사업자는 TSA가 승인하는 화물보안프로그램을 보유해야 하고, 승인된 보안프로그램을 가진 화물 포워더만이 여객기에 화물 탑재가 가능하다.

상용화주가 되기 위해서는 교육 및 시설요건을 갖추어야 하며, 비상용화주는 여객기에 화물탑재가 불가하다.

일본의 항공화물 보안체계는 항공화물의 책임 주체는 항공사로 등록대리점 이외의 화물에 대하여는 여객기 탑재 시 100% 검색을 실시토록 하고 있다.

등급은 1~3등급으로 나뉘며, 2단계 이상의 상황에서 등록대리점 이외의 화물은 여객기는 물론 화물전용기 탑재 시에도 100% 검색을 실시해야 한다.

국토교통성 항공국에서 상용화주제도를 재정비하여 법제화된 상용화주제도를 운영중이며, 각 공항의 화물터미널에 ETD를 설치하여 등록대리점 이외의 화물에 대하여 검색절차를 시행하고 있다.

홍콩의 항공화물 보안체계는 항공화물은 여객기와 화물전용기에 대해 개봉검색 및

표 19-1 미국의 항공화물전략계획(ACSP)

전 략		내 용
1	화주와 공급선의 보안증강	상용화주제도 적용을 위해 화주와 간접항공운송사(Indirect Air Carrier, CBP)가 세관 및 국경보호청(Gustoms and Border Protection, CBP)의 C-TPAT(Customs-Trade Partnership Against Terrorism)와 같은 적절한 보안프로그램을 TSA에 제시하고, 자료의 통합, 자료의 유효성을 검증하고 테러리스트에 대한 정보와 비교하는 정보기술을 활용하여 화물 공급망(Supply Chain) 전체의 보안을 향상시키는 시스템을 도입
2	사전검색을 통한 위험화물 사전확인	승객사전검색시스템(Computer Assisted Passenger Pre-screening System, CAPPS)[104]을 정부가 개발하여 항공사로 하여금 승객이 여행을 시작하기 전 정부에 정보를 제공하도록 의무화함으로써, 미국으로 유입되는 위험인물 및 화물을 가려내는 방법을 활용
3	항공화물 검사기술의 판별	항공화물검사의 효율 향상을 위해 기존의 기술과 새로운 기술을 병행·사용하고, 항공화물업계에 적용 가능한 새로운 비투와 검색기술 연구개발을 계획
4	적절한 시설보안을 통한 화물보안 확보	전체적인 TSA의 항공화물보안 방향은 현재의 수작업 검색 방향에서 장비를 이용한 보안검색 장려, 현재 미비한 점의 보완 및 계속적인 상용화 주제도 관련 규정을 개정함으로써 보안 이슈의 지속적인 반영으로 변화

표 19-2 미국 여객기와 화물전용기 화물보안체계 비교

여객기 탑재 화물	화물전용기 탑재 화물
• 상용화주/IAC 화물만 탑재 가능 • 검색면제 화물 중 30%에 대해 개봉검색, X-ray, ETD, EDS, 감압실, 탐지견 중 1가지의 방법으로 검색 실시	• 상용화주/비상용화주/IAC 화물 탑재 가능 • 검색면제 화물을 제외하고 100%의 화물에 대해 개봉검색 또는 X-ray 검색 실시

표 19-3 일본 여객기와 화물전용기 화물보안체계 비교

여객기 탑재 화물	화물전용기 탑재 화물
• 상용화주/비상용화주 화물 탑재 가능 • 등록대리점 화물을 제외하고 100% 검색 실시 • X-ray, ETD, 개봉검색 실시	• 상용화주/비상용화주 화물 탑재 가능 • 2단계 이상에서는 등록대리점 화물을 제외하고 100% 검색 실시 • X-ray, ETD, 개봉검색 실시

표 19-4 홍콩 여객기와 화물전용기 화물보안체계 비교

여객기 탑재 화물	화물전용기 탑재 화물
• 상용화주 화물만 탑재 가능 • X-ray, 개봉검색 실시(불가시 일정 기간 장치 이용)	• 상용화주/비상용화주 화물탑재 가능 • X-ray, 개봉검색 실시(불가시 일정 기간 장치 이용)

표 19-5 독일 여객기와 화물전용기 화물보안체계 비교

여객기 탑재화물	화물전용기 탑재화물
• 상용화주/비상용화주 화물 탑재 가능 • X-ray, ETD, 시뮬레이션챔버, 탐지견 이용 검색 실시(불가 시 일정 기간 장치 이용)	• 상용화주/비상용화주 화물 탑재 가능 • X-ray, ETD, 시뮬레이션챔버, 탐지견 이용 검색 실시(불가 시 일정 기간 장치 이용)

X-ray 검색이 실시되며, 불가 시 일정 기간 장치를 이용하기도 한다. 대형화물은 24시간 장치를 이용하여 검색하며, 대부분의 화물이 상용화주 화물이므로 공항에서의 직접 검색은 불필요하게 된다.

등록대리점은 PASP를 수립하고 유지해야 하며, 각종 기록 유지 및 비상용화주로부터 접수된 화물이나 홍콩 항공보안프로그램에 의거 면제대상이 아닌 화물에 대한 보안검색 조치를 구축해야 한다.

유럽은 각각의 국가가 별도 항공보안과 관련한 법률 및 규정을 제정하여 운용하고 있다. EU는 통합적으로 EU2320/2002, (EC)No 622/2003에 상용화주제도를 근간으로 화물보안사항을 규정하고, 각 국가에서는 이를 기초로 별도 법률이나 규정을 만들어 적용하고 있다. 항공사는 이를 토대로 자체 항공사 보안프로그램을 구축하여 운용 중이다.

(4) 항공화물 보안 개선 정책 및 방안

공항당국의 보안사고에 대한 담보능력 부족, 보안업무 전문성 취약 등 우리나라 공항당국의 상황, 공항에서의 정부 보안당국의 역할 등을 종합적으로 고려한다면, 공항 내에서의 보안책임을 공항당국에 전적으로 부과하는 것은 무리가 있다.

장기적으로는 정부가 보다 적극적으로 책임을 분담할 수 있는 방향으로 개선되어야 하며, 아울러 공항당국도 테러보험 가입 등 구체적이고 실효성 있는 계획 수립이 요구된다.

감독관과 하급 근무자가 서로 다른 조직에 소속되면 목표로 하는 기능 달성에 어려움이 있다. 즉, 감독관은 보안업무의 효과 달성뿐만 아니라, 효율성 증진, 업무기강 확립, 하급 직원에 대한 평가, 업무 우선순위의 결정 등 업무에 대한 지휘, 감독, 평가 기능 등을 맡아야 하므로, 업무를 수행하는 기관 내의 상급자가 감독관 기능을 수행하는 것이 바람직하다.

미국의 경우 TSA가 보안업무를 주관하는데 감독관 역시 동일 조직 소속으로 되어 있다. 공항당국이 보안업무를 주관하는 유럽의 경우도 보안감독관은 보안업무 수행업체와 동일한 조직 소속으로 되어 있다.

근본적으로 인력 증원과 업무능률 향상을 위한 조치가 선행되어야 한다. 특히 보안검색 업무가 노동집약적인 점을 감안한다면 적정 인원 확보가 가장 중요하다. 또한 한정된 인력자원을 효율적으로 활용할 수 있는 인센티브 방안도 업무 효율성 증진에 무엇보다 중요하다.

또한 향후에는 보다 과학적이고 체계적인 검색 업무가 이루어질 수 있도록 장비 및 시설의 첨단화가 요구되며, 이에 대한 장기적이고 계획적인 투자계획이 수립되어야 할 것이다.

특히 각국 공항의 보안수준은 향후 미국 등 선진국의 요구사항과 맞물려 공항 신인도의 측정 도구가 될 것이 분명하다.

미국은 공항안전과 보안 관련 비용은 공항측이 부담해야 할 사안이 아니며, 정부 예산에서 지출해야 한다는 주장이 주목을 끌고 있다.

유럽공항위원회(Airports Council International Europe)도 미국 정부가 운용하는 보안비용에 대한 공항지원기금제도를 유럽에도 도입해야 한다고 주장하고 있다.

따라서 공항에서 높은 수준의 보안활동 필요성에 기인한 추가적인 보안비용을 공항이용객에게 전가시키는 것은 불합리한 것으로 판단되며, 추가비용 중 일부는 어떤 형태로든 국가에서 지원하는 것이 바람직하다.

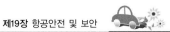

보안 검색업무 수행의 반대급부로서 공항이용료 인상에 따른 추가 수익은 보안 공항의 보안수준 향상과 직결될 수 있도록 관리해야 한다.

영국이나 캐나다처럼 별도의 항목(보안세 등)으로 부과하는 방안이 바람직하나, 공항이용객 입장에서는 또 하나의 부담이며, 징수 절차나 분배에 있어서도 또 다른 문제점으로 작용할 수 있다.

따라서 현행처럼 공항이용료에 함께 징수하되 감독기관에서 공항당국이 보안검색 업무수행에서 발생하는 수익을 보안검색 업무를 위해 적절히 사용하는지를 점검할 필요가 있다.

또한 인력 증원이나 시설투자 등에 적정하게 사용하여 공항의 보안수준 향상을 위해 쓰이도록 점검할 수 있는 시스템 구축을 위해 지도 · 감독을 강화하는 방향으로 진행되야 할 것이다.

현재 예고된 상용화주제도를 현실에 맞게 개선함으로써 상용화주제도가 정착되어 화물 보안의 효과성과 효율성을 증대해야 한다.

모든 화물에 대한 일괄적인 검색이나 상용화주로 지정된 업체의 모든 화물에 대해 검색을 면제하는 제도를 시행하기보다는, 물품의 특성 또는 화주의 특성에 따라 검색을 면제하는 제도 도입이 바람직하다.

항공물류의 특성과 흐름을 파악하기 위한 심도 있는 연구를 수행한 후 이를 바탕으로 제도를 정비해야 할 것이다.

화물 프로파일링(Profiling) 개념에 근거한 상용화주제도는 상용화주제도를 일부 보완하여, 특정한 물품에 대해서는 업체 스스로 자체 보안통제시스템에 의해 화물의 포장 및 운송 전반에 걸친 보안통제를 직접 관장하는 대신 검색을 면제함으로써, 공항에서 소요되는 시간과 절차를 간소화하고 운송의 효율성을 도모하도록 하는 것이다(전체 항공화물 물동량 중 약 50%를 상회하는 품목인 삼성, LG, 현대 등 대형화주의 반도체, 컴퓨터, 무선통신기기(휴대폰) 등이 해당될 수 있다).

추후 이와 유사한 검증된 물품에 대해서는 점차적으로 검색을 면제해 주는 점진적인 프로그램의 수립이 바람직하다.

현재 대형 화물을 검색할 수 있는 장비나 화물 검색효과를 높일 수 있는 장비들이 개발 중에 있다. 이들 장비의 공동구매나 대형업체 또는 항공사가 구매한 후 영세업체에 리스하는 방법 등을 고려해 볼 수 있다.

참고문헌

- 조병로 외 지음, 조선총독부의 교통정책과 도로건설, 국학자료원
- 한국도로공사 홈페이지, 우리나라 도로의 역사
- 국내외 도로교통 연구동향 및 전망, 2003, KOTI
- 국토해양부 도로업무편람(2011)
- 「국가기간교통망계획 제1차 수정계획 2011～2020」, 국토해양부
- 이용상 외 공저, 한국철도의 역사와 발전 Ⅰ, 북갤러리
- 서울특별시, 서울역사총서(3), 서울교통사
- 국가기록물기록원 홈페이지 사진 자료
- 기차의 역사, 철도의 역사, 김홍성, 한국철도공사
- 한국철도 100년사, 철도청
- 간선급행버스체계(BRT) 설계지침, 2010, 국토해양부
- 제2차 제주도 지방대중교통기본계획, 2012, 제주특별자치도
- 제주도 신교통수단도입 사전타당성 조사, 2011, 제주특별자치도
- 한국철도의 역사(대한민국 정부 기록물에서 인용함)
- 한국철도공사 역사관 홈페이지
- 2011 한국의 자동차 산업(국내 및 세계 자동차 통계), 한국자동차공업협회
- AUTO2U 신개념 자동차 토탈관리시스템, 자동차 역사, 자동차 국내역사편, http://auto2u.co.kr/know.asp?inx=1&jnx=1
- Auto Times, [기획]100년 넘은 자동차, 원조 경쟁도 치열, http://autotimes.hankyung.com /apps/news.sub_view?popup=0&nid=01&c1=01&c2=01&c3=00&nkey=201205250858231
- 한국공항공사, http://www.airport.co.kr/doc/ www/flight/ U03020101.jsp
- 도로의 역사, http://100.daum.net/encyclopedia/view.do? docid=b05d0250b001
- 증기기관차의 발명, 사이언스올
- 트레비식 증기기관차 그림 : 위키피디아, http://blog.paran.com/bart3698/45316763
- 자동차의 역사, http://auto.daum.net/review/ read.daum? articleid =87977&bbsid=27, 권용주
- 세계 최초 자동차 및 우리나라 자동차 역사, http://gaeun.net/ read.cgi?board =board-47a&y_number=12354,
- 과학기술예측조사 2030－미래사회 전망과 한국의 과학기술, 2005, 한국과학기술기획평가원
- 주) 교보문고, 2006, UN 미래보고서
- World Population Prospect-2010 Revision, 2011, UN
- 세계 및 한국의 인구현황, 2009, 통계청
- 「국가기간교통망계획 2000～2019」, 1999, 건설교통부

- 「국가기간교통망계획 제1차 수정계획 2000~2019」, 2007, 건설교통부
- 「국가기간교통망계획 제2차 수정계획 2001~2020」, 2010, 국토해양부
- 유럽연합 홈페이지 http://europa.eu/pol/trans/index_en.htm
- 선진외국의 에코드라이빙 활성화 정책동향 및 시사점, 2009, 한국교통연구원
- 「미래 교통시스템의 융합적 구상」, 2011, 한국교통연구원
- 「국가기간교통망계획 제1차 수정계획 2000~2019」, 2007, 건설교통부
- 제7차 교통안전기본계획(2012~2016), 2011, 국토해양부
- New Road Construction Concepts, 2008, EUROPA
- 「Performance Driven: A new vision for transportation policy」, 2009, Bipartisan policy Center, National Transportation Policy Project
- 국내외 도로교통 연구동향 및 전망, 2003, 한국교통연구원
- 「미래 교통시스템의 융합적 구상」, 2011, 한국교통연구원
- 스마트하이웨이 사업단 홈페이지
- IT-차량 기술융합형 The Fully Networked Car 교통체계 구축, 2009, 한국교통연구원
- 전국 ITS 현황조사 분석에 따른 ITS백서 구축, 2011, 한국교통연구원
- 완전도로(Complete Streets) 구현 방안 연구, 2011, 한국교통연구원
- 교통부문 POST 2012 대응방안 연구, 2010, KOTI
- 국내외 온실가스 감축 정책 및 녹색물류체계 구축 방향, 교통기술과 정책 제7권 5호, 2010, 민연주
- 미국의 도로교통부문 온실가스 감축전략 제256호, 2009, 도로정책브리프
- 대중교통을 활용한 저탄소 · 녹색도시 구현 전략 제324호, 2011, 국토정책브리프
- 한국 물류기업의 녹색물류 성과에 관한 실증연구, 임동석, 석사학위논문, 인하대학교 국제통상물류대학원, 2011.8
- 녹색물류바람, 우정물류기술동향, 제9권, 2010.9
- 우리나라의 녹색운송물류정책 개선방안, 2009.12
- 육운부문 화물보안체계 구축 연구, 이성원, 2008.5, 김건영, koti, 수시연구
- 물류보안기술의 현황과 과제, 민정웅, 인하대학교 교수
- 물류보안시스템 및 사례연구, 우용호
- 도로상 위험물운송관리를 위한 법제화 방향 연구, 이성원, 김건영, 한국교통연구원 수시연구 2008-04.
- 안전도 향상을 위한 첨단 화물운송 시스템(CVO)의 서비스와 기술, 안승범, 정보과학회지 제16권 제6호, 1998.6
- 전기차 중심의 미래교통체계 구상 및 추진전략, 김규옥, 박지영 외 2인, 2011, koti

- 전기자동차 보급 확산을 위한 정부와 기업의 정책, 2011, 구근모, 포항공과대학교 대학원, 기술경영대학원
- 전기자동차의 수요 전망에 따른 대응방안 기초연구, 황상규, 김규옥, 정연식, 2010, koti
- 전기자동차 보급활성화 및 인프라구축 방향에 대한 기초연구
- 자전거이용 활성화를 위한 법제적 연구－창원시 사례를 중심으로－, 박근태, 창원대학교 대학원 석사학위논문, 2009
- 자전거중심 녹색도시교통체계 구축방안, 신희철, 김동준, 정성엽, koti, 녹색성장종합연구총서 10－02－50
- 자전거 이동환경 개선을 위한 교통정책 및 프로모션 방안에 관한 연구－바이크 시티 서울(Bike city seoul)을 중심으로－, 2009.6, 김영주, 홍익대학교 산업미술대학원 석사학위 논문
- 포항시 자전거 도로의 문제점과 개선화 방안, 2009.12, 박병일, 경북대학교 행정학석사학위 논문
- 기술혁신과 미래숙련수요대응－그린카 발전을 중심으로, 황규희, 이중만, 기술혁신학회지 제13권 3호, 2010.9.
- 한국의 그린카 개발촉진 정책에 관한 연구, 2009.12, 문창용, 연세대학교 경제대학원 공공발전 전공
- 그린카 보급확대 계획 및 보급지원 정책, 2011, 김경미, 환경부 교통환경과 주무관
- 그린카 개발 동향, 2011.3, 이기상, 현대자동차
- 바이모달 트램의 개발 현황과 활용방안, 2011.6, 윤희택, 박영곤, 목재균, 이진우
- 신교통수단 바이모달 트램의 안전운행에 관한 연구, 2007, 박영곤, 윤희택, 목재균
- 신교통 바이모달 트램 시스템 도입수준 분석연구, 엄진기, 최명훈, 성명준, 이준, 박상민, 한국철도학회 논문집 제13권 제6호, 2010.12
- 녹색성장과 환경산업 정책방향, 2009.9, 이병욱, 환경부 차관
- 바이모달 트램(bimodal Tram)활성화를 위한 법정비 방안, 양철수, 김현웅, 2010
- 녹색성장구현을 위한 도로부문 정책개발, 2009.7, 이동민, 유정복, 연지윤, koti, 미래사회협동연구총서 09－06－29
- 녹색성장환경에서 ITS를 활용한 도로분야 활성화 방향, 2010.12, 강정규, 한국도로공사 도로교통연구원
- 고속도로 교통관리시스템이 저탄소 녹색성장에 미치는 영향에 관한 연구, 최항순, 박승갑, 한국공공관리학보 제24권 제1호, 2010.3 p.129～149
- 전기차 중심의 미래교통체계 구상 및 추진전략, 2011, KOTI
- IT－차량기술융합형 The Fully Networked Car 교통체계 구축, 2009, KOTI
- 도로안전시설설치 및 관리지침, 2011, 국토해양부
- 미래기술발전과 국가간선도로망 변화 방향－국가간선도로 정비방향 정책토론회, 건설교통

부 도로정책팀장 송기섭, 2007
- 친환경적도로건설, 이경하, 김낙영, 강희만, 강민수, 한국도로학회, 2010.3
- 도로안전정책방향, 김경석 국토연구원 연구위원, 국토논단
- 도로교통 안전사업의 효율적 추진방안, 2006, koti, 정책연구
- 선진국의 도로교통안전계획에 대한 분석 · 평가, 2004, koti
- 국토해양실천계획, 국토해양부, 2011.12.27
- 교통약자의 이동편의증진법 제정 – 저상버스 도입의무화, 지하철 교통약자전용구역 설치, 국회지, 통권 461호(2005.4), pp130~135, 김영일
- 교통약자의 이동편의증진법, 일부개정, 2009.12.29, 법률 제9868호
- 저상버스 운행에 따른 장애인의 접근편리성에 관한 연구, 2005, 우희순, 아주대학교 공공정책 대학원
- 고령 운전자의 안전을 위한 인간공학적 도로환경 설계 방향 –, 김진국, 조원범, 김용석, 한국건설기술연구원
- 재난대응첨단교통관리체계구축, 2008, koti
- 일본 지진피해의 교통부문 시사점 및 국내 대응방안, 2011, KOTI
- 「미래 교통시스템의 융합적 구상」, 2011, 한국교통연구원
- 스마트하이웨이 사업단 홈페이지
- IT – 차량 기술융합형 The Fully Networked Car 교통체계 구축, 2009, 문영준 등, 한국교통연구원
- 「국내외 도로교통 연구동향 및 전망」, 2003, KOTI; 도로업무편람(2011)
- 「도로안전시설 설치 및 관리지침」 中 6. 도로전광표지, 2003, 건설교통부
- 일본 대심도 도로터널 건설의 사회적 배경과 최신 기술, 2008, 문용, 한국건설산업연구원 건설저널, v.88, pp.63 – 66
- 대심도 지하 교통시설 추진 및 기술개발 방향, 2010, 임성빈 외, 대한지질공학회 학술발표논문집, 제1호, pp.233 – 237
- 대심도 철도건설 정책의 실행방안 연구, 2009, 김현 외, 한국교통연구원
- 발리 기후변화협약에 따른 탄소저감을 위한 도로포장기술, 진정훈, 박태순
- 녹색성장시대를 대비한 국토해양기술 발전전략 수립 – 녹색기술 과제 제안서, 2010), 한국건설교통기술평가연구원
- 도로정비기본계획수정계획(2006~2010)
- 녹색성장구현을 위한 도로부문 정책개발, 2009, 한국교통연구원
- 녹색성장구현을 위한 도로부문정책개발, 2009, 한국교통연구원
- 도로정비기본계획 수정계획(2006~2010), 건설교통부, 2005.12
- ECO – PASS 도입 필요성에 관한 연구, 교통 기술과 정책, 제6권 제4호, 2009년 12월
- 녹색성장시대를 대비한 국토해양기술 발전전략 수립, 2010, 한국건설교통기술평가연구원,

녹색기술과제제안서

- 선진외국의 에코드라이빙활성화 정책동향 및 시사점, 2009, koti
- 스마트폰을 활용한 에코드라이빙 활성화 방안 기초연구, 2011, 한국교통연구원
- 환경친화적인 도로건설 및 운영정책 개발에 관한 연구 – 성낙문, 오주택, 채찬들, 2006, 한국교통연구원
- 정책토론회(2007.5.9) 미래기술발전과 국가간선도로망 변화 방향
- 온실가스 저감을 위한 자동차 세제 개편방안, 2010, 한국교통연구원
- 도로부문 온실가스 저감을 위한 녹색도로 등급체계 도입방안 연구, 2011, 한국교통연구원
- 대한교통학회, 2009, 친환경 저탄소형 도로기술개발을 위한 녹색도로의 정립 방안, 교통 기술과 정책, 제6권 제1호
- 국내외 도로교통 연구동향 분석 및 향후 전망, 2003, 한국교통연구원
- 전기자동차 보급활성화 및 인프라 구축방향에 대한 기초 연구, 2009, 한국교통연구원
- 전기차 중심의 미래교통체계 구상 및 추진전략, 2011, 한국교통연구원
- 문용, 2008, 일본 대심도 도로터널 건설의 사회적 배경과 최신 기술, 한국건설산업연구원 건설저널, v.88, pp.63～66
- 임성빈 외, 2010, 대심도 지하 교통시설 추진 및 기술개발 방향, 대한지질공학회 학술발표논문집, 제1호, pp.233～237
- 대심도 철도건설 정책의 실행방안 연구, 2009, 한국교통연구원
- 미래기술발전과 국가간선도로망 변화 방향, 정책토론회 자료, 2007, 도로교통기술원
- 한국 철도물류 수송체계 혁신 방안에 관한 연구, 전승찬, 우송대학교 경영대학원 석사학위논문, 2007.12
- 철도물류지원제도에 관한 연구, 2008.12, 임재연, 배재대학교 법무대학원 석사학위 논문
- 한국물류산업 선진화 방안 연구, 2010.12, 이성우, 김근섭, 송주미, 한국해양수산개발원
- 철도물류활성화와 철도기물류기술의 발전, 2007.12, 우재균, 한국도기술연구원
- 철도물류활성화와 철도물류기술의 발전, 2007.12, 우재균, 한국도기술연구원
- 철도의 복합운송역량 강화 방안에 관한 연구, 이태현, 인하대학교 국제통상물류대학원 석사학위논문
- 복합운송화물터미널의 표준화, 방연근, 한국철도기술연구원
- 국가물류 효율화를 위한 내륙물류 정보화 발전 방향, 김동희, 한국철도기술연구원, 한국안전경영과학회지, 제11권 제3호, 2009.9
- 철도물류 활성화를 위한 철도와 항만의 연계사례 연구, 이경철, 민재홍, 한국철도기술연구원
- 고속철도 기술개발의 세계 동향과 향후 우리나라의 기술개발 방향, 2011, 김기환, 한국철도기술연구원
- 일본의 전기부분에서의 에너지절약을 위한 철도기술개발 동향, 2009, 정병현
- 건설교통기술연구개발사업 중장기계획수립연구 Part Ⅱ[교통], 건설교통부, 한국건설교통기

술평가원, 2007.12

- 도시형자기부상열차 실용화사업 소개, 신병천 외 4명, 철도저널 제14권 제2호, 2011.4
- 철도차량용 친환경 수소 – 연료전지 Hybrid 시스템 기술동향, 이병송, 한국철도학회 제11권 제3호, 2008.9
- 철도의 경쟁력 확보를 위한 고속화 방안, 김연규
- 제3차 수도권정비계획(2006～2020),
- 경기도 도시철도사업의 활성화 방안, 지우석 外, 경기개발연구원, 정책연구 2009 – 20, 2009.9
- 경쟁력 강화를 위한 철도망 현대화 방향에 관한 연구, 김현웅, 한국철도학회 추계학술대회논문집, 2004.10
- 한국 철도정책의 당면 과제와 미래상, 지우석 外, 경기개발연구원, 이슈&진단 제36호, 2012.2.22
- 고속철도의 연계교통서비스 제고방안, 이진선, 한국철도기술연구원, 고속철도 시대의 이슈와 대응방안, 2004
- 교통시스템 정보화와 철도중심의 연계교통정보시스템, 남두희, 이진선, 한국철도학회논문집 제6권 제1호, 2003
- 다핵연계형 국토공간을 위한 고속철도의 역할과 시사점, 국토정책 Brief, 제135호 2007.4.9
- 수도권 철도망 완성을 위한 경기도 도시철도 추진방안, 지우석, 박경철, 교통정책연구부, 2009.5.
- 경부고속철도 2단계 연계서비스 운영방안 연구, 이진호, 조지현, 심명구, 한국철도학회 춘계학술대회논문집, 2010
- ITS를 위한 대중교통 서비스 동향, liqigui외 6명, 한남대학교, (주)NAS, 종합학술대회 논문집, 제14권 제2호, pp.62～65. 2010
- 정책토론회, KTX부전역 국가기간복합환승센터 개발방안, 한국교통연구원, 2010.9.7
- 복합환승센터 통합운영시스템 구축방안에 관한 연구, 김성은 외 4명, 한국ITS학회논문지, 제10권 제4호 p.24～35, 2011.8.
- 철도시설 안전기준에 관한 규칙 개정 공포(6.7.)
- 철도건널목 지능화를 통한 사고예방 및 피해저감 기술개발, 조봉관, 류상환, 한국철도기술연구원, 2009
- 철도시설물안전관리 네트워크시스템, 2009, 신민호, 한국철도기술연구원
- 철도종합안전기술개발사업의 추진과 안전관리체계(SMS) 구축방안, 김상암, 조연옥, 한국철도기술연구원
- 아이티 · 칠레 지진을 통해 본 한국의 지진대책, 2010, 오순택, 이동준, 서울산업대학교 건설공학부
- 고속철도 지진감시시스템 운영현황, 2007, 김대상, 한국철도기술연구원
- 지진 시 고속철도 운행 규제 기준 연구, 2006, 김대상, 김성일, 유원희, 김성렬, 최지용, 한국

철도학회

- 한국의 철도테러 안전대책에 관한 연구 : 유럽 철도테러 사례를 중심으로, 신승균, 한국위기관리논집 제8권 제1호, p.140～154, 2012
- 철도시스템 내진/진동기술 동향 및 전망, 2007 , 김성일, 한국철도기술연구원, 한국지진공학회
- 유럽과 미국에서의 철도안전 활동에 관한 동향, 서상범, 대한토목학회지 제58권 제3호, p.7～104, 2010.3
- 보도자료, 철도테러 대비 범 국가 차원의 대책반 운영, 건설교통부, 2004
- 지속가능한저탄소녹색 운영방안 연구, 2009, KOTI
- 항공부문 중장기 발전전략, 2006, KOTI
- 건설교통기술연구개발사업 중장기계획수립연구 Part II(교통) (항공선진화) 제2부 전략프로젝트 세부추진계획 p.291～
- '건설교통 R&D 혁신 로드맵 보고서', 건설교통부, 한국건설교통기술평가원
- 교통정책의 에너지소비 저감효과 분석모형개발 연구, 2007, 한국교통연구원
- 건설교통기술연구개발사업 중장기계획수립연구 Part II(교통) (항공선진화) 제2부 전략프로젝트 세부추진계획 p.291～
- 항공기 배출가스 규제의 국제 동향 및 배출저감 기술, 2007, 한재현/박찬엽, 한국항공운항학회 춘계학술대회논문집
- 무인항공기의 제어기술개발 동향, 박범진, 유창선
- 지속가능한저탄소녹색 운영방안 연구, 2009, KOTI
- 초고유가 극복을 위한 항공유류 절감 대책 시행참고) 공항 소음 대책 계획수립에 관한 보고서, (국토해양부 보도자료)국토해양부
- 차세대_항공교통관리시스템(NAGAS)_도입을_위한_기초연구, 2010, KOTI
- 제1차 항공정책기본계획, p.87, 국토부(2009)
- 항공안전기술 발전을 위한 기초연구, 2011, KOTI
- 중장기항공안전종합계획, 2010, 국토해양부
- 항공유선통신망 구축 운영 선진화 연구 용역(한국항공대학교)
- 선진항공화물보안체계구축방안연구, 2007, KOTI
- 교통정책의 에너지소비 저감효과 분석모형개발 연구, 2007, 김제철, 한국교통연구원
- 경제발전단계별 교통부문 행정체계와 정책변화 연구, 모창환, 이재홍, 한국교통연구원, 2013
- 현대항공수송론, 이태원, 서울컴퓨터프레스, 1991
- 한국주요경제지표, 통계청, 문성인쇄주식회사, 1995
- 소셜미디어의 교통부문활용방안 연구, 김영호, 임정실, 송문진, 2012, 한국교통연구원
- 항공정책론, 국토교통부 항공정책실, 2011, 백산출판사
- 항공연감, 1997, 2000, 2002, 2004, 2006, 2008, 2010, 2012, 한국항공진흥협회
- 포켓항공연감, 2014, 한국항공진흥협회

- A World Best Air Hub 그... 꿈과 도전, 이재희, 인천공항공사, 2008
- 국토50년 21세기를 향한 회고와 전망, 국토개발연구원, 서울프레스, 1996
- 대한항공 20년사, 조중훈, 1991, 동아출판사
- 항공산업론, 유광의, 이강석, 유문기, 대왕사
- 항공운송정책론, 신동춘, 2001, 선학사
- 김포국제공항 개항30주년 약사, 김포국제공항개항30주년 기념사업회, 1992, 삼신인쇄
- 대한민국 항공협정집 1954-1995, 한국항공진흥협회, 1996, 평진문화사
- 항공업무론, 이용일, 1998, 문원북
- 항공통계 2014, 한국항공진흥협회, 2014
- 남북한 민간항공 협력, 홍순길, 양한모, 이영혁, 허희영, 1997, 대성인쇄소
- 한국공항공단 20년사, 김건호, 장부시, 2000, 정문출판주식회사
- 항공시장동향 제23호, 국토교통부, 2014, 경성문화사
- 2008 세계주요공항, 국토교통부, 2007, ㈜디자인인트로
- 2030 교통정책 혁신방안, 한국교통연구원, 2012, 한국교통연구원 한디자인
- 대중교통평가론, 정희돈, 2007, 한가람서원
- 운수진단 이론 및 실무 : 핵심 교통안전진단의 뉴패러다임, 정희돈, 김찬성, 2006
- 운전의 품격 : 면허 딴 당신 이것만은 알고 가라, 정희돈, 2014, 한가람서원

찾아보기

최신 교통정책론

2015년 02월 20일 제1판 1쇄 펴냄
2015년 02월 25일 제1판 1쇄 펴냄

지은이 정일영 · 정희돈 · 장경욱 · 조준한 · 박웅원
펴낸이 류원식 | 펴낸곳 청문각 출판

편집국장 안기용 | 책임편집 우종현 | 본문디자인 네임북스
표지디자인 네임북스 | 제작 김선형 | 홍보 김은주 | 영업 함승형 · 이훈섭
출력 블루엔 | 인쇄 영프린팅 | 제본 한진제본

주소 413-120 경기도 파주시 문발로 116(문발동 536-2)
전화 1644-0965(대표) | 팩스 070-8650-0965
등록 2015. 01. 08. 제406-2015-000005호 | 홈페이지 www.cmgpg.co.kr
E-mail cmg@cmgpg.co.kr | ISBN 978-89-6364-214-7 (93530) | 값 22,000원

* 잘못된 책은 바꿔 드립니다. * 저자와의 협의 하에 인지를 생략합니다.